建筑防水工程施工新技术手册

中国建筑学会建筑防水学术委员会　叶林标　曹征富　主编

中国建筑工业出版社

图书在版编目(CIP)数据

建筑防水工程施工新技术手册/中国建筑学会建筑防水学术委员
会,叶林标,曹征富主编. —北京:中国建筑工业出版社,2018.9
ISBN 978-7-112-22559-0

Ⅰ.①建… Ⅱ.①中… ②叶… ③曹… Ⅲ.①建筑防水-工程
施工-技术手册 Ⅳ.①TU761.1-62

中国版本图书馆 CIP 数据核字(2018)第 186597 号

本书由中国建筑学会建筑防水学术委员会组织编写,内容共 8 章,包括概述;
防水材料;屋面防水工程施工技术;地下工程防水施工技术;厕浴间防水工程施
工技术;外墙防水工程施工技术;建筑防水工程渗漏治理施工技术;工程案例。
本书适合建筑防水从业人员使用。

责任编辑:张 磊 周世明
责任校对:王 瑞

建筑防水工程施工新技术手册
中国建筑学会建筑防水学术委员会 叶林标 曹征富 主编

*

中国建筑工业出版社出版、发行(北京海淀三里河路 9 号)
各地新华书店、建筑书店经销
北京科地亚盟排版公司制版
北京中科印刷有限公司印刷

*

开本:787×1092 毫米 1/16 印张:19¼ 插页:2 字数:479 千字
2018 年 10 月第一版 2018 年 10 月第一次印刷
定价:**65.00** 元
ISBN 978-7-112-22559-0
(32642)

本书编委会

主　　　编　叶林标　曹征富

副 主 编　王翠芬　杜　昕　郑风礼　章伟晨　许　宁　孟凡城　李德生

编　　　委　王玉芬　张　杰　王云亮　李　伟　李小溪　彭坤峰　卢振才

　　　　　　陈伟忠　孙　侃　宫　安　苏怀武　谭　武　张丙恒　叶　吉

　　　　　　郑万凯　郑子龙　李兆峰　张世伟　胡希宝　周　宇　王　宇

　　　　　　魏金祥　陈虬生　周立学　伍陈旺　高　建　刘正文　罗　琴

主 编 单 位　中国建筑学会建筑防水学术委员会

副主编单位　北京圣洁防水材料有限公司

　　　　　　潍坊市宏源防水材料有限公司

　　　　　　北京城荣防水材料有限公司

　　　　　　北京东方雨虹防水技术股份有限公司

　　　　　　中油佳汇防水科技（深圳）股份有限公司

　　　　　　唐山德生防水股份有限公司

参 编 单 位　北京蓝翎环科技术有限公司

　　　　　　深圳市卓宝科技股份有限公司

　　　　　　北京建中联合建筑安装工程有限公司

　　　　　　广西金雨伞防水装饰有限公司

　　　　　　科顺防水科技股份有限公司

　　　　　　北京世纪洪雨科技有限公司

　　　　　　吉林名扬防水材料有限公司

　　　　　　华鸿（福建）建筑科技有限公司

　　　　　　北京建中新材科技有限公司

　　　　　　西安华骏实业有限公司

前　　言

为响应住房和城乡建设部提高建筑防水标准和防水工程品牌建设的号召，配合防水行业的学术、技术社团组织关于提高防水工程质量的相关举措，在建筑防水工程中采用系统防水、复合防水、集成防水等先进的防水施工新技术，降低建筑工程渗漏率，提高人们工作环境、生活环境、居住环境，推动我国防水工程技术水平的发展，中国建筑学会建筑防水学术委员会组织编写了《建筑防水工程施工新技术手册》（以下简称《手册》）一书，由中国建筑工业出版社面向全国正式出版发行。《手册》主要分概述、防水材料、屋面工程、地下工程、外墙、厕浴间、渗漏治理技术与工程案例八个部分，以防水新技术为亮点，以施工应用为主线，以提高防水工程质量为出发点和落脚点，选用典型工程案例，总结因地制宜、按需选材、综合治理的施工经验与体会，推广先进的防水施工新技术，既遵循了防水规范、标准的基本原则，又有许多创新点，内容具体，图文并茂，可操作性强，对防水工程的设计与施工具有较好的指导作用。

《手册》编写得到了北京圣洁防水材料有限公司、潍坊市宏源防水材料有限公司、北京城荣防水材料有限公司、北京东方雨虹防水技术股份有限公司、中油佳汇防水科技（深圳）股份有限公司、唐山德生防水股份有限公司等大力支持，在此表示感谢。

因水平有限，《手册》中有不妥之处，敬请读者批评指正。

目　　录

1 概　　述

在我国改革开放的深化和城镇化建设规模不断扩大的情况下，为了充分利用有限的土地资源，促使各大中城市的建筑工程越建越高，地下工程越埋越深，建筑构造也越来越复杂，因而对建筑防水工程的质量要求必将显示出他的重要性。这就要求我们防水工作者，必须全面掌握建筑防水设计、材料和施工的基本知识，不断提高建筑防水专业技术水平，在建筑防水工程中应积极采用新材料、新技术、新工艺，合理设计、精心施工，为百姓的安居乐业，建造更多的无渗漏工程做出贡献。

1.1　我国建筑防水技术发展的基本历程

众所周知，建筑防水技术与其他工程技术一样，是随着人类的文明和社会的进步以及科学技术水平的提高而不断发展的。

1.1.1　古代建筑防水

在原始社会，人类本能地利用天然的洞穴或山崖作为栖身之地，为的是遮风避雨和抵御大自然给人们带来的危害（图 1.1-1）。

图 1.1-1　崖居

随着人们智力的发展和社会的进步，先民们从潮湿的洞穴迁移到平原，利用树枝、树皮和树叶在树上搭棚居住（图 1.1-2），以避风雨和野兽的袭击，随后则在平地上夯土为墙，茅草为盖组成简陋的住房（图 1.1-3）。

我国自秦汉时期发明了砖瓦，开始以砖砌墙，以木材组成人字架，斜顶两侧搭盖瓦材构成居室，从而进入"秦砖汉瓦"时代。筒瓦、阴阳块瓦的发展与广泛应用，大大地提高

1

了坡屋面建筑工程的防排水功能，推动了我国防水工程技术的进步。

图 1.1-2　橧巢　　　　　　　　　　　　图 1.1-3　干栏房屋

古代地下工程的防水以帝王的墓穴著称。北京十三陵地下宫殿的发掘，展示了我国古代地下工程防水技术的精湛，该地宫采用糯米汁和杨桃藤汁拌制灰土（石灰＋黏土），座浆铺砌石墙和石材地板，且在地板以下和墙体的外侧分层铺设和分层夯实四六灰土（即四份石灰加六份黏土拌合均匀），形成了具有较高强度和抗渗功能的防水构造层。灰土是我国古代的一大发明，它既是地基的承重结构，又是很好的防水材料，不易开裂、不易透水。因此，十三陵地下宫殿历经几百年，依然完好。它是刚柔结合和在迎水面防水的典范。

1.1.2　近代建筑防水

近代建筑防水应从发现天然沥青并用作建筑工程防水处理开始的，后来又使用炼油厂的副产品——石油沥青制成纸胎油毡和玻纤布油毡等，延续在各种建筑防水工程中使用了几十年。

20 世纪 50 年代至 70 年代末，我国的坡屋面多以纸胎油毡做防水垫层，然后铺盖黏土瓦或水泥瓦组成以排为主以防为辅的防排水构造；对于平屋面多采用热沥青玛𧰾脂满粘纸胎油毡多叠层施工，称之为"三毡四油"的七层做法或"两毡三油"的五层做法。施工时，可在干燥、干净和平整坚固的基层上，边刮涂热沥青玛𧰾脂边滚铺油毡，并对各层油毡采用错缝搭接，使接缝之间粘结牢固，封闭严密，且在面层的热沥青玛𧰾脂表面直接撒铺一层经过加热处理的干净的小豆石做保护层，从而确保了沥青油毡防水层的质量和延长了防水层的使用寿命。由于纸胎沥青油毡存在拉伸强度较低、耐霉烂性能较差和高温容易流淌、低温容易脆裂等不足，在一些重点工程中（如人民大会堂和北京一线地铁等）曾研制应用了麻布胎或玻纤布胎且用废胶粉改性沥青为涂盖层的油毡，仍采用"三毡四油"等施工方法，均取得了较好的防水效果。

由于传统的沥青油毡施工时，需在现场砌灶支锅，烧劈柴或烧煤熬制沥青玛𧰾脂，容易造成污染环境，引发火灾或烫伤等事故，使得这种防水做法被逐渐退出了建筑防水市场。

1.1.3　现代建筑防水

我国现代建筑工程防水技术是从20世纪70年代末开始的，改革开放以来，我国基本建设事业有了突飞猛进的发展，随之推动了建筑工程防水技术的进步。

从70年代末开始，为了适应我国建设事业高速发展的需要，我国的冶金建筑研究院、北京市建筑工程研究院、中国航空材料研究院和湖南大学等单位先后研制开发了聚氯乙烯胶泥、塑料油膏、橡胶改性沥青防水涂料、聚氨酯防水涂料、三元乙丙橡胶防水卷材、聚氯乙烯防水卷材、玻纤网布内增强氯化聚乙烯防水卷材、氯化聚乙烯橡胶共混防水卷材以及橡胶改性沥青防水卷材等新型防水材料，并先后在北京的燕京饭店、首都机场（一号航站楼）、新华社办公楼、国际大厦、钓鱼台国宾馆等工程施工应用，均取得了良好的防水效果，以上的新材料及其应用技术于1981年～1985年，分别荣获建设部、北京市和国家的科技进步二、三等奖，从而打破了以往只有纸胎油毡做"三毡四油"防水一统天下的局面。

随后又从日本引进了挤出连续硫化的三元乙丙橡胶防水卷材生产线，从德国、美国、意大利和西班牙等国引进了以聚酯毡或聚乙烯膜为胎基高聚物改性沥青防水卷材生产线，并在消化吸收的基础上，创新性地自行研制成功了该类防水卷材的生产线，从而促进了我国防水卷材生产技术和应用技术的发展。

进入20世纪末以来，我国又引进或自行研发或应用了水泥基渗透结晶型防水涂料、聚合物水泥（JS）防水涂料、喷涂速凝橡胶沥青防水涂料、非固化橡胶沥青防水涂料、双组分喷涂和单组分涂刷型聚脲防水涂料、高渗透改性环氧防水涂料、聚丙烯酸酯防水涂料以及双面或单面自粘改性沥青或非沥青基防水卷材、高分子自粘胶膜预铺反粘防水卷材、热塑性聚烯烃（TPO）防水卷材、聚乙烯丙纶防水卷材、物理或化学的耐根穿刺防水卷材、天然钠基膨润土防水毯和现喷硬泡聚氨酯防水保温一体化施工技术等，使我国防水材料生产和应用技术均达到或接近国际的先进水平。

随着我国防水材料品种的增多和质量的提高，防水工程完全可以根据建筑物的类别、重要程度、使用功能、设防要求、环境条件等因素，遵循"因地制宜、按需选材和综合防治"的原则，选用不同的防水材料，并依据工程的实际，选用不同的施工方法，如热熔法、焊接法、冷粘法、自粘法、湿铺法、预铺反粘法、涂料与卷材复合等施工方法，以实现"优势互补"，组合形成整体的防水层，为百姓的安居乐业，实现无渗漏工程创造了条件。

1.2　我国建筑防水工程的现状

改革开放以来，我国建筑防水工程技术虽然取得了长足的进步，但是很多建设单位只重视建筑物的外观造型是否独特，装饰是否奢华，对于看不见而会严重影响工程使用功能和结构安全的防水质量不够重视，甚至对其采取"低价中标和抢工期"等欠妥的做法，导致很多外观精美、表面靓丽的工程，竣工后甚至交付使用前，即发生了屋面漏雨、地下室漏水、外墙和厕浴间渗漏等现象。北京市建筑工程研究院有限责任公司建设工程质量司法鉴定中心成立14年来，承接有关工程渗漏的案件达1000多件，占工程质量总案件的25%

以上，从而说明了渗漏水问题的严重性。

1.3 建筑工程渗漏的原因

1.3.1 设计不合理

1）有的设计人员缺乏建筑防水方面的知识，不能根据不同的工程部位、水文地质状况、环境条件及施工方法，选用不同的防水措施以及选用与其相适应的防水材料。

2）对现有各种防水材料的性能特点了解不全面，设计人员难以遵循"因地制宜、按需选材和综合防治"的原则，选用与工程实际相适应的防水材料或施工方法。当地下工程的外墙采用"外防外贴法"施工防水层时，仍选用（4+4 或 4+3）mm 厚的高聚物改性沥青卷材做防水层，并用热熔法施工。由于这种厚质的卷材和施工方法，在狭窄的现场很难使防水层与混凝土结构表面实现100％的满粘结，其结果是卷材防水层只要有一点损伤或接缝不够严密时，水即可通过这个小小的缺陷进入到卷材防水层与混凝土外墙之间的缝隙内，并窜流到混凝土结构有缺陷的部位而渗漏到室内。因此，"外防外贴法"施工时，宜选用抗渗性好、粘结力强和便于操作的涂料或涂料与厚度较薄卷材复合的做法，有利于降低地下工程的渗漏率。

3）在地下防水工程中选用了耐水性指标达不到《地下工程防水技术规范》GB 50108—2008 第 4.4.8 条应大于等于 80％的规定，因防水层长期浸水溶胀失效而导致渗漏。

4）有的地下工程处在地下水位较低的位置，没有设置防水层或在底板或外墙仅做防潮设计，竣工后由于地表水或市政管网漏水等诸多因素而发生渗漏。

5）设有擦窗机轨道或大量设施基座等构造复杂的屋面，仍选用卷材做防水层，使防水层很难形成全封闭的整体防水构造，从而增加了屋面的渗漏机率。

6）有的厕浴间在地面和立墙虽然设置了防水层，但未设置挡水门槛，且地面用无防水功能的干硬性水泥砂浆作防水层的保护层，使生活用水在门口下部通过砂浆层的毛细作用渗透到室外和立墙上，从而影响到厕浴间室外部位地面及立墙的装饰效果。

7）有的外墙窗设置与外墙面平齐，窗的上眉也未设披水板，窗口下部由于外保温做法，容易形成内低外高的构造，加上窗框周边与墙体之间缺乏密封处理措施，导致雨水渗入室内。

1.3.2 材料质量差

由于低价中标等原因，不少工程选用了质量不符合有关标准要求的防水材料做防水层。

1）以复合胎再生胶改性沥青卷材或再生橡胶卷材分别取代性能优异的聚酯胎高聚物改性沥青卷材或三元乙丙橡胶卷材做防水层，从而缩短了防水层的使用寿命。

2）以乙烯—醋酸乙烯共聚乳液（EVA）取代聚丙烯酸酯乳液制成聚合物水泥（JS）涂料做防水层，降低了涂膜防水层的耐水性和耐久性。

3）以再生胶粉全部或部分代替 SBS 对沥青进行改性制成的改性沥青防水卷材，熔点增高，热熔后流动性差，在热熔施工时，卷材的搭接缝部位，难以达到溢出热熔改性沥青胶的要求，留下了卷材防水层接缝粘结不牢、封闭不严、容易发生渗漏的隐患。

4）在聚氯乙烯防水卷材中，多以较低分子量的酯类增塑剂代替高分子聚合物改性剂制成，用这类卷材施工的外露防水层，由于增塑剂的迁移而容易产生收缩、硬化和开裂现象，使其在较短的时间内即失去了防水功能。

5）有的自粘卷材采用废胶粉、沥青、增粘剂和废机油等混合而成的自粘胶料，经涂覆在高分子膜基上制成的，这种卷材由于废机油等软化油的迁移而在一两年内即失去自粘性能，无法确保防水层的施工质量。

6）用掺入普通防水剂代替活性化学物质制成的水泥基渗透结晶型防水材料，没有以水为载体渗入到混凝土内部，并与其中的钙离子反应，生成不溶于水的结晶体，以达到堵塞毛细孔隙和微裂缝，提高混凝土致密性和抗渗等级的功能。

1.3.3 施工不精心

1）在地下工程结构施工中，有的防水混凝土配比不准确，搅拌不均匀、振捣不密实、养护不到位，从而起不到结构自防水的作用（图 1.3-1）。不少地下工程发生渗漏后，经岩芯取样发现在混凝土内部存在许多蜂窝狗洞（图 1.3-2、图 1.3-3）和贯穿性裂缝就是例证。

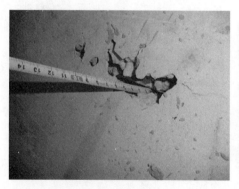 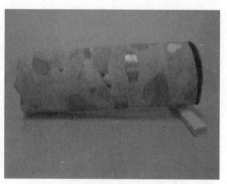

图 1.3-1　防水混凝土振捣不密实（一）　　图 1.3-2　防水混凝土振捣不密实（二）

2）地下室外墙施工卷材防水层时，由于操作不精心，导致卷材与基层或卷材的搭接缝之间粘结不牢固、封闭不严密，留下了渗漏水的隐患。

3）屋面坡度不符合规范和设计要求，不少屋面工程存在倒坡和积水现象（图 1.3-4、图 1.3-5）。

4）多数防水层的基层达不到规范关于"基层应坚实、干净、平整，无孔隙、起砂和裂缝"的规定，直接影响到防水层的施工质量。

5）采用热熔法铺设高聚物改性沥青防水卷材时，对幅宽内卷材的加热不均匀，存在加热不足或

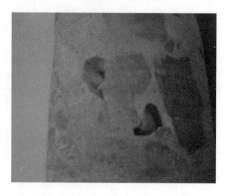

图 1.3-3　防水混凝土振捣不密实（三）

过热的现象，且在搭接缝部位没有均匀溢出热熔的改性沥青胶，难以确保卷材防水层的施工质量。

图 1.3-4　倒坡积水（一）　　　　　　图 1.3-5　倒坡积水（二）

6）卷材防水层在立面墙体的收头处，未采用压条钉压固定和用密封胶封严的措施，导致有的屋面出现了"蓄水检查不漏下雨漏"的现象（图 1.3-6、图 1.3-7）。

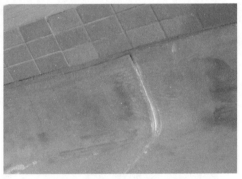

图 1.3-6　卷材防水层收头处张嘴翘边（一）　　图 1.3-7　卷材防水层收头处张嘴翘边（二）

7）对涂膜防水层的施工，由于未采用多遍涂布或喷涂的方法，导致多数涂膜防水层厚度不均匀和总厚度达不到规范的规定。有的涂膜防水层经现场取样检测，其厚度仅为0.46mm（图 1.3-8），严重地影响到防水工程的质量及其耐久性。

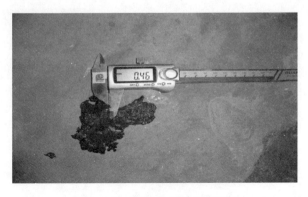

图 1.3-8　涂膜防水层厚度过薄

8）为了抢工期，有的工程涂料防水层尚未完全固化成膜，还未具备防水功能的情况下，就急于进行覆盖等后续工序的施工，从而留下了渗漏的隐患。

1.3.4　监管不到位

1）防水层施工完成后，由于监管不力和保护不当，往往容易被后续工序损坏（图1.3-9），又无人发现和进行修补，即被后浇筑的混凝土覆盖，使其失去防水功能。

图 1.3-9　防水层完成后被后续工序损坏

2）屋面防水工程完成后，长期无人清理屋面的尘土杂物，导致杂草丛生、水落口被堵塞和严重的积水现象。

1.4　建筑工程渗漏水的危害

1.4.1　影响使用功能

1）雨水渗入室内，容易导致天花板涂层脱落，地面、墙面潮湿发霉（图1.4-1～图1.4-3），影响装饰效果和使用功能。

图 1.4-1　天花板涂层脱落

图 1.4-2　地面渗水

2）容易滋生各种微生物和病菌。

3）人们长期处于潮湿环境条件下生活，容易患风湿病和关节炎。

1.4.2　影响建筑物安全

1）电线管路受潮容易发生短路和引发火灾（图1.4-4）。

图 1.4-3　墙面发霉

图 1.4-4　吸顶灯周边漏水

2）混凝土结构受到渗漏水的长期作用，容易使混凝土内部的氢氧化钙流失，pH 降低而导致钢筋被锈蚀（图 1.4-5、图 1.4-6），乃至影响到结构的安全。

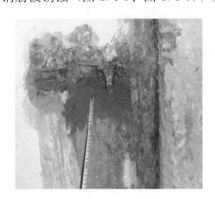
图 1.4-5　结构混凝土内部钢筋锈蚀（一）

图 1.4-6　结构混凝土内部钢筋锈蚀（二）

3）混凝土长期潮湿，会加速混凝土内部的碱骨料反应，从而缩短建筑工程的使用寿命。

4）在严寒及寒冷地区因渗漏水而导致混凝土结构冻胀破坏。

1.4.3　影响建筑节能

屋面或外墙漏水，会使保温层吸水受潮，增大了导热系数，降低了节能效果。

1.4.4　影响和谐社区的建立

房屋漏水会影响邻里关系，发生邻里纠纷，甚至发生命案。

1.5　防治渗漏的措施

1.5.1　预防渗漏的措施

1）摒弃"低价中标"和"抢工期"的不妥做法，按科学规律办事，全面贯彻防水工程技术相关规范要求是建造无渗漏工程的基础。

2）防水工程的设计应根据工程的重要程度、使用功能、环境条件、工程部位和施工方法等实际情况，遵循"因地制宜、按需选材、综合治理"的原则；对细部构造应进行多道设防、复合用材、连续密封、局部增强的技术措施;对构造复杂和防水有特殊要求的工程,应通过专家论证并因地制宜地进行专项的防水设计。

3)防水工程的施工应遵照"按图施工、材料检验、工序检查、过程控制、质量验收"的原则,并由经过培训的专业人员按照所选用防水材料的性能特点,精心操作,才能确保防水工程质量。

4)地下工程迎水面主体结构应首先采用防水混凝土,在防水混凝土的迎水面再采取其他防水措施时,应根据施工方法的不同而选用不同的防水材料。

当采用"外防内贴法"施工时,宜选用卷材特别是高分子自粘胶膜等预铺反粘类卷材做防水层。施工过程中,底板的卷材可空铺在潮湿而无明水的混凝土垫层上,外墙的卷材可花粘或用暗钉圈、吊带等固定在永久保护墙或挡土墙(含初期支护结构)上,对卷材的接缝必须做好粘(焊)结密封处理,使其形成整体的柔性防水层,然后直接绑扎钢筋和浇筑防水混凝土,要求混凝土的配比准确、搅拌均匀、振捣密实、养护到位。由于后浇筑的混凝土在振捣的作用下,便于与前期铺设完成的卷材防水层紧密结合,粘结牢固,有利于防止底板或外墙的卷材防水层与防水混凝土接触面之间因窜水而导致渗漏现象的发生。

当采用"外防外贴法"施工时,地下工程的外墙不宜选用卷材,因为卷材尤其是较厚的卷材或采用热熔法在外墙外侧狭窄的空间内施工卷材防水层,很难做到与混凝土结构表面实现100%的满粘结,其结果是外包的卷材防水层,只要有一点损伤或接缝有一点粘结封闭不严时,地下水即有可能通过这个小小的缺陷透过防水层并窜流到混凝土的微裂缝或振捣不够密实等薄弱部位而渗入到室内。

因此,地下工程外墙"外防外贴法"施工时,宜采用涂料或涂料与卷材复合的防水层。由于这种防水层与外墙防水混凝土的表面粘结牢固,无窜水现象,有利于防止外墙发生渗漏水的现象。

在底板采用卷材而外墙采用涂料作防水层时,当所选涂料与卷材的材性相容(如改性沥青卷材与改性沥青涂料等)时,涂料可与卷材的接缝部位直接进行搭接处理;当涂料与卷材的材性不相容时,其接缝部位应采用无纺布覆面的自粘型丁基橡胶胶带进行粘结密封处理,使涂料与卷材形成和防水混凝土粘结牢固、不窜水的整体防水层。

5)屋面防水工程应对一头(防水层的收头)、二缝(变形缝、卷材搭接缝)、三口(水落口、出入口、檐口)、四根(女儿墙根、管道根、烟囱根、设备根)等细部构造采用与其相适应的防水材料进行复合增强的密封处理,并使其与大面的防水层连接成为一个整体的防水层。

1.5.2 治理渗漏的措施

1. 屋面渗漏应在迎水面进行治理

1)当平屋面蓄水检查不漏而下雨漏水时,应对女儿墙及其压顶和设备基座、穿出屋面管道等防水层的收头进行检查,采用与原防水层材性相容的密封材料、防水涂料、自粘型丁基胶带等作密封处理,并使其与原防水层形成整体。

2)当屋面局部发生渗漏时,应通过勘察确定漏水点,对漏水点采用与原防水层材性相容的密封材料、防水涂料进行修补,并使其与原防水层形成整体。

3)屋面大面积渗漏,但原防水层仍与基层粘结牢固时,可选用与原防水层材性相容的防水涂料或涂料与卷材复合，在原防水层上重新施工一道防水层，并对细部构造做好增强密封处理。

4）屋面大面积渗漏且原防水层已空鼓开裂时，应铲除原防水层，再按规范要求重新处理基层，施做卷材、涂膜或涂膜与卷材复合的防水层。

2. 地下工程渗漏宜在背水面进行治理

根据工程的埋置深度、水文地质条件、水压高低及漏水量的大小等实际情况，在背水面采用注浆止水和涂刷与结构基层粘结牢固、抗渗性能优良的水泥基渗透结晶型防水涂料、高渗透改性环氧树脂防水涂料、环氧树脂乳液防水涂料、高分子益胶泥防水涂料或铺抹聚合物水泥防水砂浆等进行综合治理。必要时也可对外墙及底板钻孔至结构的迎水面进行复合的帷幕注浆处理，均可达到不再渗漏的效果。

2 防 水 材 料

建筑物和构筑物的防水功能是依靠具有防水性能的材料来实现的，防水材料质量的优劣，选材是否合理均直接影响防水工程的质量。所以，防水材料是防水工程的物质基础，是建筑物和构筑物组成材料中的功能材料。

近年来，新的防水材料品种不断问世，防水材料由20世纪80年代以前的单一品种，已发展成为多门类、多品种、多元化的产品结构。不同类型和品种的材料性能和功能都不尽相同。防水材料的分类方法很多，按材料形态可划分为卷材、涂料、密封材料；按基本组成可划分为沥青基材料、合成高分子材料、水泥基材料等等。本章仅介绍通用的防水材料，本手册施工新技术及工程案例中涉及的其他防水材料将在相关章节中介绍。

2.1 弹性体（SBS）改性沥青防水卷材

2.1.1 材料组成

弹性体（SBS）改性沥青防水卷材是以玻纤毡或聚酯毡为胎基，苯乙烯-丁二烯-苯乙烯（SBS）热塑性弹性体改性沥青为涂盖料、两面覆以隔离材料制成的防水卷材。

2.1.2 执行标准及技术性能

该卷材执行《弹性体改性沥青防水卷材》GB 18242—2008标准，其物理力学性能应符合表2.1-1的要求。

SBS改性沥青防水卷材的物理力学性能 表 2.1-1

序号	项目		性能指标				
			I		II		
			PY	G	PY	G	PYG
1	可溶物含量（g/m²）≥	3mm	2100				/
		4mm	2900				/
		5mm	3500				
		试验现象	/	胎基不燃	/	胎基不燃	/
2	耐热性	℃	90		105		
		≤mm	2				
		试验现象	无流淌、滴落				
3	低温柔性（℃）		−20		−25		
			无裂缝				

续表

序号	项 目		性能指标				
			I		II		
			PY	G	PY	G	PYG
4	不透水性（30min）		0.3MPa	0.2MPa	0.3MPa		
5	拉力	最大峰拉力（N/50mm）≥	500	350	800	500	900
		次高峰拉力（N/50mm）≥	/	/	/	/	800
		试验现象	拉伸过程中，试件中部无沥青涂盖层开裂或与胎基分离现象				
6	延伸率	最大峰时延伸率（%）≥	30		40		/
		第二峰时延伸率（%）≥	/		/		15
7	浸水后质量增加（%）≤	PE、S	1.0				
		M	2.0				
8	热老化	拉力保持率（%）≥	90				
		延伸率保持率（%）≥	80				
		低温柔性（℃）	−15		−20		
			无裂缝				
		尺寸变化率（%）≤	0.7	/	0.7	/	0.3
		质量损失（%）≤	1.0				
9	渗油性	张数≤	2				
10	接缝剥离强度（N/mm）≥		1.5				
11	钉杆撕裂强度a（N）≥		/				300
12	矿物粒料粘附性b（g）≤		2.0				
13	卷材下表面沥青涂盖层厚度c（mm）≥		1.0				
14	人工气候加速老化	外观	无滑动、流淌、滴落				
		拉力保持率（%）≥	80				
		低温柔性（℃）	−15		−20		
			无裂缝				

注：a 仅适用于单层机械固定施工方式卷材。
　　b 仅适用于矿物粒料表面的卷材。
　　c 仅适用于热熔施工的卷材。

2.1.3 性能特点及适用范围

1）Ⅰ型的聚酯毡胎或玻纤毡胎 SBS 改性沥青防水卷材，有一定的拉力，低温柔性较好。适用于一般和较寒冷地区的建筑作屋面的防水层。当采用板岩片（彩砂）或铝箔覆面的卷材作外露屋面防水层时，无需另做保护层；若采用聚乙烯膜或细砂等覆面的卷材作外露屋面防水层时，必须涂刷耐老化性能好的浅色涂料或铺设块材、铺抹水泥砂浆、浇筑细石混凝土等作保护层。

2）Ⅱ型的聚酯毡胎 SBS 改性沥青防水卷材，具有拉力高、延伸率较大、低温柔性好、耐腐蚀、耐霉变和耐候性能优良以及对基层伸缩或开裂变形的适应性较强等特点。适用于一般及寒冷地区的屋面和地下（迎水面）的防水工程。

3）Ⅱ型的玻纤毡胎 SBS 改性沥青防水卷材，具有拉力较高、尺寸稳定性和低温柔性好，耐腐蚀、耐霉变和耐候性能优良等特点，但延伸率差。仅适用于一般和寒冷地区且结构稳定的建筑作屋面或地下（迎水面）的防水工程。双层使用时，可采用一层玻纤毡胎和一层聚酯毡胎的 SBS 改性沥青防水卷材作叠合防水层。

2.2 自粘聚合物改性沥青防水卷材

2.2.1 材料组成

自粘聚合物改性沥青防水卷材是以自粘聚合物改性沥青为基料，非外露使用的无胎基或采用聚酯胎基增强的本体自粘防水卷材。

2.2.2 执行标准、技术性能

执行《自粘聚合物改性沥青防水卷材》GB 23441—2009，自粘聚合物改性沥青防水卷材按有无胎基增强分为无胎基（N 类）、聚酯胎基（PY 类）。

N 类按上表面材料分为聚乙烯膜（PE）、聚酯膜（PET）、无膜双面自粘（D）。

PY 类按上表面材料分为聚乙烯膜（PE）、细砂（S）、无膜双面自粘（D）。

产品按性能分为Ⅰ型和Ⅱ型，卷材厚度为 2.0mm 的 PY 类只有Ⅰ型。其 N 类卷材物理力学性能应符合表 2.2-1 的要求，PY 类卷材物理力学性能应符合表 2.2-2 的要求。

N 类卷材物理力学性能 表 2.2-1

序号	项目		性能指标				
			PE		PET		D
			Ⅰ	Ⅱ	Ⅰ	Ⅱ	
1	拉伸性能	拉力（N/50mm）≥	150	200	150	200	—
		最大拉力时延伸率（%）≥	200		30		—
		沥青层断裂延伸率（%）≥	250		150		450
		拉伸时现象	拉伸过程中，在膜断裂前无沥青涂盖层与膜分离现象				—
2	钉杆撕裂强度（N）≥		60	110	30	40	
3	耐热性		70℃滑动不超过 2mm				
4	低温柔性（℃）		−20	−30	−20	−30	−20
			无裂纹				
5	不透水性		0.2MPa，120min 不透水				—
6	剥离强度（N/mm）≥	卷材与卷材	1.0				
		卷材与铝板	1.5				
7	钉杆水密性		通过				
8	渗油性/张数≤		2				
9	持粘性/min≥		20				

续表

序号	项目		性能指标				
			PE		PET		D
			Ⅰ	Ⅱ	Ⅰ	Ⅱ	
10	热老化	拉力保持率（%）≥	80				
		最大拉力时延伸率（%）≥	200		30		400（沥青层断裂延伸率）
		低温柔性（℃）	−18	−28	−18	−28	−18
			无裂纹				
		剥离强度卷材与铝板（N/mm）≥	1.5				
11	热稳定性	外观	无起鼓、皱褶、滑动、流淌				
		尺寸变化（%）≤	2				

PY 类卷材物理力学性能　　　　　　　　　　表 2.2-2

序号	项目			性能指标	
				Ⅰ	Ⅱ
1	可溶物含量（g/m²）≥		2.0mm	1300	—
			3.0mm	2100	
			4.0mm	2900	
2	拉伸性能	拉力（N/50mm）≥	2.0mm	350	—
			3.0mm	450	600
			4.0mm	450	800
		最大拉力时延伸率（%）≥		30	40
3	耐热性			70℃　无滑动、流淌、滴落	
4	低温柔性（℃）			−20	−30
				无裂纹	
5	不透水性			0.3MPa，120min 不透水	
6	剥离强度（N/mm）≥	卷材与卷材		1.0	
		卷材与铝板		1.5	
7	钉杆水密性			通过	
8	渗油性/张数≤			2	
9	持粘性/min≥			15	
10	热老化	最大拉力时延伸率（%）≥		30	40
		低温柔性（℃）		−18	−28
				无裂纹	
		剥离强度卷材与铝板（N/mm）≥		1.5	
		尺寸稳定性（%）≤		1.5	1.0
11	自粘沥青再剥离强度（N/mm）≥			1.5	

2.2.3　性能特点及适用范围

1）无胎自粘卷材低温柔性好，具有柔韧性和延展性，适应基层因应力产生变形的能力强。施工方法采取自粘法，施工方便、安全环保。

2）自粘聚酯膜卷材具有防水性好、耐穿刺、抗拉强度高、延伸率高、低温性能优异、耐腐蚀性强及粘附性持久，卷材与混凝土基层粘结强度高，刚柔结合，有利于提高工程的防水质量，当卷材遭受穿刺时有自愈合的功能。

3）该卷材可采用"干铺法"施工；还可与沥青基防水卷材、沥青基防水涂料、聚氨酯防水涂料等多种防水材料配合使用，可形成具有优势互补功能的复合防水层。

4）Ⅱ型的自粘聚酯胎卷材拉力较大，低温柔性更好，适用于寒冷地区中、高档建筑的地下（迎水面）和设有刚性保护层屋面等防水工程。

2.3 预铺防水卷材

2.3.1 材料组成

预铺防水卷材是由主体材料、自粘胶、表面防（减）粘保护层（除卷材搭接区域）、隔离材料（需要时）构成的，与后浇混凝土粘结，防止粘结面窜水的防水卷材。

2.3.2 产品分类

产品按主体材料分为塑料防水卷材（P 类）、沥青基聚酯胎防水卷材（PY 类）、橡胶防水卷材（R 类）。

2.3.3 执行标准及技术性能

该卷材执行《预铺防水卷材》GB/T 23457—2017 标准，预铺防水卷材的物理力学性能应符合表 2.3-1 的要求。

预铺防水卷材物理力学性能 表 2.3-1

序号	项目		性能指标		
			P	PY	R
1	可溶物含量（g/m²）≥		—	2900	—
2	拉伸性能	拉力（N/50mm）≥	600	800	350
		拉伸强度（MPa）≥	16	—	9
		膜断裂伸长率（%）≥	400	—	300
		最大拉力时伸长率（%）≥	—	40	—
		拉伸时现象	胶层与主体材料或胎基无分离现象		
3	钉杆撕裂强度（N）≥		400	200	130
4	弹性恢复率（%）≥		—	—	80
5	抗穿刺强度（N）≥		350	550	100
6	抗冲击性能（0.5kg·m）		无渗漏		
7	抗静态荷载		20kg，无渗漏		
8	耐热性		80℃，2h无位移、流淌、滴落	70℃，2h无位移、流淌、滴落	100℃，2h无位移、流淌、滴落

续表

序号	项目		性能指标		
			P	PY	R
9	低温弯折性		主体材料−35℃，无裂纹	—	主体材料和胶层−35℃，无裂纹
10	低温柔性		胶层−25℃，无裂纹	−20℃，无裂纹	—
11	渗油性（张数）≤		1	2	1
12	抗窜水性（水力梯度）		0.8MPa/35mm，4h 不窜水		
13	不透水性（0.3MPa，120min）		不透水		
14	与后浇混凝土剥离强度（N/mm）≥	无处理≥	1.5	1.5	0.8，内聚破坏
		浸水处理≥	1.0	1.0	0.5，内聚破坏
		泥沙污染表面≥	1.0	1.0	0.5，内聚破坏
		紫外线处理≥	1.0	1.0	0.5，内聚破坏
		热处理≥	1.0	1.0	0.5，内聚破坏
15	与后浇混凝土浸水后剥离强度（N/mm）≥		1.0	1.0	0.5，内聚破坏
16	卷材与卷材剥离强度（搭接边）[a]（N/mm）≥	无处理≥	0.8	0.8	0.6
		浸水处理≥	0.8	0.8	0.6
17	卷材防粘处理部位剥离强度[b]（N/mm）≤		0.1 或不粘合		
18	热老化（80℃，168h）	拉力保持率（%）≥	90		80
		伸长率保持率（%）≥	80		70
		低温弯折性	主体材料−32℃，无裂纹	—	主体材料和胶层−32℃，无裂纹
		低温柔性	胶层−23℃，无裂纹	−18℃，无裂纹	—
19	尺寸变化率（%）≤		±1.5	±0.7	±1.5

注：a 仅适用于卷材纵向长边采用自粘搭接的产品。
    b 颗粒表面产品可以直接表示为不粘合。

2.3.4 性能特点及适用范围

1）预铺防水卷材适用于以塑料、沥青、橡胶为主体材料，一面有自粘胶，胶表面采用不粘或减粘材料处理，与后浇混凝土粘结的防水卷材。

2）该卷材采用预铺法施工，操作简便，可与基层形成密封层，粘结强度高，对基层伸缩或开裂变形的适应性强，有利于防止窜水现象发生，防水质量可靠，适用于地下、隧道等防水工程。

3）预铺防水卷材用于地下防水工程，直接与后浇结构混凝土粘结，具有防止水压作用下水在粘结界面内流窜的性能。

2.4 湿铺防水卷材

2.4.1 产品类型

湿铺防水卷材按增强材料分为高分子膜基防水卷材、聚酯胎基防水卷材（PY 类），高分子膜基防水卷材分为高强度类（H类）、高延伸率类（E类）、高分子膜可以位于卷材的表层或中间。

产品按粘结表面分为单面粘合（S）、双面粘合（D）。

2.4.2 执行标准及技术性能

湿铺防水卷材执行《湿铺防水卷材》GB/T 35467—2017 标准，湿铺防水卷材的物理力学性能应符合表 2.4-1 的要求。

湿铺防水卷材物理力学性能 表 2.4-1

序号	项目		指标		
			H	E	PY
1	可溶物含量（g/m²）≥		—		2100
2	拉伸性能	拉力（N/50mm）≥	300	200	500
		最大拉力时伸长率（%）≥	50	180	30
		拉伸时现象	胶层与高分子膜或胎基无分离		
3	撕裂力（N）≥		20	25	200
4	耐热性（70℃，2h）		无流淌、滴落，滑移≤2mm		
5	低温柔性（—20℃）		无裂纹		
6	不透水性（0.3MPa，120min）		不透水		
7	卷材与卷材剥离强度（搭接边）（N/mm）	无处理≥	1.0		
		浸水处理≥	0.8		
		热处理≥	0.8		
8	渗油性（张数）≤		2		
9	持粘性（min）≥		30		
10	与水泥砂浆剥离强度（N/mm）	无处理≥	1.5		
		热处理≥	1.0		
11	与水泥砂浆浸水后剥离强度（N/mm）≥		1.5		
12	热老化（80℃，168h）	拉力保持率（%）≥	90		
		伸长率保持率（%）≥	80		
		低温柔性（—18℃）	无裂纹		
13	尺寸变化率（%）		±1.0	±1.5	±1.5
14	热稳定性		无起泡、流淌，高分子膜或胎基边缘卷曲最大不超过边长1/4		

2.4.3 性能特点及适用范围

1）湿铺法施工操作简便，可与基层形成密封层，粘结强度高，对基层伸缩或开裂变形的适应性强，有利于防止窜水现象发生，防水质量可靠，适用于地下、隧道等防水工程。

2）湿铺防水卷材用于非外露防水工程，采用水泥净浆或水泥砂浆与混凝土基层粘结，卷材间宜采用自粘搭接。

2.5 热塑性聚烯烃（TPO）防水卷材

2.5.1 材料组成

该产品是以乙烯和 a 烯烃的聚合物为主要原料制成的防水卷材。

2.5.2 产品分类

该产品按组成分为均质热塑性聚烯烃防水卷材（代号 H）、带纤维背衬的热塑性聚烯烃防水卷材（代号 L）、织物内增强的热塑性聚烯烃防水卷材（代号 P）。厚度规格为：1.20mm、1.50mm、1.80mm、2.00mm。

2.5.3 执行标准、技术性能

执行《热塑性聚烯烃（TPO）防水卷材》GB 27789—2011 标准。其物理力学性能应符合表 2.5-1 的要求。

热塑性聚烯烃（TPO）防水卷材物理力学性能 表 2.5-1

序号	项目		性能指标		
			H	L	P
1	中间胎基上面树脂层厚度（mm）≥		—		0.4
2	拉伸性能	最大拉力（N/cm）≥	—	200	250
		拉伸强度（MPa）≥	12	—	—
		最大拉力时伸长率（%）≥	—	—	15
		断裂伸长率（%）≥	500	250	—
3	热处理尺寸变化率（%）≤		2.0	1.0	0.5
4	低温弯折性		−40℃无裂纹		
5	不透水性		0.3MPa，2h 不透水		
6	抗冲击性能		0.5kg·m，不渗水		
7	抗静态荷载a		—	—	20kg 不渗水
8	接缝剥离强度（N/mm）≥		4.0 或卷材破坏	3.0	
9	直角撕裂强度（N/mm）≥		60	—	—
10	梯形撕裂强度（N）≥		—	250	450
11	吸水率（70℃ 168h）（%）≤		4.0		
12	热老化（115℃）	时间（h）	672		
		外观	无起泡、裂纹、分层、粘结和孔洞		
		最大拉力保持率（%）≥	—	90	90
		拉伸强度保持率（%）≥	90	—	—
		最大拉力时伸长率保持率（%）≥	—	—	90
		断裂伸长率保持率（%）≥	90	90	—
		低温弯折性	−40℃无裂纹		

序号	项目		性能指标		
			H	L	P
13	耐化学性	外观	无起泡、裂纹、分层、粘结和孔洞		
		最大拉力保持率（%）≥	—	90	90
		拉伸强度保持率（%）≥	90	—	—
		最大拉力时伸长率保持率（%）≥	—	—	90
		断裂伸长率保持率（%）≥	90	90	—
		低温弯折性	−40℃无裂纹		
14	人工气候加速老化	时间（h）	1500b		
		外观	无起泡、裂纹、分层、粘结和孔洞		
		最大拉力保持率（%）≥	—	90	90
		拉伸强度保持率（%）≥	90	—	—
		最大拉力时伸长率保持率（%）≥	—	—	90
		断裂伸长率保持率（%）≥	90	90	—
		低温弯折性	−40℃无裂纹		

注：a 抗静电荷载仅对用于压铺屋面的卷材要求。
　　b 单层卷材屋面使用产品的人工气候加速老化时间为 2500h。

2.5.4　性能特点及适用范围

1）热塑性聚烯烃（TPO）防水卷材具有抗老化、拉伸强度高、伸长率大、外露无须保护层、施工方便、无污染等特点。适用于耐久性、耐腐蚀性和适应变形要求高的屋面或地下工程的迎水面作防水层。

2）热塑性聚烯烃（TPO）防水卷材是近几年美国和欧洲盛行的一种新材料，并且逐渐占据重要地位，是欧美增长最快的防水产品。TPO 防水卷材是综合了 EPDM 和 PVC 的性能优点，具有前者的耐候能力和低温柔度，又能同后者在高温下像塑料一样的加工成型。因此，这种材料具有良好的加工性能和力学性能，并具有高强度的焊接性能。

3）热塑性聚烯烃（TPO）防水卷材的接缝技术要求高，可广泛应用于屋面、地下室、地铁、堤坝、水利、隧道及钢结构屋面、垃圾掩埋场等各种防水、防渗工程。

2.6　聚乙烯丙纶复合防水卷材

2.6.1　材料组成

聚乙烯丙纶防水卷材是采用线性低密度聚乙烯树脂（原生料）、抗老化剂等原料由自动化生产线一次性热融挤出并复合丙纶无纺布加工制成。卷材中间层是聚乙烯膜防水层，其厚度不应小于 0.5mm，上下两面是丙纶无纺布增强兼粘结层。总厚度不应小于 0.7mm。

2.6.2　执行标准、技术性能

聚乙烯丙纶复合防水卷材执行国家标准《高分子增强复合防水片材》GB/T 26518—

2011，其物理力学性能应符合表 2.6-1 的要求。

聚乙烯丙纶复合防水卷材物理力学性能指标 表 2.6-1

序号	项目		指标	
			厚度≥1.0mm	厚度＜1.0mm
1	断裂拉伸强度（N/cm）	常温（纵/横）≥	60.0	50.0
		60℃（纵/横）≥	30.0	30.0
2	拉断伸长率（%）	常温（纵/横）≥	400	100
		−20℃（纵/横）≥	300	80
3	撕裂强度（N）(纵/横)≥		50.0	50.0
4	不透水性（0.3MPa×30min）		无渗漏	无渗漏
5	低温弯折性（−20℃）		无裂纹	无裂纹
6	加热伸缩量（mm）	延伸≤	2.0	2.0
		收缩≤	4.0	4.0
7	热空气老化 （80℃×168h）	断裂拉伸强度保持率（%）(纵/横)≥	80	80
		拉断伸长率保持率（%）(纵/横)≥	70	70
8	耐碱性（饱和 $Ca(OH)_2$ 溶液，常温×168h）	断裂拉伸强度保持率（%）(纵/横)≥	80	80
		拉断伸长率保持率（%）(纵/横)≥	80	80
9	复合强度（表层与芯层）（MPa）≥		0.8	0.8

2.6.3 主要特点及适用范围

聚乙烯丙纶复合防水卷材具有很好的抗老化、耐腐蚀性能，变形适应能力强，低温柔韧性能好、易弯曲和抗穿孔性能好，抗拉强度高、防水抗渗性能好、施工简便。

聚乙烯丙纶复合防水卷材应与具有防水、粘结、密封功能的胶结材料组成复合防水层，适用于屋面、地下、室内等防水工程。

2.7 非固化橡胶沥青防水涂料

2.7.1 材料组成

非固化橡胶沥青防水涂料是以优质沥青、橡胶和特种添加剂为主要原料，加工制成的在使用年限内保持黏性膏状体的防水涂料。该材料需经加热后采用涂刮或喷涂法施工，一般应与其相容的卷材组合形成复合防水层。

2.7.2 执行标准及技术性能

执行《非固化橡胶沥青防水涂料》JC/T 2428—2017 标准，其主要技术性能应符合表 2.7-1 的规定。

非固化橡胶沥青防水涂料物理力学性能

表 2.7-1

序号	项目		技术指标
1	闪点（℃）≥		180
2	固含量（%）≥		98
3	粘结性能	干燥基面	95%内聚破坏
		潮湿基面	
4	延伸性（mm）≥		15
5	低温柔性，−20℃		无断裂
6	耐热性（℃）		65
			无滑动、流淌、滴落
7	热老化70℃，168h	延伸性（mm）≥	15
		低温柔性	−15℃，无断裂
8	耐酸性（2%H$_2$SO$_4$溶液）	外观	无变化
		延伸性（mm）≥	15
		质量变化（%）	±2.0
9	耐碱性[0.1%NaOH+饱和Ca(OH)$_2$溶液]	外观	无变化
		延伸性（mm）≥	15
		质量变化（%）	±2.0
10	耐盐性（3%NaCl溶液）	外观	无变化
		延伸性（mm）≥	15
		质量变化（%）	±2.0
11	自愈性		无渗水
12	渗油性（张）		≤2
13	应力松弛（%）≤	无处理	35
		热老化（70℃，168h）	
14	抗窜水性（0.6MPa）		无窜水

2.7.3 性能特点及适用范围

该涂料具有自愈合功能，可自行修复防水层微小的破损部分，当防水层出现轻微破损时，破损部位周围的非固化橡胶沥青能通过自愈合的作用而填充受损部位，阻断防水层与混凝土基面间的窜水现象，有利于提高防水工程质量。

1. 性能特点

1）不固化，固含量大于98%，施工后始终保持弹塑性状态；

2）粘结性能好，可在潮湿基面施工，能与任何异物实现粘结密封作用；

3）柔韧性好，对基层变形、开裂适应性强；

4）可与卷材共同使用，形成优势互补的复合防水层，缩短施工周期。

2. 适用范围

非固化橡胶沥青防水涂料是一种无溶剂、无挥发物的橡胶改性沥青材料。适用于建筑屋面和地下的防水工程。也可用于地铁、隧道等渗漏工程的注浆、堵漏和维修，尤其适用于易变形部位的附加防水处理；该材料施工后即使长时间放置也不会固化，适用于解决较大变形工程的防水处理。

2.8　喷涂速凝橡胶沥青防水涂料

2.8.1　材料组成

该产品以特种橡胶乳液与特殊工艺制成的阴离子乳化沥青微乳液（A组分）和阳离子破乳剂（B组分）组成的双组分高弹性橡胶改性沥青防水涂料。

2.8.2　主要技术性能

该涂料的物理力学性能指标应符合表2.8-1的要求。

喷涂速凝橡胶沥青防水涂料物理力学性能　　　　　　表2.8-1

序号	项目		指标
1	固体含量（%）≥		55
2	凝胶时间（s）≤		5
3	实干时间（h）≤		24
4	耐热度		（120±2）℃，无流淌、滑动、滴落
5	不透水性		0.3MPa，30min无渗水
6	粘结强度a（MPa）≥	干燥基面	0.40
		潮湿基面	0.40
7	弹性恢复率（%）≥		85
8	钉杆自愈性		无渗水
9	吸水率（24h）（%）≤		2.0
10	低温柔度b	无处理	−20℃，无裂纹、断裂
		碱处理	−15℃，无裂纹、断裂
		酸处理	
		盐处理	
		热处理	
		紫外线处理	
11	拉伸性能	拉伸强度（MPa）≥ 无处理	0.80
		断裂伸长率（%）≥ 无处理	1000
		碱处理	800
		酸处理	
		盐处理	
		热处理	
		紫外线处理	

注：a　粘结基材可以根据供需双方要求采用其他基材。
　　b　供需双方可以商定更低温度的低温柔性指标。

2.8.3　性能特点及适用范围

喷涂速凝橡胶沥青防水涂料是由粒径为几十纳米～几百纳米的微乳液组成，因此具有一定的穿透能力，可渗入基层的毛细孔道、堵塞孔道并在表面形成防水涂膜而达到防水的目的。

该涂料通过双喷嘴的专用低压喷涂设备，分别将涂料和与其配套的破乳剂，同时喷出，在空中雾化、混合，喷到基层表面瞬间析水凝聚成膜，涂膜实干后形成具有不透水功能的高弹性防水涂层。

该涂料适用于屋面、地下、室内、桥梁、高速公路等防水工程。

2.9 聚合物水泥（JS）防水涂料

2.9.1 材料组成

聚合物水泥（JS）防水涂料是以聚合物乳液（甲组分）和水泥等刚性粉料（乙组分）组成的双组分防水涂料。

2.9.2 材料分类

该涂料属挥发固化与水泥水化反应复合型防水涂料；产品按性能分为Ⅰ型、Ⅱ型和Ⅲ型。

2.9.3 执行标准和主要技术性能

执行《聚合物水泥防水涂料》GB/T 23445—2009 标准，其物理力学性能应符合表 2.9-1 的要求。

聚合物水泥（JS）防水涂料物理力学性能　　　　表 2.9-1

序号	试验项目		性能指标		
			Ⅰ型	Ⅱ型	Ⅲ型
1	固体含量（%）≥		70	70	70
2	拉伸强度	无处理（MPa）≥	1.2	1.8	1.8
		加热处理后保持率（%）≥	80	80	80
		碱处理后保持率（%）≥	60	70	70
		浸水处理后保持率（%）≥	60	70	70
		紫外线处理后保持率（%）≥	80	—	—
3	断裂伸长率	无处理（%）≥	200	80	30
		加热处理（%）≥	150	65	20
		碱处理（%）≥	150	65	20
		浸水处理（%）≥	150	65	20
		紫外线处理（%）≥	150	—	—
4	低温柔性（φ10mm 棒）		—10℃无裂纹	—	—
5	粘结强度	无处理（MPa）≥	0.5	0.7	1.0
		潮湿基层（MPa）≥	0.5	0.7	1.0
		碱处理（MPa）≥	0.5	0.7	1.0
		浸水处理（MPa）≥	0.5	0.7	1.0
6	不透水性（0.3MPa，30min）		不透水	不透水	不透水
7	抗渗性（砂浆背水面）（MPa）≥		—	0.6	0.8

2.9.4 性能特点及适用范围

聚合物水泥（JS）防水涂料由聚合物乳液和刚性材料双组分组合，需在施工时按一定比例配制成防水涂料；Ⅰ型以聚合物乳液为主要成分，应用时按规定比例加入乙组分经现场混合搅拌均匀而成。涂料经现场涂刷、固化后形成具有一定强度和延伸率的防水涂膜。Ⅱ型和Ⅲ型以水泥等刚性材料为主要成分的涂料。固化后形成具有较高强度和较低延伸率的聚合物改性水泥防水涂层。

该涂料适用于屋面、地下、外墙、室内等防水工程。Ⅰ型产品适用于非长期浸水环境下迎水面防水工程，Ⅱ型和Ⅲ型产品可用于长期浸水环境下迎水面或背水面的防水工程。应用于地下或水池等长期泡水部位的防水工程时，其耐水性应大于 80%；（耐水性：浸水168h 后，取出擦干即进行试验，其粘结强度及抗渗性能的保持率）；该涂料不得在 5℃ 以下施工。

2.10 水泥基渗透结晶型防水材料

2.10.1 材料组成

水泥基渗透结晶型防水材料是以硅酸盐水泥、石英砂等为基材，掺入活性化学物质组成的一种新型刚性防水材料。外观为灰色粉末。其中的浓缩剂与水拌合调成浆状涂刷在结构混凝土表面后，材料中的活性物质以水为载体向混凝土内部渗透，在混凝土中形成不溶于水的枝蔓状结晶体，填塞毛细孔道，使混凝土致密、防水。从而提高了基体混凝土的致密性、强度和抗渗功能。

2.10.2 产品分类

水泥基渗透结晶型防水材料为系列产品，分为浓缩剂、增效剂、掺合剂、堵漏剂等几个品种。

1. 浓缩剂

浓缩剂与水拌合后，可调配成水泥基渗透结晶型防水涂料。涂刷在结构混凝土表面，形成防水涂层，涂层厚度不应小于 1.0mm，用料量不应少于 1.5kg/m²。主要用于结构混凝土的迎水面或背水面进行防水和防渗处理，还可以将浓缩剂调成半干状料团，用于嵌缝、补强、堵漏等。

2. 增效剂

增效剂用于浓缩剂涂层表面的涂料，可在浓缩剂涂层上形成坚硬的表面，增强浓缩剂的渗透效果。单独用于混凝土结构表面，可起到防渗、防潮作用。

3. 掺合剂

掺合剂是具有独特结晶作用的干粉混合剂。掺入水泥砂浆或混凝土中，制成防水砂浆或防水混凝土，可提高其防水抗渗能力。防水砂浆中掺合剂的掺量为水泥用量的 2%～3%，防水混凝土中掺合剂的掺量为胶凝材料的 0.8%～1.5%。

4. 堵漏剂

堵漏剂是一种结晶型的速凝、不收缩、高粘结强度的水泥混合料。能快速阻断混凝土中的渗水通道，封闭裂缝、堵塞孔洞和修补混凝土的缺陷，用于混凝土结构的渗漏治理。

2.10.3 执行标准及性能指标

水泥基渗透结晶型防水材料执行《水泥基渗透结晶型防水材料》GB 18445—2013 标准。其主要物理力学性能应符合表 2.10-1 的要求；

水泥基渗透结晶型防水材料主要物理力学性能　　　　　　　表 2.10-1

序号	项目		性能指标	
			I	II
1	安定性		合格	
2	凝结时间	初凝时间（min）≥	20	
		终凝时间（h）≤	24	
3	抗折强度（MPa）≥	7d	2.80	
		28d	3.50	
4	抗压强度（MPa）≥	7d	12.0	
		28d	18.0	
5	湿基面粘结强度（MPa）≥		1.0	
6	抗渗压力（28d）（MPa）≥		0.8	1.2
7	第二次抗渗压力（56d）（MPa）≥		0.6	0.8
8	渗透压力比（28d）（%）≥		200	300

2.10.4 性能特点及适用范围

水泥基渗透结晶型防水材料耐水性能良好，涂刷 1.0～1.2mm 厚度，可使混凝土抗渗压力提高 3 倍以上；对混凝土基体有很强的渗透性，渗透结晶深度随时间延长而加深；可在迎水面、背水面的混凝土潮湿基面上施工，施工方法简便。

水泥基渗透结晶型防水材料适用于地下室、人防、隧道、管廊、地下车库等防水工程和渗漏治理。

2.11 高渗透改性环氧防水涂料（KH-2）

2.11.1 材料组成

高渗透改性环氧防水涂料是以改性环氧树脂为主体材料，加入多种助剂制成的具有高渗透能力和可灌性的双组分防水涂料。

2.11.2 材料分类

该产品属反应固化型防水涂料。

2.11.3 主要技术性能

高渗透改性环氧树脂防水涂料主要物理力学性能应符合表 2.11-1 的要求。

高渗透改性环氧树脂防水涂料主要物理力学性能　　　　表 2.11-1

项　　目	性能指标
胶砂体的抗压强度（MPa）	≥60
粘结强度（干、湿）（MPa）	干≥5.6　湿≥4.7
抗渗系数（cm/s）	$10^{-12}\sim10^{-13}$
透水压力比（%）	≥300
涂层耐酸碱、耐水性能（重量变化率%）	≤1
冻融循环重量变化率（%）	≤1
甲组分：乙组分=1000：50	

2.11.4 性能特点及适用范围

该涂料具有优秀的物理力学性能和优异的渗透性能，抗渗能力强、耐久性能优异，按一定比例配合后通过涂刷、灌浆等方式，使浆液沿混凝土表面的毛细管道、微孔隙及多种基面的微裂纹渗透到内部，固化成为具有优良的物理力学性能的固结体，高渗透改性环氧防水涂料的渗透深度为 2～10mm，可大大地提高混凝土基层的防水、抗渗能力。

该涂料适用于屋面、地下、水池及厕浴间等防水工程。采用涂刷的方式使浆液渗入，可在基层表面形成 2mm 以上厚度的防渗层，起到防渗和提高混凝土强度（30%以上）的双重作用。可在潮湿基面（无明水）施工，且可设计为复合防水作法，用于公路、桥梁建筑防水施工和渗漏治理等工程。该涂料的主要原料含有有害物质，因此在原材料的储存、运输、生产以及施工过程中应妥善保管、防止材料泄漏，但涂料固化后无毒，符合安全环保要求。

2.12 高分子益胶泥

2.12.1 材料组成

高分子益胶泥是一种以硅酸盐水泥、掺合料、细砂为基料，加入多种可分散的高分子材料改性，经工厂化生产方式制成的具有防水、抗渗功能和粘结性能的匀质、干粉状、可薄涂施工的单组分防水和渗漏治理的材料。

2.12.2 材料分类

高分子益胶泥属多种可分散聚合物改性水泥砂浆；产品按性能分为Ⅰ型、Ⅱ型。

2.12.3 执行标准和主要技术性能

该产品执行《高分子益胶泥》T44/SZWA 1—2017 团体标准，主要物理力学性能应符合表 2.12-1 的要求。

高分子益胶泥的主要物理力学性能　　　　　　　表 2.12-1

序号	项目		技术要求	
			Ⅰ型	Ⅱ型
1	凝结时间	初凝（min）≥	180	
		终凝（min）≤	660	
2	抗折强度（MPa）（28d）≥		4.0	
3	抗压强度（MPa）（28d）≥		12.0	
4	柔韧性（横向变形）（mm）≥		1.0	
5	涂层抗渗压力（MPa）（7d）≥		0.5	
6	拉伸粘结强度（MPa）（28d）≥		1.0	1.0
7	浸水后拉伸粘结强度（MPa）（28d）≥		1.0	1.0
8	热老化后拉伸粘结强度（MPa）（28d）≥		1.0	1.0
9	晾置时间 20min 拉伸粘结强度（MPa）（28d）≥		0.5	1.0
10	收缩率（％）≤		0.30	

2.12.4　性能特点及适用范围

该材料是由多种可分散聚合物粉料和水泥、细砂等材料配制而成的干粉状、单组分防水堵漏材料。该材料经现场加水搅拌、可形成厚浆状的聚合物水泥砂浆，经涂刮、固化后成为聚合物改性防水砂浆涂层。由于材料中的可分散聚合物是由多种不同性能特点的聚合物混配而成，材料的综合性能好，该产品具有无毒、无味、符合环保要求，并具有强度高、粘结力大、保水性能好、收缩率低、耐冻融、耐老化、抗微变形能力强等特点。

该材料适用于屋面、地下、外墙、厕浴间等防水工程和渗漏治理。根据工程的具体情况，既可用于迎水面，也可用于背水面施工。选择不同型号的产品，可在潮湿基面（无明水）施工，表面不需做保护层，也可根据需要增设装饰层或保护层。

2.13　喷涂硬泡聚氨酯

2.13.1　材料组成

喷涂硬泡聚氨酯采用异氰酸酯、多元醇及发泡剂等添加剂，在现场使用专用喷涂设备经喷枪口处混合直接喷涂在屋面或外墙基层上，连续多遍喷涂即可反应形成完整、无缝的硬泡聚氨酯保温防水层。

2.13.2　材料分类

喷涂硬泡聚氨酯按材料物理性能分为Ⅰ型、Ⅱ型、Ⅲ型三种类型；屋面防水保温一体化用喷涂硬泡聚氨酯应为Ⅱ型和Ⅲ型两种类型。

2.13.3　执行标准和主要技术性能

屋面用喷涂硬泡聚氨酯执行《硬泡聚氨酯保温防水工程技术规范》GB 50404—2017标准，其物理性能应符合表 2.13-1 的要求。

屋面用喷涂硬泡聚氨酯物理性能

表 2.13-1

项目	性能要求			试验方法
	Ⅰ型	Ⅱ型	Ⅲ型	
表观密度（kg/m³）	≥35	≥45	≥55	GB/T 6343
导热系数（平均温度25℃）[W/(m·K)]	≤0.024	≤0.024	≤0.024	GB/T 10294 GB/T 10295
压缩性能（形变10%）（kPa）	≥150	≥200	≥300	GB/T 8813
不透水性（无结皮，0.2MPa，30min）	—	不透水	不透水	GB 50404—2017 规范附录 A
尺寸稳定性（70℃，48h）（%）	≤1.5	≤1.5	≤1.0	GB/T 8811
闭孔率（%）	≥90	≥92	≥95	GB/T 10799
吸水率（V/V）（%）	≤3	≤2	≤1	GB/T 8810
燃烧性能等级	不低于B2级	不低于B2级	不低于B2级	GB 8624

2.13.4 性能特点和适用范围

1. 产品特点

1）硬泡聚氨酯在工程上使用是效果非常好的保温材料，其导热系数可达0.024，节能可达到75%的要求。

2）Ⅲ型材料喷涂施工可形成闭孔率达95%的硬泡体，可作为独立的一道防水层。

3）能与水泥基面、金属、石材、木材等材料牢固粘结。

4）施工速度快：机械喷涂施工，节省了人工成本。与传统屋面防水、保温系统施工时间相比，可节约四分之三的工期。

5）重量轻，减轻了屋面荷载：由于硬泡聚氨酯重量轻，是传统屋面系统四分之一的重量，所以该系统被业内人士称为轻质屋面系统。

2. 适用范围

该产品具有保温防水一体化功能，再在其上刮抹抗裂聚合物水泥砂浆形成具有保温防水功能的构造层。Ⅰ型用于屋面和外墙保温层；Ⅱ型具有一定的防水功能，用于屋面复合保温防水层；Ⅲ型具备防水保温一体化功能，用于屋面保温防水层。

2.14 聚合物水泥防水浆料

2.14.1 材料组成

聚合物水泥防水浆料是以水泥、细骨料为主要组分，聚合物和添加剂等为改性材料按适当配比混合制成的、具有一定柔性的防水浆料。

2.14.2 材料分类

产品按组分分为单组分（S类）和双组分（D类）。

单组分（S类）：由水泥、细骨料和可再分散乳胶粉、添加剂等组成。

双组分（D类）：由粉料（水泥、细骨料等）和液料（聚合物乳液、添加剂等）组成。

产品按物理力学性能分为Ⅰ型（通用型）和Ⅱ型（柔韧型）两类。

2.14.3 执行标准和主要技术性能

该产品执行 JC/T 2090—2011《聚合物水泥防水浆料》标准，其物理力学性能应符合表 2.14-1 的要求。

聚合物水泥防水浆料物理力学性能　　　　　　　　　　表 2.14-1

序号	试验项目		技术指标	
			Ⅰ型	Ⅱ型
1	干燥时间ᵃ（h）	表干时间 ≤	4	
		实干时间 ≤	8	
2	抗渗压力（MPa）≥		0.5	1.0
3	不透水性（0.3MPa，30min）		—	不透水
4	柔韧性	横向变形能力（mm）≥	2.0	
		弯折性	—	无裂纹
5	粘结强度（MPa）	无处理≥	0.7	
		潮湿基层≥	0.7	
		碱处理≥	0.7	
		浸水处理≥	0.7	
6	抗压强度（MPa）≥		12.0	
7	抗折强度（MPa）≥		4.0	
8	耐碱性		无开裂、剥落	
9	耐热性		无开裂、剥落	
10	抗冻性		无开裂、剥落	
11	收缩率（%）≤		0.3	—

注：a 干燥时间项目可根据用户需要及季节变化进行调整。

2.14.4 性能特点和适用范围

1. 产品特点

1）聚合物水泥防水浆料的涂层具有耐候性、耐磨性、耐水性、耐腐蚀、耐高温、耐低温和耐老化等性能，对混凝土表面起到加固保护和防水的作用。

2）无毒、无害、施工中安全，投入使用后对环境友好，可用于饮用水工程。

3）聚合物水泥防水浆料与混凝土、砂浆、石材、聚苯板等基面粘结力强，和易性好，且具有一定的柔韧性。

4）操作简便，潮湿环境和潮湿基层、迎水面和背水面都可施工，省工省时。

2. 适用范围

1）工业与民用建筑新建工程的屋面、室内、外墙、地下防水工程和既有建筑工程防水维修工程。

2）水池、游泳池、庭院及沟槽等防水工程。

3）隧道及市政防水工程。

4）铺贴瓷砖、石材等块体材料的粘结层。

3 屋面防水工程施工技术

3.1 屋面基本构造、防水等级和设防要求

3.1.1 屋面基本构造

随着我国工业与民用建筑业的快速发展，屋面工程技术也在不断提高，屋面工程做法越来越多，形成了各种屋面工程。就我国屋面工程的现状看，根据屋面外观形状、屋面构造、屋面材料及使用功能等方面划分，屋面基本上可分为四种类型：

1) 按屋面外观形状划分，可分为平屋面、坡屋面、球形屋面、拱形屋面、折叠屋面等；

2) 按屋面构造形式划分，可分为正置式屋面、倒置式屋面等；

3) 按屋面使用功能划分，可分为非上人屋面、上人屋面、采光屋面、种植屋面、蓄水屋面等；

4) 按材料构成划分，可分为混凝土屋面、瓦屋面、金属屋面、涂膜防水屋面、卷材防水屋面等。

屋面工程是一个系统工程，屋面结构层以上的构造有找平找坡层、保温与隔热层、防水层和保护层等。不同的屋面有不同的构造，所采用的防水材料和施工做法也会因工程而异，屋面基本构造层次见表 3.1-1。

屋面基本构造层次   表 3.1-1

屋面类型	基本构造层次（自上而下）
卷材、涂膜屋面	保护层、隔离层、防水层、找平层、找坡层、保温层、随浇随抹的混凝土结构层
	保护层、找坡层、保温层、防水层、随浇随抹的混凝土结构层
	种植隔热层、保护层、耐根穿刺防水层、普通防水层、找平层、找坡层、保温层、随浇随抹的混凝土结构层
	架空隔热层、防水层、找平层、找坡层、保温层、随浇随抹的混凝土结构层
	蓄水隔热层、保护层、隔离层、防水层、找平层、找坡层、保温层、随浇随抹的混凝土结构层
瓦屋面	块瓦、挂瓦条、顺水条、持钉层、防水层或防水垫层、找平层、保温层、结构层
	沥青瓦、持钉层、防水层或防水垫层、找平层、保温层、结构层
金属板屋面	压型金属板、防水垫层、保温层、承托网、支承结构
	面层压型金属板、防水垫层、保温层、底层压型金属板、支承结构
	金属面绝热夹芯板、支承结构
玻璃采光顶	玻璃面板、金属框架、支承结构
	玻璃面板、点支承装置、支承结构

注：1. 表中结构层包括混凝土基层和木基层；防水层包括：卷材防水层，涂膜防水层，卷材与涂膜复合的防水层，喷涂硬泡聚氨酯防水保温一体化；保护层包括块体材料、水泥砂浆、细石混凝土或浅色涂料等保护层。

2. 有隔汽要求的屋面，应在保温层和结构层之间设置隔汽层。

3.1.2 屋面防水等级和设防要求

屋面防水是屋面工程中极其重要的一个环节，屋面防水工程的质量好坏，关系到功能保证、结构安全和人们的居住质量。《屋面工程技术规范》、《屋面工程质量验收规范》、《坡屋面工程技术规范》等国家标准和《倒置式屋面工程技术规程》、《种植屋面工程技术规程》、《硬泡聚氨酯保温防水工程技术规范》等行业标准，对屋面工程防水等级和设防要求做出了明确规定。

1）屋面防水工程应根据建筑物的类别、重要程度、使用功能要求确定防水等级，并按相应等级进行防水设防。屋面防水等级和设防要求应符合表 3.1-2 的要求。

<table>
<tr><td colspan="3" style="text-align:left">屋面防水等级和设防要求   表 3.1-2</td></tr>
<tr><td>防水等级</td><td>建筑类别</td><td>设防要求</td></tr>
<tr><td>Ⅰ级</td><td>重要建筑和高层建筑</td><td>两道防水设防</td></tr>
<tr><td>Ⅱ级</td><td>一般建筑</td><td>一道防水设防</td></tr>
</table>

2）特别重要或对防水有特殊要求的建筑屋面，应进行专项防水设计；种植屋面防水层的合理使用年限不应少于 15 年，采用二道或二道以上防水设防，最上一道防水层必须采用耐根穿刺防水材料；种植顶板的防水等级应为Ⅰ级。

3）檐口、檐沟和天沟、女儿墙和山墙、水落口、变形缝、伸出屋面管道、出入口、设施基座等屋面细部构造部位，其设计与施工均应采用多道设防、复合用材、连续密封、局部增强等措施，并应满足温差变形和便于施工操作等要求；屋面找平层分格缝等部位，宜设置空铺卷材或非固化橡胶沥青涂料与卷材复合的附加层，其宽度不宜小于 100mm。

屋面细部构造附加层最小厚度应符合表 3.1-3 的要求。

<table>
<tr><td colspan="2" style="text-align:left">附加层最小厚度（mm）   表 3.1-3</td></tr>
<tr><td>附加层材料</td><td>最小厚度</td></tr>
<tr><td>合成高分子防水卷材</td><td>1.2</td></tr>
<tr><td>高聚物改性沥青防水卷材（聚酯胎）</td><td>3.0</td></tr>
<tr><td>合成高分子防水涂膜、聚合物水泥防水涂膜</td><td>1.5</td></tr>
<tr><td>高聚物改性沥青防水涂膜</td><td>2.0</td></tr>
</table>

涂膜附加层应夹铺胎体增强材料，胎体增强材料宜采用聚酯无纺布或化纤无纺布。

4）防水材料的选择应适应建筑物的建筑造型、使用功能、环境条件：

（1）外露使用的防水层，应选用耐紫外线、耐老化、耐候性好的防水材料；

（2）上人屋面，应选用耐霉烂、拉伸强度高的防水材料；

（3）长期处于潮湿环境的屋面，应选用具有耐腐蚀、耐霉变、耐穿刺、耐长期水浸等性能的防水材料；

（4）薄壳、装配式结构、钢结构及大跨度建筑屋面，应选用具有自重轻和耐候性、适应变形能力强的防水材料；

（5）倒置式屋面应选用具有适应变形、接缝密封保证率高的防水材料；

（6）坡屋面应选用适应基层变形能力强、感温性小的防水材料；屋面接缝密封防水，应选用与基材粘结力强和耐候性、适应位移能力强的密封材料。

5）卷材、涂膜屋面防水等级和防水做法应符合表3.1-4的要求。

卷材、涂膜屋面防水等级和防水做法　　表3.1-4

防水等级	防水做法
Ⅰ级	卷材防水层和卷材防水层、卷材防水层和涂膜防水层、复合防水层
Ⅱ级	卷材防水层、涂膜防水层、复合防水层、喷涂硬泡聚氨酯防水保温一体化

6）每道卷材防水层最小厚度应符合表3.1-5的要求。

每道卷材防水层最小厚度（mm）　　表3.1-5

防水等级	合成高分子防水卷材	高聚物改性沥青防水卷材	自粘聚合物改性沥青防水卷材	
			聚酯胎	高分子膜基
Ⅰ级	1.2	3.0	2.0	1.5
Ⅱ级	1.5	4.0	3.0	2.0

7）每道涂膜防水层最小厚度应符合表3.1-6的要求。

每道涂膜防水层最小厚度（mm）　　表3.1-6

防水等级	合成高分子防水涂膜	聚合物水泥防水涂膜	高聚物改性沥青防水涂膜
Ⅰ级	1.5	1.5	2.0
Ⅱ级	2.0	2.0	3.0

8）复合防水层最小厚度应符合表3.1-7的要求。

复合防水层最小厚度（mm）　　表3.1-7

防水等级	合成高分子防水卷材＋合成高分子防水涂膜	高分子膜基自粘聚合物改性沥青防水卷材＋合成高分子防水涂膜	高聚物改性沥青防水卷材＋高聚物改性沥青防水涂膜	聚乙烯丙纶卷材＋聚合物水泥防水胶结材料
Ⅰ级	1.2＋1.5	1.5＋1.5	3.0＋2.0	(0.7＋1.3)×2
Ⅱ级	1.0＋1.0	1.2＋1.0	3.0＋1.2	0.7＋1.3

9）防水卷材接缝应采用搭接缝，卷材搭接宽度应符合表3.1-8的要求。

卷材搭接宽度（mm）　　表3.1-8

卷材类别		搭接宽度
合成高分子防水卷材	胶粘剂	80
	胶粘带	50
	单缝焊	60，有效焊接宽度不小于25
	双缝焊	80，有效焊接宽度10×2＋空腔宽
高聚物改性沥青防水卷材	胶粘剂	100
	自粘	80

10）防水层的材料与相邻材料应具有相容性，包括卷材或涂料与基层处理剂、卷材与胶粘剂或胶粘带、卷材与卷材叠合使用、卷材与涂料复合使用、密封材料与接缝基材等。

11）不具备防水功能的构造层不得作为一道防水设防，其中包括非防水混凝土结构层、Ⅰ型喷涂硬泡聚氨酯保温层、装饰瓦及不搭接瓦、隔汽层、普通细石混凝土层、卷材或涂膜厚度不符合相关规范规定的构造层。

12）卷材或涂膜防水层上应设置保护层；在刚性保护层与卷材、涂膜等柔性防水层之间应设置隔离层。

3.2　屋面工程防水施工技术

我国屋面工程新材料、新技术、新工艺的开发与应用，推动了屋面工程防水施工新技术的迅速发展与不断进步。相同的防水材料，根据屋面构造特点，采用科学、合理的组合方式形成的防水构造，就会出现 1＋1＞2 的效果，有利于降低建筑工程的渗漏率，能有效提高防水工程质量。近年来，屋面防水工程中应用效果好、技术先进、构造合理的防水构造见表 3.2-1。

屋面防水构造　　　　　　　　　　　　　　　　表 3.2-1

防水等级	类型	定义	防水构造
I 级	叠合防水层	由彼此相同卷材紧密粘结在一起，形成的防水层	3mm 厚高聚物改性沥青防水卷材＋3mm 厚高聚物改性沥青防水卷材
			1.2mm 厚合成高分子防水卷材＋1.2mm 厚合成高分子防水卷材
			1.5mm 厚高分子膜基自粘聚合物改性沥青防水卷材＋1.5mm 厚高分子膜基自粘聚合物改性沥青防水卷材
			2.0mm 厚自粘（聚酯胎）聚合物改性沥青防水卷材＋2.0mm 厚自粘（聚酯胎）聚合物改性沥青防水卷材
	组合防水层	由彼此相容的卷材粘结在一起形成的防水层	3mm 厚高聚物改性沥青防水卷材＋1.5mm 厚高分子膜基自粘聚合物改性沥青防水卷材
			3mm 厚自粘（聚酯胎）高聚物改性沥青防水卷材＋2.0mm 厚自粘（聚酯胎）聚合物改性沥青防水卷材
			1.5mm 厚高分子膜基自粘聚合物改性沥青防水卷材＋2.0mm 厚自粘（聚酯胎）聚合物改性沥青防水卷材
	复合防水层	由彼此相容的卷材和涂料组合而成的防水层	1.2mm 厚合成高分子防水卷材＋1.5mm 厚合成高分子防水涂料
			1.5mm 厚高分子膜基自粘聚合物改性沥青防水卷材＋2.0mm 厚高聚物改性沥青防水涂料
			1.5mm 厚高分子膜基自粘聚合物改性沥青防水卷材＋1.5mm 厚喷涂速凝橡胶沥青防水涂料
			2.0mm 厚自粘（聚酯胎）聚合物改性沥青防水卷材＋2.0mm 厚高聚物改性沥青防水涂料
			2.0mm 厚自粘（聚酯胎）聚合物改性沥青防水卷材＋2.0mm 厚非固化橡胶沥青防水涂料
			2.0mm 厚自粘（聚酯胎）聚合物改性沥青防水卷材＋1.5mm 厚喷涂速凝橡胶沥青防水涂料
			3mm 厚自粘（聚酯胎）高聚物改性沥青防水卷材＋2.0mm 厚非固化橡胶沥青防水涂料
			（0.7mm 厚聚乙烯丙纶卷材＋1.3mm 厚聚合物水泥防水胶结材料）×2
			0.7mm 厚聚乙烯丙纶卷材＋1.3mm 厚聚合物水泥防水胶结材料＋0.7mm 厚聚乙烯丙纶卷材＋1.5mm 厚非固化橡胶沥青防水涂料

防水等级	类型	定义	防水构造		
Ⅰ级	集成防水系统	屋面结构板以上的找坡层、保温层、防水层和保护层等构造层选用具有防水功能的材料，经科学搭配组合，形成的刚柔结合、优势互补、层层防水、层层粘结的多维复合、整体性强的防水体系	1	屋面结构板	
				1.5mm厚喷涂速凝橡胶沥青涂膜防水层	
				聚乙烯薄膜隔离层	
				喷涂硬泡聚氨酯防水保温层（厚度≥30mm或按工程设计）	
				现浇泡沫混凝土找坡层（最薄处20mm厚或按工程设计）	
				抗裂聚合物水泥防水砂浆保护层	
			2	屋面结构板	
				基层处理剂	
				兼具防水、保温功能的找坡层	
				基层处理剂	
				聚乙烯丙纶卷材或双面自粘聚合物改性沥青防水卷材	
				防水砂浆或防水混凝土保护层	
		工厂化生产的防水和保温两种功能兼备的"三明治"式构造板材，施工现场剪裁后采用非固化橡胶沥青防水涂料粘贴在基层上，形成"皮肤式"的防水保温体系，将屋面工程传统的找平、隔汽、保温、防水、保护层等多道施工工序简化为一道施工工序	3	屋面结构板	
				非固化橡胶沥青防水涂料	
				防水保温复合板	
	双防双排双保温屋面系统	在屋面同时设计正置式屋面与倒置式屋面的防水、排水、保温构造，形成可靠的防、排、保温双保险的屋面系统	屋面结构板		
			3mm厚高聚物改性沥青防水卷材＋2.0mm厚非固化橡胶沥青防水涂料		
			隔离层		
			保温层		
			泡沫混凝土找坡层		
			3mm厚高聚物改性沥青防水卷材＋3mm厚高聚物改性沥青防水卷材		
			隔离层		
			保护层		
	种植屋面	耐根穿刺防水层与一道普通防水层组成复合防水构造	耐根穿刺防水层	普通防水层	
			1.2mm厚高密度聚乙烯土工膜	用于屋面的各种防水卷材或防水涂料	
			1.2mm厚聚氯乙烯（PVC）防水卷材（内增强型）	匀质聚氯乙烯（PVC）防水卷材或聚合物水泥防水涂料	
			4mmSBS改性沥青耐根穿刺防水卷材	沥青基类防水卷材或沥青基类防水涂料	
			0.9mm厚聚乙烯丙纶卷材＋1.3mm厚聚合物水泥防水胶结材料	0.7mm厚聚乙烯丙纶卷材＋1.3mm厚聚合物水泥防水胶结材料或防水涂料	

防水等级	类型	定义	防水构造
Ⅱ级	卷材防水层	单层	1.5mm厚合成高分子防水卷材
			4mm厚高聚物改性沥青防水卷材
			3.0mm厚自粘（聚酯胎）聚合物改性沥青防水卷材
			2.0mm厚高分子膜基自粘聚合物改性沥青防水卷材
	涂膜防水层	一道防水层	2.0mm厚合成高分子防水涂膜
			2.0mm厚聚合物水泥防水涂膜
			3.0mm厚高聚物改性沥青防水涂膜
			2.0mm厚喷涂速凝橡胶沥青防水涂膜
	复合防水层	由彼此相容的卷材和涂料组合而成的防水层	1.0mm厚合成高分子防水卷材+1.0mm厚聚合物水泥防水涂膜
			1.2mm厚高分子膜基自粘聚合物改性沥青防水卷材+1.2mm厚沥青基类防水涂料
			3.0mm厚高聚物改性沥青防水卷材+1.5mm厚非固化橡胶沥青防水涂料
			0.7mm厚聚乙烯丙纶卷材+1.3mm厚聚合物水泥防水胶结材料
			0.7mm厚聚乙烯丙纶卷材+1.5mm厚非固化橡胶沥青防水涂料

3.2.1 高聚物改性沥青类防水卷材与非固化橡胶沥青防水涂料复合防水层施工技术

1. 适用材料及质量要求

1) 高聚物改性沥青类防水卷材：弹性体（SBS）改性沥青防水卷材，塑性体（APP）改性沥青防水卷材；

2) 非固化橡胶沥青防水涂料。

3) 高聚物改性沥青类防水卷材与非固化橡胶沥青防水涂料的质量应符合本书表2.1-1、表2.2-1、表2.2-2和表2.7-1的要求。

2. 防水构造

1) 高聚物改性沥青类防水卷材设置在上层，涂料防水层设置在底层；

2) 防水层厚度

（1）非固化橡胶沥青防水涂层厚度不应小于1.5mm；

（2）弹性体（SBS）改性沥青防水卷材、塑性体（APP）改性沥青防水卷材厚度分别不应小于3.0mm；

3) 防水构造主要特点

（1）高聚物改性沥青类防水卷材与非固化橡胶沥青防水涂料材性相容性好；

（2）非固化橡胶沥青防水涂料既是防水层，同时也是卷材的粘结层；

（3）涂料与基层、涂料与卷材粘结性好，涂料与卷材复合形成的防水层致密性好，不窜水。

3. 施工技术

1) 施工准备

（1）防水施工前应对图纸进行会审，掌握工程施工图中防水细部构造及技术要求。防水专业队应按设计要求及工程具体情况，编制施工方案，经施工总包单位及监理（建设）单位审核后实施。施工前应对操作人员进行安全与技术交底。

（2）防水基层要求

① 防水基层应坚实、平整、干净，混凝土面层应无浮浆、孔洞、裂缝、尖锐棱角和凹凸不平现象；采用水泥砂浆找平层的防水基层，水泥砂浆抹平收水后应进行二次压光和充分养护，不得有酥松、起砂、起皮现象；

② 穿透防水层的管道、预埋件、预留洞口、设备基础等应施工完成，突出屋面防水层基层的阴阳角宜做成圆弧形或八字坡，阴角圆弧半径宜为 50mm，阳角圆弧半径宜为 10mm；

③ 防水基层应涂布基层处理剂，基层处理剂应涂布均匀、覆盖完全，不得有漏涂、露白现象。

（3）材料准备

根据设计要求，将涂料和聚合物改性沥青卷材进场后，应按规定抽样复验，复验合格后方可在防水工程中使用。

（4）机具准备

① 清理基层用机具：高压吹风机、吸尘器、铲刀、扫帚、毛刷等。

② 施工机具：

非固化橡胶沥青防水涂料采用专用加热设备和喷涂设备，其他工具包括料桶、刮板、剪刀、压辊、磅秤、卷尺、测厚仪等。

2）施工基本流程

基层清理→涂布基层处理剂→细部增强处理→涂布防水涂料→铺设防水卷材→检查、验收。

3）非固化橡胶沥青防水涂料应用专用设备加温预热和热熔，采用刮涂方法施工时热熔温度宜为 100～120℃，采用喷涂方法施工时热熔温度不应高于 170℃。

4）对水落口、管道根、设施基座、阴阳角等部位应用非固化橡胶沥青涂料作附加增强处理。

5）涂布防水涂料

（1）非固化橡胶沥青防水涂料有刮涂和喷涂两种方法，小面积及细部不易喷涂部位宜采用刮涂方法，大面积宜采用喷涂方法施工。

（2）刮涂施工时，将热熔的非固化橡胶沥青防水涂料用刮板将其均匀涂刮至设计要求的厚度，涂刮宽度宜宽出卷材幅宽 100mm 以上。

（3）喷涂施工时，喷枪距离喷涂面宜为 600mm 左右，操作人员由前向后倒退施工，将非固化橡胶沥青防水涂料由专用设备喷管中喷出，均匀喷涂在防水基层，可连续反复喷涂至设计厚度，喷涂宽度宜宽出卷材幅宽 100mm 以上。

6）铺设高聚物改性沥青类防水卷材

非固化橡胶沥青防水涂料的涂膜层经检查验收质量合格后，应随即进行铺设高聚物改性沥青卷材防水层的施工。

（1）卷材沿基准线铺展，卷材采用满粘法铺贴。排除卷材与基层之间的空气，将卷材与非固化橡胶沥青防水涂层紧密粘结，不得出现空鼓、皱折现象；

（2）卷材搭接宽度：长、短边均不小于 100mm，相邻两行短边接缝应错开 500mm

以上；

（3）高聚物改性沥青防水卷材的搭接缝应采用热熔法粘结；搭接缝粘结率必须100％；

（4）立面卷材铺贴完成后，应将卷材端头固定，并进行密封处理。

4. 施工注意事项

1）涂料的热熔温度应符合材料说明书和设计要求，热熔温度低了不易施工，热溶温度高了会影响材质。

2）施工环境

环境温度宜为－10～35℃，严禁在雨天、雾天、五级风及其以上进行露天作业，施工区域内应通风良好。

3）施工人员应穿防护服，避免发生烫伤事故。

4）防水层完工并经验收合格后，应及时做好保护层。

5. 质量要求

1）所选用的防水材料质量应符合设计要求和相应标准的规定。

2）防水涂层的平均厚度应符合设计要求，最小厚度不得小于设计厚度的80％。

3）防水卷材与防水涂料复合防水层应紧密粘结，与基层粘结牢固，不得有空鼓现象，收头部位应固定牢固，封闭严密。

4）对细部构造应做好附加增强处理，防水层的收头应用压条钉压固定，并用密封材料封闭严密。

5）防水卷材与防水涂料复合防水层的屋面不得有渗漏和积水现象，其他质量要求应符合设计要求与《屋面工程质量验收规范》GB 50207—2012的规定。

3.2.2 自粘型防水卷材与防水涂料复合防水层施工技术

1. 适用材料

1）防水卷材：自粘防水卷材。

2）防水涂料

（1）非固化橡胶沥青防水涂料、喷涂速凝橡胶沥青防水涂料等沥青基类防水涂料；

（2）聚氨酯、聚脲等反应固化型防水涂料；

（3）聚合物水泥防水涂料等水性防水涂料。

3）自粘防水卷材与防水涂料的质量要求见本书第2章相应内容。

2. 防水构造

1）自粘防水卷材与防水涂料复合，涂料防水层宜设置在底层，卷材防水层宜设置在上层。

2）防水层厚度：涂膜防水层厚度均不宜小于1.5mm，非沥青基自粘防水卷材厚度不宜小于1.5mm。自粘改性沥青聚乙烯胎防水卷材厚度不小于2.0mm，聚酯胎基（PY类）自粘聚合物改性沥青防水卷材厚度不宜小于3.0mm，高分子膜基（N类）自粘聚合物改性沥青防水卷材厚度不宜小于1.5mm。

3. 施工技术

1）施工基本流程

基层清理→涂布基层处理剂→细部增强处理→涂布防水涂料→铺设防水卷材→检查、

验收。

2）基层处理

防水基层应符合相应防水涂料的施工要求，基本要求详见本章 3.2.1 相应的内容。

3）自粘防水卷材与防水涂料复合组成的防水层，附加层宜采用相应的防水涂料内夹铺胎体增强材料，胎体增强材料应浸透涂料，并均匀平坦地粘结在基层上，滚压密实，不应有空鼓和皱折现象。附加层的宽度、厚度应符合设计要求与规范相关规定。

4）自粘防水卷材与非固化橡胶沥青防水涂料的施工技术见本章 3.2.1 相应的内容。

5）喷涂速凝橡胶沥青防水涂料、聚氨酯防水涂料、聚脲防水涂料、聚合物水泥防水涂料施工技术。

（1）聚氨酯防水涂料、聚脲防水涂料的防水基层应干燥，喷涂速凝橡胶沥青防水涂料、聚合物水泥防水涂料的防水基层可潮湿，但不得有明水，防水基层的其他要求详见本章 3.2.1 相应的内容。

（2）喷涂速凝橡胶沥青防水涂料应连续喷涂至设计要求厚度。

（3）聚氨酯防水涂料、聚脲防水涂料、聚合物水泥防水涂料应分多遍涂布达到设计要求的涂层厚度，每遍涂布量一般以 $0.5kg/m^2$ 左右为宜。涂膜应均匀，厚薄应尽量一致，平均厚度应符合设计要求，最小厚度不得小于设计厚度的 80%。

（4）防水涂膜前一遍与后一遍涂布的方向应相互垂直，形成一个连续、弹性、无缝、整体的防水层，不允许有开裂、翘边、滑移、脱落和末端收头封闭不严等缺陷。胎体增强材料应铺贴平整、排除气泡，不得有褶皱和胎体外露，胎体应充分浸透防水涂料；胎体的搭接宽度不应小于 50mm。

（5）涂膜防水层的收头部位应增涂 1～2 遍涂料，使涂层收头粘结牢固，并与基层封闭严密。

6）铺贴自粘防水卷材

喷涂速凝橡胶沥青防水涂料、聚氨酯防水涂料、聚脲防水涂料、聚合物水泥防水涂料施工完成后形成的涂膜应完全固化，方可铺贴自粘防水卷材。自粘防水卷材铺贴基本方法：

（1）自粘防水卷材铺贴顺序宜为：先节点，后大面；先低处，后高处；先近处，后远处。

（2）卷材依次铺贴在防水涂层上，粘贴紧密，不得有空鼓、起皱现象。

（3）将卷材搭接边的隔离膜揭掉，卷材与卷材的搭接缝应粘结牢固，封闭严密，不得有翘边、张口等现象，纵横向搭接宽度均为 80mm。相邻两行卷材短边搭接缝应错开 500mm 以上。

（4）卷材收头采用压条固定和密封材料封严，不得有张口现象。

铺贴自粘防水卷材的其他施工技术详见本章 3.2.1 相应的内容。

4. 施工注意事项

1）施工环境温度宜为 5～35℃，严禁在雨天、雾天、五级风及其以上进行露天作业，施工区域内应通风良好。

2）在施工过程中涂膜防水层应做好保护，涂层施工完毕，尚未完全固化时，不允许上人踩踏；在做保护层以前，不允许非本工序的施工人员进入施工现场，以防止损坏防水层，影响防水工程质量。

3）施工操作人员必须穿戴防护用品，涂料及溶剂不得接触皮肤。

4）易燃防水涂料、防水卷材存放的仓库和施工现场必须通风良好，严禁烟火，并应配备足够的消防器材。

5. 质量要求

1）防水材料的技术性能指标应符合设计要求和标准规定，并应附有质量证明文件和现场抽样复验报告。

2）涂膜防水层的细部做法均应符合设计要求与相关规范规定：

（1）喷涂速凝橡胶沥青防水涂料应连续喷涂至设计要求的厚度；

（2）聚氨酯防水涂料、聚脲防水涂料、聚合物水泥防水涂料应分多遍涂布完成，且应在前一遍涂层干燥成膜后，再涂布后一遍涂料，每遍涂层应交替改变涂布方向，同一涂层涂布时，先后接茬宽度宜为 30～50mm；

（3）涂膜防水层应形成一个连续、弹性、无缝、整体的防水层，不允许有开裂、空鼓和末端收头封闭不严等缺陷；涂膜防水层的甩槎应避免污染和损坏，接涂前应将甩槎表面清理干净，接槎宽度不应小于 100mm；

（4）胎体增强材料应铺贴平整、排除气泡，不得有褶皱和胎体外露，胎体应充分浸透防水涂料；胎体的搭接宽度不应小于 50mm；

（5）涂膜防水层的厚度应均匀一致，平均厚度应符合设计要求，最小厚度不得小于设计厚度的 80%。

3）自粘防水卷材与防水涂层、自粘防水卷材与自粘防水卷材搭接部位应粘贴紧密，不得有空鼓、起皱、翘边、滑移、脱落和张口现象；卷材收头应固定牢固，密封严密。

4）自粘防水卷材与防水涂料复合防水层的屋面不得有渗漏和积水现象，其他质量要求应符合设计要求与《屋面工程质量验收规范》GB 50207—2012 的相关规定。

3.2.3 聚乙烯丙纶防水卷材复合防水施工技术

聚乙烯丙纶防水卷材是采用线性低密度聚乙烯树脂（原生料）、抗老化剂等原料由自动化生产线一次性热融挤出并复合丙纶无纺布加工制成。卷材中间层是聚乙烯膜防水层，其厚度不应小于 0.5mm，上下两面是丙纶无纺布增强兼粘结层。总厚度不应小于 0.7mm。

聚乙烯丙纶防水卷材不仅可以与具有防水、粘结、密封功能的聚合物水泥防水胶结料共同组成复合防水层，又可分别与非固化橡胶沥青防水涂料、喷涂速凝橡胶沥青防水涂料组成复合防水层，都取得了较好的防水效果。这种复合防水层具有质量可靠，施工简便，经济合理等特点。

聚乙烯丙纶防水卷材、非固化橡胶沥青防水涂料、喷涂速凝橡胶沥青防水涂料的质量要求见本书第 2 章中相应内容。聚合物水泥防水胶结料的主要性能指标应符合表 3.2-2 的要求。

聚合物水泥防水胶结料的主要性能指标   表 3.2-2

序号	项目			标准值
1	潮湿基面粘结强度		标准状态（7d）（MPa）≥	0.4
			水泥标养状态（7d）（MPa）≥	0.6
			浸水处理（7d）（MPa）≥	0.3
2	剪切状态下的粘合性	卷材-卷材	标准状态（N/mm）≥	3.0 或卷材破坏
		卷材-基层	标准状态（N/mm）≥	3.0 或卷材破坏
			冻融循环后（N/mm）≥	3.0 或卷材破坏
3	粘结层抗渗压力（MPa）≥			0.3

3.2.3.1 聚乙烯丙纶卷材与聚合物水泥防水胶结料复合防水层施工技术

1. 防水构造

1) 聚乙烯丙纶防水卷材与聚合物水泥防水胶结料组合成复合防水层时，聚合物水泥防水胶结料设置在底层，聚乙烯丙纶防水卷材设置在上层；

2) 0.7mm 厚聚乙烯丙纶防水卷材＋1.3mm 厚聚合物水泥防水胶结料，共同组成一道复合防水层，施做在水泥砂浆基面或混凝土基面上。防水等级为Ⅰ级的屋面（包括种植屋面），聚乙烯丙纶防水卷材与聚合物水泥胶结料复合防水做法应设计两道防水层。

2. 施工工艺流程

1) 聚乙烯丙纶防水卷材与聚合物水泥胶结料复合防水一道防水设防的主要施工工艺流程：清理基层→湿润基层→配制聚合物水泥防水胶结料→细部增强处理→弹线定位→涂布聚合物水泥防水胶结料→铺贴卷材→卷材接缝及收头密封处理→保护层施工。

2) 聚乙烯丙纶防水卷材与聚合物水泥胶结料复合防水两道防水设防的主要施工工艺流程：清理基层→湿润基层→配制聚合物水泥防水胶结料→细部增强处理→弹线定位→涂布聚合物水泥防水胶结料→铺贴第一层卷材→涂布第二层聚合物水泥防水胶结料→铺贴第二层卷材→卷材接缝及收头密封处理→保护层施工。

3. 施工要点

1) 防水基层在验收合格后，对基层进行洒水湿润，将基层湿透，但表面不得有明水。

2) 配制聚合物水泥防水胶结料。将专用配套胶、42.5R 硅酸盐水泥（或普通硅酸盐水泥）、水按规定的比例混合，用电动搅拌器充分搅拌至无粉团，并形成均匀的浆料。

3) 铺设卷材增强层。防水基层的阴、阳角和穿板（墙）管等易渗漏的薄弱部位，采用聚合物水泥防水胶结料粘贴卷材附加层，卷材应紧贴阴、阳角，满粘铺贴，不得出现空鼓现象。

4) 弹线定位。按照卷材的宽度，用粉线弹出基准线。

5) 涂布聚合物水泥防水胶结料。将聚合物水泥防水胶结料用刮板或铁抹子均匀涂刮在基层表面，厚度不应小于 1.3mm，大面积施工时，聚合物水泥防水胶结料宜用机械喷涂方法施工。聚合物水泥防水胶结料应涂刮均匀，不露底，不堆积。

6) 铺贴卷材。卷材采用满粘法铺贴。卷材沿基准线铺展，一边向前滚铺卷材，一边用刮板向两侧刮压，以彻底排除卷材与基层之间的空气，将卷材与聚合物水泥防水胶结料紧密粘结，卷材长、短边搭接宽度均不得小于 100mm，相邻两行短边接缝应错开 500mm 以上。

当防水层设计为二道复合防水层时，第二道防水层应在第一道聚乙烯丙纶防水卷材铺贴完成并经隐检合格后进行，上下两层卷材长边应错开 1/2～1/3 的幅宽，短边应错开 500mm 以上，其他施工工艺与质量要求同第一道复合防水层施工做法。

7）卷材防水层收头部位应固定牢固，并用密封材料封闭严密。

8）保护层。聚乙烯丙纶卷材复合防水层铺设完成，经验收合格后，应按设计要求及时进行保护层施工。

4. 施工注意事项

1）施工操作人员应经过专业培训，主要操作人员应熟悉聚乙烯丙纶防水卷材与聚合物水泥防水胶结料的基本特点和复合防水构造，熟悉施工工艺、操作程序、技术要点、质量要求，在施工中严格按照规范要求进行施工。施工过程中应加强质量控制，每道工序须经检查、验收合格后方可转序。

2）聚合物水泥防水胶结料的配制应按说明书要求进行，不得任意改变配合比。配制好的胶结料应在 2h 内用完。

3）施工环境温度宜为 5～35℃，环境温度低于 5℃时，施工现场应采取保温措施，环境温度高于 35℃时，施工现场应采取降温措施；下雨天不得进行露天作业；五级及其以上大风的天气不得进行露天作业。

5. 质量要求

1）聚乙烯丙纶防水卷材与聚合物水泥防水胶结料的质量应符合设计要求和相关标准的规定。

2）聚合物水泥防水胶结料的配制应符合说明书要求。

3）聚合物水泥防水胶结料涂布应均匀，与基层应紧密粘结，覆盖率100%，涂层厚度应符合设计要求；卷材与聚合物水泥防水胶结料粘结率不得少于95%，搭接缝粘结率必须100%，不得出现空鼓、皱折现象；卷材防水层收头部位应固定牢固、封闭严密；细部构造防水做法应符合设计要求。

4）聚乙烯丙纶防水卷材与聚合物水泥防水胶结料复合防水层的屋面不得有渗漏与积水现象，工程质量应符合《屋面工程质量验收规范》GB 50207—2012 的相关规定。

3.2.3.2 聚乙烯丙纶卷材与非固化橡胶沥青涂料复合防水层施工技术

1. 防水构造

1）聚乙烯丙纶防水卷材与非固化橡胶沥青防水涂料组合成复合防水层时，非固化橡胶沥青防水涂料设置在底层，聚乙烯丙纶防水卷材设置在上层；

2）聚乙烯丙纶防水卷材与非固化橡胶沥青防水涂料组成复合防水层的防水构造有以下 3 种类型：

（1）0.7mm 厚聚乙烯丙纶防水卷材＋2mm 厚非固化橡胶沥青防水涂料，组合成一道复合防水层；

（2）0.7mm 厚聚乙烯丙纶防水卷材＋1.5mm 厚非固化橡胶沥青防水涂料＋0.7mm 厚聚乙烯丙纶防水卷材＋1.5mm 厚非固化橡胶沥青防水涂料，组合成二道复合防水层；

（3）0.7mm 厚聚乙烯丙纶防水卷材＋1.3mm 厚聚合物水泥防水胶结料＋0.7mm 厚聚乙烯丙纶防水卷材＋1.5mm 厚非固化橡胶沥青防水涂料组合成刚柔二道复合防水层。

2. 施工工艺流程

1）聚乙烯丙纶防水卷材与非固化橡胶沥青防水涂料复合，组成一道防水层的主要施工工艺流程：清理基层→非固化橡胶沥青防水涂料预热→细部增强处理→弹线定位→涂布非固化橡胶沥青防水涂料→铺贴聚乙烯丙纶防水卷材→卷材接缝及收头密封处理→保护层施工。

2）聚乙烯丙纶防水卷材与非固化橡胶沥青防水涂料复合，组成二道防水层的主要施工工艺流程：清理基层→非固化橡胶沥青防水涂料预热→细部增强处理→弹线定位→涂布非固化橡胶沥青防水涂料→铺贴第一层聚乙烯丙纶防水卷材→涂布非固化橡胶沥青防水涂料→铺贴第二层聚乙烯丙纶防水卷材→卷材接缝及收头密封处理→保护层施工。

3）聚乙烯丙纶防水卷材与非固化橡胶沥青防水涂料、聚合物水泥防水胶结料复合，组成卷材与涂料刚柔复合防水层的主要施工工艺流程：

清理基层→非固化橡胶沥青防水涂料预热与配制聚合物水泥防水胶结料→细部增强处理→弹线定位→涂布聚合物水泥防水胶结料→铺贴第一层聚乙烯丙纶防水卷材→涂布非固化橡胶沥青防水涂料→铺贴第二层聚乙烯丙纶防水卷材→卷材接缝及收头密封处理→保护层施工。

3. 施工技术要点

聚乙烯丙纶防水卷材与聚合物水泥防水胶结料及与非固化橡胶沥青防水涂料的施工技术要点、施工注意事项与质量要求见本章上述相应内容。

3.2.3.3 聚乙烯丙纶卷材与聚合物水泥防水胶结料及与喷涂速凝橡胶沥青防水涂料复合防水层施工技术

1. 防水构造

聚乙烯丙纶防水卷材可与聚合物水泥防水胶结料和喷涂速凝橡胶沥青防水涂膜共同组成复合防水层，喷涂速凝橡胶沥青防水涂膜应设在复合防水层的最上面，其防水构造（由上至下顺序）为：2.0mm厚喷涂速凝橡胶沥青防水涂膜＋0.7mm厚聚乙烯丙纶防水卷材＋1.3mm厚聚合物水泥防水胶结料。

2. 施工工艺流程

清理基层→配制聚合物水泥防水胶结料→细部附加层处理→弹线定位→涂布聚合物水泥防水胶结料→铺贴聚乙烯丙纶防水卷材→喷涂速凝橡胶沥青防水涂料→质量检查验收→保护层施工。

3. 施工技术要点

1）聚乙烯丙纶防水卷材与聚合物水泥防水胶结料复合防水层施工技术见本章3.2.3.1相应内容。

2）喷涂速凝橡胶沥青防水涂膜应在聚乙烯丙纶卷材防水层铺贴完成、经验收合格、可以上人踩踏时进行施工。喷涂速凝橡胶沥青防水涂膜施工要点：

（1）遮挡保护

喷涂速凝橡胶沥青涂料施工前，应对现场的设备、设施和不应被污染的部位进行遮挡保护。

（2）附加层施工

大面积喷涂速凝橡胶沥青防水涂料施工前，先采用涂刷法对防水基层的阴、阳角及穿透防水层的管道、预埋件、设备基座、预留洞口等部位进行附加层的施工，附加层宜涂刷单组分厚浆型橡胶沥青防水涂料，宽度300～500mm，夹铺的胎体增强材料应浸透防水涂料，并铺实粘牢，不空鼓，不张口。

（3）大面积喷涂速凝橡胶沥青防水涂料

① 喷枪距离喷涂基面宜为600～800mm，操作人员由前向后倒退施工，2mm厚的涂层可一次交叉连续喷涂完成。喷涂速凝橡胶沥青防水涂料应喷涂均匀，厚薄一致。

② 喷涂速凝橡胶沥青防水涂层中夹铺胎体增强材料时应在底层喷涂速凝橡胶沥青涂膜实干前进行，胎体增强材料铺贴应顺直、平整、无折皱，胎体增强材料的长边搭接宽度不得小于50mm，短边搭接宽度不得小于70mm。搭接缝涂抹单组分厚浆型橡胶沥青防水涂料，滚压粘牢、封严。胎体增强材料上、下涂膜厚度不宜小于1.0mm。

③ 速凝橡胶沥青防水涂料施工完成后，应进行质量检查。检查细部构造、喷涂质量、涂层厚度、表观质量等，发现缺陷应及时修补。大面积修补宜采用喷涂法，细部构造及小面积修补宜采用单组分厚浆型橡胶沥青防水涂料涂刷。

4. 施工注意事项与质量要求

见本章3.2.3相应内容。

3.2.4 双道防水、双套排水、双层保温屋面系统施工技术

1. 系统构造

屋面结构板以上构造由双道防水层、双层保温层及双道排水系统构成。

1）双防水构造

该防水系统，在防水构造上采用双道防水层，第一道防水层做在结构层上，形成倒置式屋面的防水构造，防水层由非固化橡胶沥青防水涂料和SBS改性沥青防水卷材复合组成。非固化橡胶沥青防水涂料具有优异的自愈性和蠕变性，能够充分填补屋面板裂缝和毛细孔道，与基面有较强的粘结密封性能，使复合防水层在使用过程中不会产生窜水现象，非外露使用具有持久性防水效果；面层SBS改性沥青防水卷材既是防水层，同时也是非固化橡胶沥青防水涂料的保护层。

第二道防水层采用SBS改性沥青防水卷材叠层做法设在保温层上，形成正置式屋面防水构造，是对第一道防水层功能的补充与增强；同时由于正置式屋面防水构造的设置，使屋面遇到的雨雪水不能进入保温层，对保温层来说又是一道可靠的功能性保护层。

2）双排水构造

双套排水是指设置在屋面的水落口一个构件上，同时具备两套排水系统。第一套排水系统排的是屋面第二道防水层上及保护层上的雨雪水，第二套排水系统排的是屋面第一道防水层与第二道防水层之间施工时的残留水或渗漏水。

3）双层保温构造

双层保温是指在挤塑聚苯乙烯泡沫板保温层上，再设置一层具有保温功能的现浇泡沫混凝土找坡层，从而构成双层保温，保温效果更佳，可以有效避免顶层住宅冬冷夏热的问题。

双防双保温屋面系统构造层次见图3.2-1，双防双排双保温屋面系统构造层次见图3.2-2。

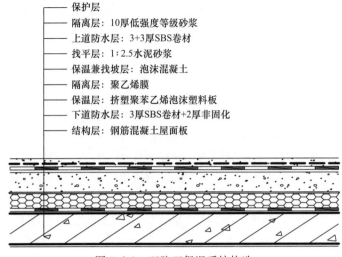

保护层
隔离层：10厚低强度等级砂浆
上道防水层：3+3厚SBS卷材
找平层：1∶2.5水泥砂浆
保温兼找坡层：泡沫混凝土
隔离层：聚乙烯膜
保温层：挤塑聚苯乙烯泡沫塑料板
下道防水层：3厚SBS卷材+2厚非固化
结构层：钢筋混凝土屋面板

图 3.2-1 双防双保温系统构造

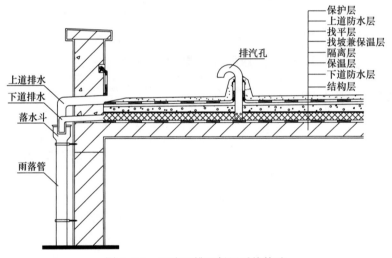

排汽孔

保护层
上道防水层
找平层
找坡兼保温层
隔离层
保温层
下道防水层
结构层

上道排水
下道排水
落水斗
雨落管

图 3.2-2 双防双排双保温系统构造

双层排水直式水落口构件见图 3.2-3、双层排水直式水落口防水构造见图 3.2-4，双层排水横式水落口防水构造见图 3.2-5。

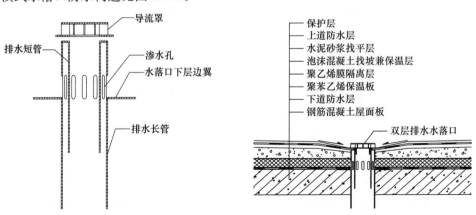

导流罩
排水短管
渗水孔
水落口下层边翼
排水长管

保护层
上道防水层
水泥砂浆找平层
泡沫混凝土找坡兼保温层
聚乙烯膜隔离层
聚苯乙烯保温板
下道防水层
钢筋混凝土屋面板
双层排水水落口

图 3.2-3 双层排水直式水落口构件示意图　　图 3.2-4 双层排水直式水落口防水构造示意图

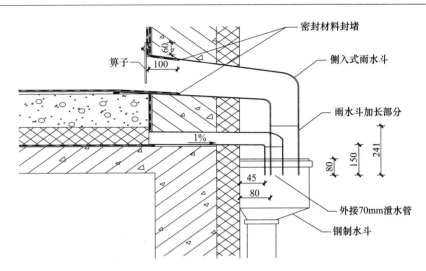

图 3.2-5　双层排水横式水落口构造示意图

2. 构造特点

屋面采用双道防水、双套排水、双层保温的构造设计，体现了屋面构造层的复合、集成技术，使防水、保温功能叠加，延长了工程防水层、保温层使用年限，在质量上更保险、可靠，充分体现了专业承包方对防水施工技术的创新成果和对工程负责、对用户负责的责任心。

3. 施工工艺流程

基面验收→基面清理→安装双层排水水落口→第一道防水层施工→聚苯乙烯泡沫塑料板保温层施工→隔离层施工→泡沫混凝土找坡层施工→找平层施工→第二道防水层施工→细部处理→质量验收。

4. 施工技术要点

1）非固化橡胶沥青防水涂料和 SBS 改性沥青防水卷材复合防水层及 SBS 改性沥青防水卷材双层叠合施工技术见本章上述相应内容。

2）挤塑聚苯乙烯泡沫塑料板保温层施工

（1）挤塑聚苯乙烯泡沫塑料板保温层铺贴在第一道防水层上，卷材防水层表面应干燥、干净，不得有其他杂物。

（2）挤塑聚苯乙烯泡沫塑料板应紧靠在卷材表面，铺平垫稳。相邻板块应错缝拼接，分层铺设的板块上下层接缝应相互错开，拼缝应紧密贴严，板间缝隙应采用同类材料嵌填密实。

（3）按照纵横间距 6m、屋面面积每 36m² 设置一个排汽管和预留排汽管道位置。排汽管采用聚氯乙烯或不锈钢材质，底部设置在第一道防水层上，排汽管埋置在保温层及找坡层内的部位应为蜂管，蜂管部位应包裹无纺布。

（4）聚苯乙烯泡沫塑料板保温层表面清理干净后，铺设聚乙烯膜隔离层，搭接宽度不应小于 100mm，在搭接部位采用双面自粘丁基胶带进行粘结处理。

3）泡沫混凝土找坡层施工

根据屋面水落口布置进行分区找坡，找坡层坡度按工程设计，不宜小于 2%。泡沫混凝土最薄处厚度宜为 30mm，密度宜为 $450\sim500kg/m^3$。厚度大于 100mm 时应分层浇筑，下层密度宜为 $350kg/m^3$，上层密度宜为 $450\sim500kg/m^3$。

泡沫混凝土找坡层施工完毕后，在其表面抹 20mm 厚 1：2.5 水泥砂浆找平层作为上道防水层施工的基层，找平层应留设分格缝，缝宽 10～20mm，缝内嵌填柔性密封材料，缝上铺设 200mm 宽的 SBS 改性沥青卷材条做附加层。

4）双层排水水落口安装

屋面双层排水水落口分为内置式"双层排水直式水落口"和外侧式"双层排水横式水落口"两种类型，水落口提前安装在相应的位置，按屋面细部构造做法要求与屋面防水层连接、密封。

5. 施工注意事项与质量要求

双防双排双保温屋面系统施工注意事项以及工程质量要求见本章上述相应内容和应符合相应标准规定。

3.2.5 防水保温复合板施工技术

1. 防水构造

防水保温复合板，是由上表面防水卷材（MAC 高分子自粘防水卷材、TPO 或 PVC 防水卷材、覆页岩面 SBS 改性沥青防水卷材）、中层硬泡聚氨酯保温隔热芯层和下表面水泥基防水卷材，经特殊生产工艺复合制成防水和保温两种功能兼备的"三明治"式构造板材，通过非固化橡胶沥青防水涂料粘贴在基层上。整个系统功能相互强化，形成"皮肤式"的防水保温体系，工厂化生产与现场裁剪相结合，将屋面工程传统的找平、隔汽、保温、防水、保护层等多道施工工序简化为一道施工工序，简化了施工工艺，提高了施工效率，降低了系统风险，增加了质量的可靠性。

防水保温复合板构造见图 3.2-6。

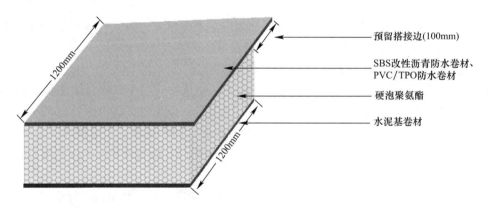

图 3.2-6 防水保温复合板构造示意图

2. 工艺流程

非固化橡胶沥青涂料加热→清理基层→基层处理→涂刷基层处理剂→节点加强处理→定位弹线→裁切板材→试铺板材→涂布橡胶沥青涂料→铺放板材→短边搭接处理→长边搭接处理→组织验收。

3. 施工要点

1）基层应平整、坚实，基层浮浆和强度低的层次应进行抛丸处理，并清理干净；基层宜干燥；基层处理剂应涂刷均匀。

2）非固化橡胶沥青涂料加热应采用专用加热设备，加热温度宜为170℃；非固化橡胶沥青防水涂料的涂布应均匀，涂料用量宜为 2.6kg/m²。

3）水落口、穿屋面板管道、阴阳角等节点部位应采用玻纤网格布和橡胶沥青涂料进行附加增强处理，玻纤网格布上下涂刷橡胶沥青涂料的厚度不应小于1mm。

4）防水保温复合板铺设

（1）板材裁切

防水保温复合板的裁切尺寸宜为 500mm×400mm，裁切深度离上表面卷材不得小于5mm，要保证上表面防水层的完整性。

（2）板材铺贴

防水保温复合板铺放应对齐，板缝宽度不宜大于5mm；板材拼缝使用橡胶沥青防水涂料灌满，并采用不小于150mm 宽的卷材和橡胶沥青防水涂料覆盖增强防水与密封处理。

（3）卷材搭接

根据防水保温复合板上表面材料选择卷材的长、短边搭接方式，上表面为页岩面 SBS改性沥青卷材时，应采用热熔搭接的方式；上表面为 PVC 或 TPO 卷材时，应采用热风焊接的方式；上表面为自粘聚合物改性沥青卷材时，应采用自粘搭接的方式。

4. 施工注意事项与质量要求

1）防水保温复合板所用材料应符合设计要求和相关规定。

2）基层应进行抛丸处理，处理完的基层应牢固、洁净、平整、干燥；基层阴阳角处应做成圆弧形。

3）防水保温复合板屋面施工的每道工序均应进行检查验收，质量合格后方可转序。板材应铺贴平整，拼缝、搭接应密封；卷材搭接应牢固、紧密；涂料防水层与基层应粘结牢固，不得有针眼、露底现象，涂料防水层的平均厚度应符合设计要求，最小厚度不应小于设计厚度的80%。

4）防水层及其细部做法必须符合设计要求和规范规定。屋面不得有渗漏和积水现象。

3.2.6 屋面 VTF 集成防水保温系统施工技术

1. 防水构造

屋面 VTF 集成防水保温系统，是由找坡层、防水层（刚性防水层与柔性防水层）、保温层、保护层组成，其构造层次如下：

1）屋面结构板；
2）基层处理剂；
3）保温找坡层；
4）聚合物水泥防水粘结浆料；
5）防水层；
6）保护层。

2. 构造特点

经过科学搭配组合，形成刚柔结合、优势互补、层层防水、层层粘结的多维复合、整体性强的防水系统：

（1）基层处理剂密封基层微小孔隙，固结基层表面不易清理的灰尘，增强基层防水性能，提高了基层与后道构造层的粘结力。

（2）保温找坡层具有保温、防水、防火、防腐、防潮的多功能性，整体性好，热工性能稳定，使保温层始终处于干燥状态，消除了缝隙、阴角翘边、空鼓等冷热桥缺陷。

（3）聚乙烯丙纶卷材或双面自粘聚合物改性沥青防水卷材与聚合物水泥防水胶结料组成复合防水层，聚合物水泥防水胶结料既是防水层，同时也是卷材的粘结层，质量更为可靠。

（4）保护层采用防水砂浆或防水混凝土，分格缝采用 VTF 密封胶嵌填饱满，也是一道有效刚性防水层。

（5）施工快捷，体系安全环保。

3. 工艺流程

清理基层→涂布基层处理剂→浇筑保温找坡层→涂布聚合物水泥防水粘结料→铺贴防水卷材→防水砂浆或防水混凝土保护层施工→保护层分格缝嵌填密封材料。

4. 施工要点

1）基层应坚实、干净、平整、湿润，不得有油污、浮尘和积水。

2）将按配合比要求配制好的 VTF 保温找坡浆料分层浇筑在干净、湿润和已涂布基层处理剂的基层上，每层浇筑厚度不宜大于 200mm，终凝后再浇筑第二层，直至厚度和坡度符合设计要求为止；面层抹平，并保湿养护。

3）在保温找坡层的表面涂布聚合物水泥防水粘结浆料，同时铺贴聚乙烯丙纶卷材或双面自粘聚合物改性沥青防水卷材，卷材的接缝必须做好粘结密封处理；水落口、出入口、管道根、设施基座和女儿墙泛水等均应进行增强防水和密封处理。

4）卷材防水层上的保护层采用防水砂浆时，应分层铺抹，每层厚度不宜大于10mm，并应压实、抹平，各层应紧密粘合；保护层为防水混凝土时，应用平板振捣器振捣密实，并抹平、收光。刚性保护层终凝后均应及时进行保湿养护，养护时间不得小于 7d。

5）防水水泥砂浆或防水混凝土保护层应设置分格缝，分格缝纵横间距不应大于 4m，宽度宜为 15mm，深度宜为 20mm，分格缝内应用密封胶嵌填饱满，封闭严密；刚性保护层与女儿墙根部之间应设置 30mm 的缝隙，缝内亦应用密封胶封闭严密。

5. 施工注意事项与质量要求

1）基层处理剂、保温找坡材料、聚合物水泥防水粘结浆料、防水水泥砂浆及防水混凝土的配比应符合相应产品说明书的要求，配制好的材料应在规定时间内用完。

2）防水砂浆不应用于受持续振动的工程部位。

3）屋面 VTF 集成防水保温系统的找坡层、防水层、保温层、保护层的施工环境温度宜为 5～35℃之间，VTF 密封胶施工环境温度宜为 10～35℃；雨天、五级及其以上大风时不得施工。

4）VTF 集成防水保温屋面工程质量应符合《屋面工程质量验收规范》GB 50207—

2012 的相关规定。

3.2.7　屋面 FBZ 工程系统施工技术

1. 防水构造

FBZ 屋面工程系统构造（由下至上）：屋面结构板→喷涂速凝橡胶沥青防水涂层→PE 膜隔离层→喷涂硬泡聚氨酯防水保温层→泡沫混凝土找坡层→喷涂聚合物水泥抗裂防水砂浆面层。

FBZ 屋面工程系统适用于新建和修缮工程中的平屋面、坡屋面和种植屋面，在不同类型屋面中防水构造见表 3.2-3。

FBZ 屋面工程系统防水构造　　　　　　　　　　　表 3.2-3

屋面类型	防水构造（由上至下）
平屋面	1. 抗裂聚合物水泥防水砂浆保护层
	2. 最薄处 20mm 厚现浇泡沫混凝土找坡层
	3. 喷涂硬泡聚氨酯防水保温层（厚度≥30mm 或按工程设计）
	4. 聚乙烯膜隔离层
	5. 1.5mm 厚喷涂速凝橡胶沥青涂膜防水层
	6. 屋面结构混凝土板
种植屋面	1. 种植层
	2. 种植土层
	3. 250g/m² 聚酯土工布滤水层
	4. 1.2mm 厚耐根穿刺防水排水板（接缝焊接牢固）
	5. 最薄处 20mm 厚现浇泡沫混凝土找坡层
	6. 喷涂硬泡聚氨酯防水保温层（厚度≥30mm 或按工程设计）
	7. 聚乙烯膜隔离层
	8. 1.5mm 厚喷涂速凝橡胶沥青涂膜防水层
	9. 屋面结构混凝土板
坡屋面	1. 瓦（烧结瓦、混凝土瓦、沥青瓦、树脂瓦）
	2. 持钉层
	3. 喷涂硬泡聚氨酯防水保温层（厚度≥30mm 或按工程设计）
	4. 聚乙烯膜隔离层
	5. 1.5mm 厚喷涂速凝橡胶沥青涂膜防水层
	6. 屋面结构混凝土板

2. 防水构造特点

1) FBZ 屋面工程系统保温层、防水层、找坡层和保护层等有机的、科学合理的组合成为一个无缝隙的屋面整体构造系统，采用优质的材料与科学的施工工艺相结合，每一构造层都具有整体性和一定的防水功能，各构造层又紧密连接，使整个屋面形成完整的防水体系，防水质量可靠，保温效果更好。

2) FBZ 屋面工程系统中的防水、保温、找平、找坡及保护层等所有工序，由一个专业队伍施工即可完成，每道构造层均可采用机械化施工，施工速度快，质量稳定，管理方便。

3. 工艺流程

基层清理→喷涂速凝橡胶沥青防水涂层→铺设 PE 膜隔离层→喷涂硬泡聚氨酯防水保温层→泡沫混凝土找坡层→喷涂聚合物水泥抗裂防水砂浆。

4. 施工要点

1）FBZ 屋面工程系统中喷涂速凝橡胶沥青涂膜防水层施工技术见本章相应的内容。

2）喷涂硬泡聚氨酯防水保温层施工技术

（1）基面应坚实、平整、干净、干燥，经检查、验收合格。

（2）施工前应对专用喷涂机、空压机及其他设备进行施工前的检查、校验和试喷。

（3）喷涂时喷枪移动速度应连续均匀，喷嘴与施工基面的间距宜为 800～1200mm。每遍喷涂厚度不宜大于 15mm，分多遍喷涂至设计厚度，屋面异形部位应按细部构造连续喷涂。

（4）施工注意事项

① 喷涂硬泡聚氨酯防水保温层施工时，周围应采取遮挡措施，避免飞散物污染环境。

② 施工现场环境温度宜为 15～35℃，空气相对湿度宜小于 85%，风力不宜大于 3 级，不得在雨天气候条件下露天施工。

③ 聚氨酯硬泡体防水保温层喷涂施工后 20min 内严禁上人行走，不得穿带铁钉的鞋或高跟硬底鞋在喷涂硬泡聚氨酯面层上踩踏。

④ 喷枪操作手必须穿戴防尘面具、防护工作服、手套及胶底鞋；施工现场严禁烟火。

（5）质量要求

① 喷涂硬泡聚氨酯所用原材料的质量及配合比，应符合设计要求。

② 喷涂硬泡聚氨酯应分遍喷涂，粘结应牢固，表面不得有破损、脱层、起鼓、孔洞及裂缝现象。喷涂硬泡聚氨酯的厚度应符合设计要求，不得有负偏差。喷涂硬泡聚氨酯表面应平整，平整度的允许偏差不得大于 5mm。

③ 喷涂硬泡聚氨酯在天沟、檐沟、檐口、水落口、泛水、变形缝、伸出屋面管道、屋面热桥部位的构造，应符合设计要求。

④ 聚氨酯硬泡体防水保温层喷涂施工完成、验收合格后应及时进行保护层施工。

3）泡沫混凝土施工技术

（1）工艺流程

基层清理→设置标高线→制模及预设伸缩缝→材料配制、混合搅拌→浇筑泡沫混凝土→找坡与表面找平处理→保湿养护→自检、修复→验收。

（2）施工要点

① 泡沫混凝土中水泥、发泡剂、特种骨料、各种外加剂或泡沫混凝土专用干粉料的用量，应计量准确，搅拌均匀。

② 泡沫混凝土应按设计的厚度设定浇筑面标高线，用水泥砂浆按 2m×2m 打笆、植模，找坡时宜采取挡板辅助措施。

③ 泡沫混凝土的浇筑出料口离基层的高度不宜超过 1m，将浆料排放到作业面上，用 2m 的刮尺将泡沫混凝土浆料在 15min 内快速摊铺抹平；泡沫混凝土留槎部位应铲出斜面

并凿毛，用水冲洗干净，湿润后再进行接槎浇筑。

（3）施工注意事项与质量要求

① 泡沫混凝土所用原材料的质量及配合比，应符合设计要求。

② 现浇泡沫混凝土找坡保温层的厚度应符合设计要求，其正负偏差不应大于5%，且不得大于5mm。

③ 现浇泡沫混凝土应分层施工，粘结应牢固，表面应平整，找坡应正确。

④ 现浇泡沫混凝土不得有贯通性裂缝，也不得有疏松、起砂、起皮现象。泡沫混凝土浇筑终凝后应进行保湿养护。

⑤ 泡沫混凝土施工环境温度宜为5~35℃。

4）抗裂聚合物水泥防水砂浆保护层的施工

（1）工艺流程

基层清理→洒水湿润→喷涂聚合物水泥抗裂防水砂浆→养护。

（2）施工技术

① 喷射抗裂聚合物水泥防水砂浆施工应在现浇泡沫混凝土终凝后进行。

② 基层应平整、干净，湿润但不得有明水。

③ 抗裂聚合物水泥砂浆浆料搅拌均匀，涂层厚度在10mm以下时，宜一次喷射完成；涂层厚度大于10mm时，应分遍喷射施工，后一遍施工应在前一遍砂浆终凝后进行。

④ 抗裂聚合物水泥防水砂浆层应设置分格缝，分格缝宽度宜为15mm，分格缝纵横间距宜为3m；分格缝内应嵌填密封材料封闭严密。

⑤ 喷射抗裂聚合物水泥防水砂浆终凝后应进行保湿养护，养护时间不宜少于7d。

（3）质量要求

① 抗裂聚合物水泥砂浆防水层的原材料及配合比应符合设计要求和国家相关标准的规定。

② 抗裂聚合物水泥砂浆防水层与基层应结合紧密，表面应密实、平整，不得有裂纹、起砂等缺陷，无空鼓和窜水现象。

③ 抗裂聚合物水泥砂浆防水层的平均厚度应符合设计要求。

5. FBZ屋面工程系统中基层处理、喷涂速凝橡胶沥青防水涂层、铺贴PE膜隔离层、喷涂硬泡聚氨酯防水保温层、喷涂抗裂聚合物水泥防水砂浆面层等，每道工序均应分别做隐检，屋面工程全部完成后应进行屋面整体工程质量验收。

3.2.8 金属板屋面直立锁边施工技术

1. 直立锁边金属板屋面构造

金属屋面根据当地风荷载与工程结构体型、热工性能、屋面坡度等情况，采用相应的压型金属板及构造系统，按围护结构进行设计，并具有相应的承载力、刚度、稳定性和适应变形能力。金属板屋面由0.9~1.2mm厚的铝镁锰合金板、不锈钢板或彩钢板等金属压型板单独或与自粘聚合物改性沥青防水卷材、合成高分子防水卷材、防水垫层或防水透气膜等材料复合，形成具有构造防水与材料防水双重功能并起到协同作用的复合防水屋面系统。其防水等级和设防要求应符合表3.2-4的要求。

金属板屋面防水等级和设防要求 表 3.2-4

防水等级	设防要求
Ⅰ级	压型金属板＋防水层或防水垫层
Ⅱ级	压型金属板或金属绝热夹芯板

金属屋面体系不仅具有良好的防风挡雨功能，同时还具备了自重轻和保温、降噪、防腐效果好及造型新颖等特点。直立锁边金属屋面板采用铝镁锰合金板或镀铝锌板，通过65mm高的高板肋的互相咬合，从而达到防水目的的一种新型、先进的屋面系统。在我国大型建筑工程中已广泛应用。

直立锁边金属板屋面其主要结构形式是：首先将 T 型固定支座固定在主结构檩条上，再将屋面防水板扣在固定座的蘑菇头上，最后用电动直立锁边机将屋面板的搭接扣边咬合在一起。直立锁边金属屋面坡度不宜小于 5%。

直立锁边金属板屋面主要构造类型为：直立锁边屋面板、固定支座、防水层（或防水垫层）、保温隔热层、防潮隔汽层、无纺布、压型金属底板、檩条。

2. 直立锁边金属屋面系统的主要特点

1）板材现场加工，方便快捷。

直立锁边金属屋面系统的底板及面板，根据形状和长度需要，在施工现场切割、加工、压制成型，生产方便快捷，满足设计要求，降低运输成本。

2）防水整体性好

金属屋面板在长度方向上采用整块板，没有搭接缝，与铝合金固定支座咬合，固定支座用螺钉固定在檩条上，屋面板扣在固定支座的蘑菇头上，金属屋面板没有钉洞，没有外露的螺钉，板肋光滑圆顺，结构简洁、轻巧、安全，具有良好整体防水性。

3）抗风压性能好

高板肋直立锁边设置，不仅整体性防水与排水功能优越，同时增加了金属板屋面整体强度和刚度。由于其特殊的固定方式，避免了在大风时固定点应力集中，使屋面所承受的荷载，通过受力杆件全部传至金属屋面板系统上，反复风荷载力的作用下仍处于弹性变形状态，不易产生破坏应力。

4）克服温度变形能力好

采用直立锁边固定方式，屋面板在温度变化时能够沿板长方向在固定座上自由伸缩，不会产生温度应力。

5）施工安装科学、灵活、方便、快捷

3. 直立锁边金属板屋面施工工艺

1）工艺流程

测量放线→连接杆件安装→檩托安装→檩条安装→天沟安装→底板安装→防潮隔汽层铺设→支座安装→保温层安装→防水层（或防水垫层）铺设→金属面板安装→锁边→清理。

2）施工要点

（1）根据屋面造型和设计要求，将金属屋面分区、分段排板，现场对金属板进行加工、压制成型（图 3.2-7）。

图 3.2-7 压型金属板断面示意图

（2）按照设计要求和相关规范规定，进行金属板和金属构件安装。将高强支座用螺钉固定在钢檩条上，将压型金属板扣入固定支座顶部的蘑菇头上，并使相邻金属压型板相互搭扣（图 3.2-8）。

（3）防潮隔汽层和防水层（或防水垫层）铺设应符合设计要求和金属屋面相应规范规定。

① 防潮隔汽层和防水层（或防水垫层）宜采用自粘卷材，由低处向高处铺设，顺槎搭接，搭接宽度不应小于 80mm。

② 搭接缝应采用自粘或冷粘接，不得使用明火。

③ 防潮隔汽层和防水层（或防水垫层）应铺设平整。

（4）屋面面板大面积安装铺设完毕后，进行泛水、檐口等细部处理。檐口应顺直，屋面板伸入檐沟的尺寸应符合设计要求。

（5）锁边机进行无穿透的直立锁边处理，面板位置调整好后，安装端部面板下的密封条，然后进行锁边。在锁边机前进的过程中，前方搭接边应接合紧密，锁边后搭接扣边即可咬合在一起，形成能在固定支座上长向自由滑动、适应温差变形且具有抗风揭和装饰功能的直立锁边金属板屋面防水系统（图 3.2-9）。锁边应连续、平整，不得出现扭曲和裂口，锁边直径宜为 21mm。

图 3.2-8 压型金属板与支座的连接固定

图 3.2-9 锁边机锁边施工

4. 施工注意事项

1) 金属底板、隔汽层、保温层、防水层（防水垫层）、屋面板之间应充分紧贴，保证隔声、保温效果。

2) 金属压型板的安装精度应准确、顺滑，檐口线、屋脊应顺直，不应有起伏不平等现象。

3) 当天铺设的屋面板，当天应完成锁边咬口作业，并在边缘部位进行加固处理，防止遇风吹动未固定的板材。

4) 金属屋面板及构件等应采取有效保护措施，不得发生碰撞变形、变色、污染等现象。施工中金属屋面构件表面的粘附杂物应及时清除。金属屋面工程安装完毕后，应将屋面表面采用经过腐蚀性检验中性清洗剂清洗、擦拭，并及时用清水冲洗干净，板面不得有施工残留物。

4 地下工程防水施工技术

4.1 地下工程防水特点与施工的基本原则

随着国民经济的高速发展，房屋建筑越来越多。为减少占地，增加建筑面积，提高土地资源的利用率，房屋建筑除了向空中发展，还大量向地下发展，使地下空间工程越来越多，已到了量大面广的程度；同时，为解决城市交通拥挤和路面饱和问题，地下轨道交通也越来越发达。地下空间工程越多，其防水量越多；地下工程埋置越深，防水难度越大。地下工程防水与地上工程防水相比，地下工程防水具有其独有特点和防水的基本原则。

4.1.1 地下工程防水特点

1. 耐久性

地下建筑大多为永久性建筑，其寿命都在百年以上，防水耐用年限也应与建筑物寿命同步。防水耐用年限的长久性，要求地下工程防水的设计、材料、施工和维护管理都应从严要求，设防措施必须科学、可靠；选用的防水材料应具有耐久性、耐水性，适应地下环境使用；施工应由专业队伍承担，制定完善的防水施工方案，精心施工，在施工管理上要严格，保证与防水相关每道工序的施工质量，以满足地下防水工程的质量要求；维护保养要到位，使工程处于良好状态。

2. 复杂性

1) 环境复杂性：地下建筑受到地下水、上层滞水、毛细管水、地表水作用，长期处在潮湿或水浸的环境中；地下水含有多种物质，易使防水材料受到侵害和腐蚀。

2) 构造复杂：地下工程变形缝、后浇带、穿墙管道、桩基础等节点多，构造复杂。

3) 施工难度大：地下工程大多深坑、低洼、隐蔽作业，环境差，作业条件艰苦，施工难度大。

3. 修补困难

地下工程防水层设在结构的迎水面，隐蔽较深，一旦发生渗漏，很难把建筑周围的回填土挖开，更不可能将底板架空，在原防水层上进行维修，只能在背水面采取被动的防水堵漏措施。背水面修补堵漏困难大，成本高。

4. 渗漏危害大

地下工程渗漏，不仅影响建（构）筑物正常使用，给人们的日常生活、工作和相关活动带来影响，而更重要的是地下工程渗漏，使混凝土结构被水浸透及有流动水透过结构层，容易加速混凝土的碱骨料反应和造成钢筋锈蚀；钢筋锈蚀导致混凝土胀裂，混凝土胀裂又会使渗漏加重，恶性循环破坏了结构的坚实性，使建筑寿命缩短。

4.1.2　地下工程防水设计与施工的基本原则

1. 防、排、截、堵原则

防、排、截、堵是地下工程防水的基本方式，四种方式并不是任何一项地下工程都要采用，是采用其中的一种方式还是多种方式，应因工程而异。在新建工程中防是最主要、最重要的方式，防不能满足要求时才采取排、截、堵的方式，如复建式地下建筑主要是防，基本不考虑排除地下水，更不用截、堵措施；隧道工程的防水设计，仅靠防不能解决问题，就要考虑防、排、截、堵并用；地下工程渗漏治理，就应以堵、防、排、截相结合。

2. 刚柔相济原则

地下工程迎水面主体结构应采用防水混凝土，并应根据防水等级的要求采取其他防水措施。钢筋混凝土结构抗渗等级达到 P6 时即可自防水。然而种种因素使其难以实现，大面积的防水混凝土施工难免没有一点缺陷，混凝土越厚，标号越高，水化热越大，收缩裂缝越多；另外，防水混凝土虽然不透水，但透湿量还是相当大的。故对防水、防潮要求较高的地下工程，必须在混凝土的迎水面做刚性或柔性附加增强的防水处理。刚柔相济就是刚性防水与柔性防水相结合，优势互补。刚柔相济的防水构造有四种类型：一是钢筋混凝土结构自防水，附加一道柔性防水层；二是钢筋混凝土结构自防水，同时附加一道刚性防水层和一道柔性防水层；三是钢筋混凝土结构自防水，附加一道刚性防水层，刚性防水层的细部构造部位如变形缝等必须采用柔性防水的处理措施；四是内掺刚性防水材料的钢筋混凝土结构自防水，细部构造部位采用柔性防水密封材料的处理措施。

3. 因地制宜原则

因地制宜原则主要是指地下工程防水的设计、选材和施工，应从地下工程的类型、特点、所处环境和使用要求等综合因素考虑，设计出适合工程特点的最佳设防措施，选用适合工程使用的最佳防水材料，制定出满足工程质量要求的最佳施工方案。地下工程的防水设计、选材、施工不能千篇一律，照搬照抄，具体情况具体对待。

1) 地下工程桩头多、密度大时，宜选用整体性好的涂膜防水层，不宜选用卷材作防水层。选用卷材作防水层，裁剪太多，搭接太多，细部防水密封量大、面广，很容易出现质量问题，质量保证难度大。

2) 地下工程的底板采用卷材作防水层时，可以采用满粘法，也可以采用空铺法、条粘法或点粘法，但地下工程外墙采用卷材做外防外贴以及顶板做卷材防水层时，必须采用满粘法，不可以采用空铺法、条粘法或点粘法施工，卷材铺贴施工方法根据部位来确定，才能适应各自特点，满足不同部位的质量要求。

3) 地下工程外墙采用外防外贴（涂）施工方法时宜采用涂膜防水层，或涂膜与卷材复合防水层；当采用卷材作防水层时，宜采用外防内贴的施工工艺。地下工程外墙采用外防外贴（涂）的施工工艺时，尤其不宜选用（4+3）mm 高聚物改性沥青卷材和用热熔法施工的做法。地下工程渗漏案例中，因地下工程外墙采用（4+3）mm 甚至（4+4）mm 高聚物改性沥青防水卷材热熔外防外贴做法出现渗漏的比例较高，其主要原因：

（1）卷材防水层在外墙上很难做到满粘结（图 4.1-1、图 4.1-2），大量的搭接缝只要有一处粘结不牢，封闭不严或卷材防水层有一点破损，极易引起窜水现象，造成面的渗漏。

图 4.1-1 卷材防水层空鼓 (一)   图 4.1-2 卷材防水层空鼓 (二)

(2) 外墙采用 (4+3)mm 甚至 (4+4)mm 高聚物改性沥青卷材作防水层时，自重大，如与侧墙基层粘结不牢、未采取防滑落措施，或保护措施不当及回填土方法不正确时，极容易造成卷材防水层整体滑落，使外墙防水层失效 (图 4.1-3、图 4.1-4)。

图 4.1-3 防水层空鼓、张口、翘边   图 4.1-4 防水层整体滑落

(3) 地下工程外墙采用高聚物改性沥青防水卷材热熔法施工，空间狭窄，不易施工操作；在安全上也容易出现火灾事故。

4. 综合治理原则

杜绝渗漏，确保地下防水工程质量，应从设计、选材、施工、管理等各个方面把好关。

1) 整体设计与施工上应符合技术先进、保证质量、经济合理、安全可靠、节能环保、满足使用的要求，在做好结构自防水的同时，应做好其他设防措施；

2) 在选材上应推广使用耐水性、耐久性好的、质量可靠的、适应工程特点的防水材料，技术性能指标必须符合国家和相关标准的规定；

3) 在施工技术上应采用科学的、先进的新工艺、新技术；

4) 管理上应科学，监管到位，保证合理工期，保证合理造价；

5) 在设防措施上在做好结构自防水和其他设防措施的同时，还应从与防水相关的各个层面、各个环节上都应有利于防水工程质量和使用功能的保证措施：

(1) 防水层验收合格后，应及时进行保护层施工，防止防水层长时间外露老化或在交叉施工中损坏。

底板为卷材防水层时，宜浇筑 50mm 厚细石混凝土作保护层 (底板用预铺反粘卷材时除外)，底板为有机涂料防水层时，应铺抹 20mm 厚水泥砂浆+(40~50)mm 细石混凝土作保护层，防水层与保护层之间宜设置隔离层；

侧墙为卷材或有机涂料防水层时，防水保护层宜选用聚乙烯泡沫塑料片材或挤塑聚苯乙烯泡沫塑料板等软质保护材料；

顶板为卷材或有机涂料防水层时，应采用细石混凝土作保护层，防水层与保护层之间宜设置隔离层。

（2）及时回填土，并确保回填土的质量，使其成为一道外围防线，杜绝地表水对地下工程的威胁。

回填土施工前，建筑外围的肥槽、基坑不得有积水、污泥；回填土应选用过筛的黄土、黏土与石灰，按设计要求进行配比拌匀，不得将施工渣土、垃圾、石块、砖块当回填土使用；回填土干湿程度应有利于夯实，其含水量应以手握成团，手松可散开为宜；回填土应分层夯实，每层厚度宜为 300mm 左右，机械夯填时不得损坏防水层；掺有石灰的三合土不得直接与膨润土防水毯接触。

（3）室外排水应顺畅，建筑周围不得有积水现象，降低地表水向地下渗透，减轻对地下工程的水压力。

（4）地下室外墙应根据相关规定进行保温设计，并尽量设置窗井，争取更多的自然通风，降低室内湿度，减少结露。

4.2 地下工程防水等级与设防要求

4.2.1 地下工程防水等级及判定标准

地下工程的防水等级是根据工程渗漏的程度、昼夜漏水量大小来划分的。2017 年 11 月 28 日审查通过的国标《地下工程防水技术标准》GB 50108 将地下工程防水等级分为三级，各等级判定标准应符合表 4.2-1 的规定。

地下工程防水等级及判定标准　　　　　　　　　　　　　　表 4.2-1

防水等级	防水标准
一级	不允许渗水，结构表面无湿渍
二级	建筑地下工程：不允许滴漏、线漏，可有零星分布的湿渍和渗水点；总湿渍面积不应大于总面积（包括顶板、墙面、地面）的 1/1000；任意 100m² 防水面积上的湿渍不超过 2 处，单个湿渍的最大面积不大于 0.1m²
	隧道及其他地下工程：不允许线漏，可有湿渍和零星分布的滴漏和渗水点；总湿渍面积不应大于总防水面积的 2/1000；任意 100m² 防水面积上的湿渍不超过 3 处，单个湿渍的最大面积不大于 0.2m²；平均漏水量不大于 0.05L/（m²·d）
三级	有少量漏水点，不得有线流和漏泥砂；任意 100m² 防水面积上的漏水点数不超过 7 处，单个漏水点的最大漏水量不大于 2.5L/d，单个湿渍的最大面积不大于 0.3m²

4.2.2 不同防水等级适用范围

地下工程防水等级应根据工程重要性和使用中对防水的要求选定。地下工程有商店、机房、办公、储藏、人防、隧洞、轨道交通等不同的使用功能，所以对防水的要求不同。有的室内不得潮湿，有的允许少量渗漏，根据不同的要求，应设不同的防水等级。地下工程不同防水等级的适用范围应按表 4.2-2 选定。

不同防水等级适用范围　　　　　　　　　　　　　　表 4.2-2

防水等级	适用范围
一级	人员长期停留的场所；因有少量湿渍会使物品变质、失效的贮物场所及严重影响设备正常运转和危及工程安全运营的部位；极重要的战备工程、地铁车站
二级	人员经常活动的场所；在有少量湿渍不会使物品变质、失效的贮物场所及基本不影响设备正常运转和工程安全运营的部位；重要的战备工程
三级	人员临时活动场所；一般战备工程

4.2.3 防水设防要求

地下工程的设防要求，应根据使用功能、使用年限、水文地质、结构形式、环境条件、施工方法及材料性能等因素确定。

1）为了保证防水等级的质量，必须采取不等道数的设防，以多道设防提高防水的安全度。明挖法地下工程的防水设防要求应按表 4.2-3 选用。

明挖法地下工程的防水设防要求　　　　　　　　　表 4.2-3

部位	主体结构							施工缝							后浇带					变形缝（诱导缝）					
防水措施 / 防水等级	防水混凝土	防水卷材	防水涂料	塑料防水板	膨润土防水材料	防水砂浆	金属防水板	遇水膨胀止水条（胶）	外贴式止水带	中埋式止水带	外抹防水砂浆	外涂防水涂料	水泥基渗透结晶型防水涂料	预埋注浆管	补偿收缩混凝土	外贴式止水带	预埋注浆管	遇水膨胀止水条（胶）	防水密封材料	中埋式止水带	外贴式止水带	可卸式止水带	防水密封材料	外贴防水卷材	外涂防水涂料
一级	应选	应选一至二种						应选	应选二种						应选	应选二种				应选	应选一至二种				
二级	应选	应选一种						应选	应选一至二种						应选	应选一至二种				应选	应选一至二种				
三级	应选	宜选一种						应选	宜选一至二种						应选	宜选一至二种				应选	宜选一至二种				

暗挖法地下工程的防水设防要求应按表 4.2-4 选用。

暗挖法地下工程的防水设防要求　　　　　　　　　表 4.2-4

工程部位	衬砌结构						内衬砌施工缝						内衬砌变形缝（诱导缝）				
防水措施 / 防水等级	防水混凝土	塑料防水板	防水砂浆	防水涂料	防水卷材	金属防水层	外贴式止水带	预埋注浆管	遇水膨胀止水条（胶）	防水密封材料	中埋式止水带	水泥基渗透结晶型防水涂料	中埋式止水带	外贴式止水带	可卸式止水带	防水密封材料	遇水膨胀止水条（胶）
一级	必选	应选一至二种					应选一至二种						应选	应选一至二种			
二级	应选	应选一种					应选一种						应选	应选一种			
三级	宜选	宜选一种					宜选一种						应选	宜选一种			

2）我国地下水特别是浅层地下水受污染严重，对地下工程的侵蚀破坏是一个不容忽视的问题，因此，处于侵蚀性介质中的工程，应采用耐侵蚀的防水混凝土、防水砂浆、防水卷材或防水涂料等防水材料。

3）结构刚度较差或受振动作用的工程，宜采用延伸率较大的卷材、涂料等柔性防水层。

4）房屋建筑的地下室及地下车库等，应按防水等级一级或二级进行防水设防；地下工程种植顶板应按一级防水设防。

4.3 地下工程防水施工技术

众所周知，我国新建和既有地下工程的渗漏率长期居高不下，不少地区的渗漏率高达60％以上。在北京市建筑工程研究院有限责任公司建筑工程质量司法鉴定中心成立 14 年来承接的案件中，有关渗漏工程的案件占到工程质量总案件的 25％左右，其中地下工程渗漏的案件也占到了大多数，从而说明了问题的严重性。

有的地下工程由于发生渗漏而造成顶板滴漏，墙面长期潮湿发霉，地面严重积水而无法使用（图 4.3-1～图 4.3-3）。这种现象长期存在，必将导致混凝土结构内部的钢筋锈蚀而影响到结构的安全（图 4.3-4）。为了治理地下渗漏水的现象，不仅会消耗大量的人力、财力和物资，而且会产生许多建筑垃圾而造成污染环境。

图 4.3-1　墙面发霉

图 4.3-2　顶板滴漏

图 4.3-3　地面积水

图 4.3-4　钢筋锈蚀

造成地下工程渗漏水的因素是多方面的，我们通过对大量工程的调查说明卷材防水层与混凝土结构表面之间粘贴不紧密，形成窜水通道是最主要的原因之一。为此，必须认真遵循"因地制宜、按需选材和综合防治"的原则，采用预铺反粘法、涂料与卷材复合法或底板为卷材外墙为涂料等集成防水的施工技术，使防水层与混凝土结构表面之间粘贴紧密，形成一个不窜水且具有协同作用的防水系统，是比较有效地防止地下工程发生渗漏水现象的主要技术措施之一。

4.3.1　预铺反粘卷材防水层施工技术

地下工程外墙采用外防内贴法施工时，宜选用卷材，尤其是高分子自粘胶膜防水卷材和机械咬合式预铺反粘防水卷材等做防水层。因为可在这些卷材防水层上直接绑扎钢筋和浇筑防水混凝土。由于后浇筑的混凝土在振捣的过程中，能与防水层紧密粘结，形成"皮肤式"不窜水的构造，有利于提高地下防水工程质量和降低渗漏率。

1. 高分子自粘胶膜卷材防水层的施工

1）材料要求

（1）高分子自粘胶膜防水卷材

该卷材是多层复合的防水材料，由高性能的高密度聚乙烯片材、高分子胶粘层和表面颗粒耐候保护层构成。卷材具有以下特点：

① 通过高分子胶粘层使卷材与现浇混凝土形成真正满粘结，不受基层变形影响，能有效防止水在卷材防水层与结构层之间窜流，在 60m 水压下也不会窜水，真正达到"皮肤式"防水效果，能有效解决地下结构的渗漏水问题；

② 铺设后的卷材不受紫外线、降水、尘土等环境因素影响，能与结构混凝土保持持续牢固的粘结力；

③ 单层使用，空铺施工，无需底涂；卷材表面不粘脚，便于工人在上行走进行后续施工，可用于潮湿基层，简便快捷，加快工期；

④ 材料强度高，无需保护层，直接绑扎钢筋、浇筑结构混凝土；

⑤ 安全环保，无毒无味，常温使用无需加热。

该卷材的物理力学性能指标应符合本书表 2.3-1（P 类）的要求。

（2）卷材接缝专用自粘胶带

该胶带主要用于卷材拼接缝部位，对卷材具有粘结密封的功能，可把卷材连接形成整体的防水层。

（3）密封胶

该密封胶主要用于细部构造部位的粘结密封处理。

2）施工要点

（1）防水层的基层应坚实、洁净，无孔洞，无裂纹。其侧墙的平整度 D/L 应不大于 1/20。其中：D 为侧墙基面相邻两凸面间凹进去的深度；L 为侧墙基面相邻两凸面间的距离。

（2）铺设卷材前应对桩头、穿墙管道等细部构造用密封胶、自粘胶带和水泥基渗透结晶型防水涂料等进行增强密封处理。

（3）底板的卷材防水层可空铺（图 4.3-5～图 4.3-7），侧墙的卷材可粘结或钉压固定，但卷材的接缝必须采用自粘胶带进行粘结密封处理，也可采用热焊接处理，并应在焊缝部位覆盖一条宽度不小于 120mm 的高分子自粘胶带，使其形成整体的防水层（图 4.3-8）。

图 4.3-5　在垫层空铺
卷材（一）

图 4.3-6　在垫层空铺
卷材（二）

图 4.3-7　垫层的卷材防
水层已施工完毕

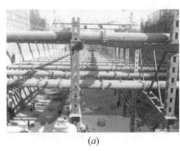
(a)

(b)

(c)

图 4.3-8　在垫层及侧墙形成整体防水层

（4）卷材防水层完成并经检查验收合格后，在其上面直接绑扎或焊接钢筋（图 4.3-9）时，应采取保护措施，以避免损坏防水层。

（5）及时浇筑防水混凝土（图 4.3-10），浇筑的混凝土配比应准确、搅拌应均匀、振捣应密实、养护应到位。

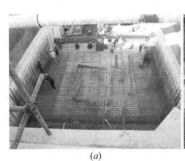
(a)

(b)

图 4.3-9　在防水层上绑扎钢筋

图 4.3-10　浇筑防水混凝土

2. 机械咬合式预铺卷材防水层的施工

1）材料要求

（1）机械咬合式预铺防水卷材

该卷材是由聚乙烯和聚丙烯等多种高分子材料经科学优化制成的，卷材的一面采用了独特的密封蜂窝网格状结构，能与后浇筑的防水混凝土形成永久的强力机械咬合，成为一道与混凝土紧密结合的不窜水的防水层。该卷材铺设简单快捷，无需任何保护层，可直接在其表面绑扎钢筋并浇筑防水混凝土。

该卷材规格尺寸为 5mm×1270mm×3000mm（其中片材厚度为 2mm，网格厚度为 3mm）。卷材的物理力学性能指标应符合表 4.3-1 的要求。卷材的形状构造见图 4.3-11。

机械咬合式预铺防水卷材物理力学性能指标　　　表 4.3-1

序号	项目			《预铺防水卷材》GB/T 23457 标准（P 类）规定	检验结果
1	拉力（N/50mm）	纵向		≥600	624
		横向			650
2	钉杆撕裂强度（N）	纵向		≥400	1011
		横向			1090
3	冲击性能			0.5kg·m	无渗漏
4	静态荷载			20kg，无渗漏	20kg，无渗漏
5	耐热性			80℃，2h 无位移、无流淌、滴落	无位移、无流淌、滴落
6	低温弯折性			−35℃，无裂纹	无裂纹
7	防窜水性			0.8MPa，不窜水	不窜水
8	与后浇混凝土剥离强度（N/mm）	无处理		≥1.5	5.1
		水泥粉污染表面		≥1.0	4.2
		泥沙污染表面		≥1.0	3.9
		紫外线老化		≥1.0	3.9
		热老化		≥1.0	4.7
9	与后浇混凝土浸水后剥离强度（N/mm）			≥1.0	4.3
10	热老化（70℃，168h）	拉力保持率（%）	纵向	≥90	100
			横向		114
		伸长率保持率（%）	纵向	≥80	88
			横向		81
		低温弯折性		−32℃，无裂纹	无裂纹
11	热稳定性	外观		无起皱、滑动、流淌	无起皱、滑动、流淌
		尺寸变化率（%）	纵向	≤1.5	1.1
			横向		0.2
12	不透水性（0.3MPa，120min）			不透水	不透水
13	抗穿刺强度（N）			≥350	400

图 4.3-11　机械咬合式预铺卷材

（2）DS 双面自粘胶条

规格为 1.5mm×200mm×10000mm，该胶条主要用于卷材拼接缝的连接及与基层的固定处理。

（3）双组分 WCS 枪注级聚脲密封胶

该密封胶主要用于阴、阳角、桩头、穿墙管道以及卷材在转角拼接缝等部位作防水构造的增强密封处理，其特点是施工简便、固化快速。该密封胶的主要物理力学性能应符合表 4.3-2 的要求。

双组分 WCS 枪注级聚脲密封胶主要物理力学性能指标 　　　　　　表 4.3-2

项目	性能指标
初凝时间（s）	≤120
拉伸强度（MPa）	≥9.6
断裂伸长率（%）	≥660
撕裂强度（kN/m）	≥37.0
冲击强度（N·m）	≥17.9
邵氏硬度（A）	≥90

（4）预成型转角搭接辅件，规格为 250mm×1.0mm×10000mm

该辅件覆有自粘胶层，主要用于卷材在侧墙与底板垫层之间转角接缝的粘结密封处理，以提高防水工程的可靠度。其形状如图 4.3-12。

（5）预成型阴、阳角粘结片

该粘结片的两面覆有自粘胶层，主要用于卷材在阴、阳角部位的粘结密封处理，其形状如图 4.3-13 所示。

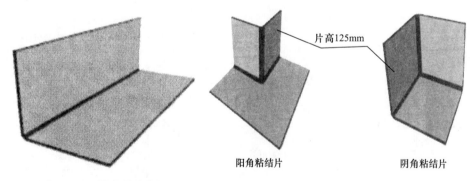

片高125mm

阳角粘结片　　　　　　　　阴角粘结片

图 4.3-12　转角搭接辅件　　　　　图 4.3-13　阴阳角粘结片

2）施工要点

（1）对基层的要求与本章 4.3.1 中高分子自粘胶膜卷材施工相应的内容相同。

（2）在垫层与护墙的交接处先铺设预成型转角搭接辅件，铺设时要求顺直，不得有皱折现象（图 4.3-14、图 4.3-15）。

（3）在垫层空铺卷材时，应先撕去搭接辅件自粘胶层表面的隔离纸，并使其与侧墙的卷材在转角部位拼接固定（图 4.3-16）。

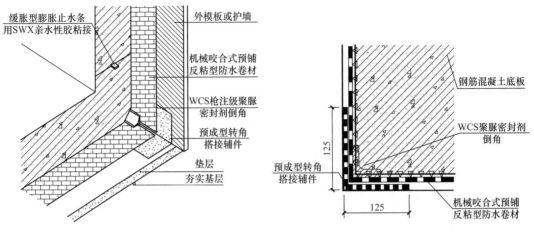

图 4.3-14 转角防水构造（一）　　　　图 4.3-15 转角防水构造（二）

（4）在转角的卷材拼接缝部位，采用专用胶枪灌注双组分 WSC 聚脲密封胶，使其形成整体的防水层。

（5）卷材防水层经检查验收合格后，按本章 4.3.1 中高分子自粘胶膜卷材施工相应的方法绑扎钢筋和浇筑混凝土（图 4.3-17）。

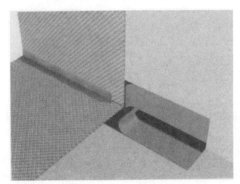

图 4.3-16 拼接固定

图 4.3-17 浇筑混凝土

卷材与卷材以及卷材与基层之间在拼接缝部位应用 DS 双面自粘胶条进行粘结处理（图 4.3-18）。

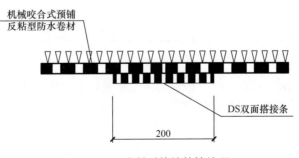

图 4.3-18 卷材对接缝粘结处理

3. SBS 改性沥青预铺反粘卷材防水层的施工

1）材料要求

该卷材由 SBS 改性沥青和聚酯无纺布双胎基组成，卷材具有以下特点：

（1）卷材上表面覆有经过特殊处理的细砂，能与后浇筑的防水混凝土密贴满粘，可有效防止水在卷材防水层与结构表面之间窜流。

（2）该卷材为双胎基结构，提高了卷材的抗穿刺性能和抗拉伸等物理力学性能。

（3）卷材铺设后，不受紫外线、雨水、尘土以及工人行走等因素的影响。

（4）单层使用，在混凝土垫层上可空铺施工，在侧墙表面可用点粘、条粘或钉压固定。

（5）卷材的搭接宽度为 100mm，采用热熔法施工，其接缝为 SBS 改性沥青本体粘结，有利于确保卷材接缝的可靠性。

（6）强度高，抗穿刺性能好，不需保护层，可在已完成的卷材防水层上直接绑扎钢筋和浇筑防水混凝土。

该卷材的主要物理力学性能应符合表 4.3-3 的要求。

SBS 改性沥青预铺反粘防水卷材主要物理力学性能指标   表 4.3-3

项目		《预铺防水卷材》GB/T 23457—2017 PY 类规定指标	实测指标
拉力（N/50mm）	纵向	800	≥1400
	横向	800	≥1300
静态顶破（kN）		/	≥4.4
可溶物含量（g/m²）		2900	≥3000
低温柔度（℃）		−20	−25，无裂纹
抗穿刺强度（N）		350	≥600
不透水性（0.3MPa，120min）		不透水	不透水
与后浇混凝土剥离强度（N/mm）	无处理	1.5	2.4
	水泥粉污染表面	1.0	2.1
	泥砂污染表面	1.0	2.0
	紫外线老化	1.0	2.1
	热老化	1.0	2.3
	浸水后	1.0	2.2

2）施工要点

（1）对基层的要求与本章 4.3.1 中高分子自粘胶膜卷材施工相应的内容相同。

（2）先对桩头、穿墙管道和阴阳角等细部构造应分别按规范要求选用与其相适应的材料做好附加增强处理。

（3）根据施工顺序要求，在清理干净的混凝土垫层表面弹出基准线，把第一幅卷材采用热熔法花粘固定在基面上，第二幅卷材与第一幅卷材之间搭接宽度为 100mm，边用火焰加热器均匀加热两层卷材的搭接部位，待卷材表面的改性沥青胶呈熔融状态，即可向前滚铺第二层卷材，并使接缝边沿溢出热熔的改性沥青胶为宜。

（4）在侧墙表面铺贴卷材时，应及时用火焰加热器局部加热卷材和对应的基层表面，待卷材表面的改性沥青胶熔融时，即可把卷材花粘或条粘固定在护墙基面上，也可采用垫片钉压固定，但要求卷材的搭接缝必须采用热熔法施工，并使接缝的边沿溢出热熔的改性沥青胶，以确保形成整体的防水层。

（5）卷材防水层完成并经检查验收合格后，即可按本章4.3.1中高分子自粘胶膜卷材施工相应的方法绑扎钢筋和浇筑防水混凝土。防水构造见图4.3-19。

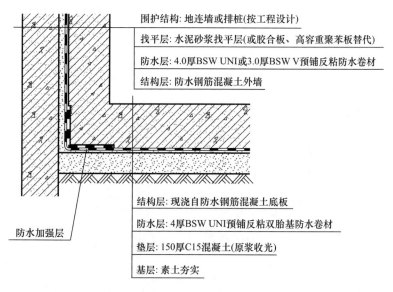

围护结构: 地连墙或排桩(按工程设计)
找平层: 水泥砂浆找平层(或胶合板、高容重聚苯板替代)
防水层: 4.0厚BSW UNI或3.0厚BSW V预铺反粘防水卷材
结构层: 防水钢筋混凝土外墙

防水加强层

结构层: 现浇自防水钢筋混凝土底板
防水层: 4厚BSW UNI预铺反粘双胎基防水卷材
垫层: 150厚C15混凝土(原浆收光)
基层: 素土夯实

图4.3-19　防水构造

4.3.2　聚乙烯丙纶卷材复合防水层施工技术

4.3.2.1　聚乙烯丙纶卷材与聚合物水泥胶结料复合防水层的施工

1. 材料要求

1）聚乙烯丙纶防水卷材

聚乙烯丙纶防水卷材的组成、特点及其性能指标应符合本书2.5的要求。

2）聚合物水泥防水胶结料

聚合物水泥防水胶结料采用水泥、粘结胶、适量水混合配制而成，其主要性能指标应符合表3-10的要求。

2. 防水构造

聚乙烯丙纶防水卷材与聚合物水泥防水胶结料粘贴在水泥砂浆或混凝土基面上，共同组成一道复合防水层，适用于地下建筑防水工程不同部位的防水要求。聚乙烯丙纶防水卷材与聚合物水泥防水胶结料复合防水层在地下工程的防水构造见表4.3-4。

聚乙烯丙纶防水卷材与聚合物水泥胶结料复合防水层在地下工程的防水构造 **表 4.3-4**

防水等级	部位	工序	构造层次	构造做法
一级防水	底板	1	混凝土垫层	按工程设计
		2	找平层	按工程设计
		3	聚乙烯丙纶卷材复合防水层	(0.7mm 厚聚乙烯丙纶防水卷材＋1.3mm 厚聚合物水泥防水胶结料) 双层
		4	保护层	按工程设计
		5	混凝土结构自防水底板	按工程设计
	侧墙	1	混凝土结构自防水墙体	按工程设计
		2	聚乙烯丙纶卷材复合防水层	(0.7mm 厚聚乙烯丙纶防水卷材＋1.3mm 厚聚合物水泥防水胶结料) 双层
		3	保护层	按工程设计
		4	回填土	按工程设计
	顶板	1	混凝土结构自防水顶板	按工程设计
		2	找坡层	按工程设计
		3	保温层	按工程设计
		4	找平层	按工程设计
		5	聚乙烯丙纶卷材复合防水层	(0.7mm 厚聚乙烯丙纶防水卷材＋1.3mm 厚聚合物水泥防水胶结料) 双层
		6	隔离层	按工程设计
		7	保护层	按工程设计
	种植顶板	1	混凝土结构自防水顶板	按工程设计
		2	找平层	按工程设计
		3	聚乙烯丙纶卷材复合防水层	0.7mm 厚聚乙烯丙纶防水卷材＋1.3mm 厚聚合物水泥防水胶结料
		4	找坡层	按工程设计
		5	保温层	按工程设计
		6	保护层兼找平层	按工程设计
		7	聚乙烯丙纶卷材耐根穿刺复合防水层	(0.7mm 厚聚乙烯丙纶防水卷材＋1.3mm 厚聚合物水泥防水胶结料) 双层
		8	保护层	按工程设计
		9	排 (蓄) 水层	按工程设计
		10	滤水层	按工程设计
		11	种植土层	按工程设计
		12	植被层	按工程设计

3. 施工技术

1) 施工准备

(1) 技术准备与本书 3.2.1 相应的内容基本相同。

(2) 材料准备

① 主材

聚乙烯丙纶防水卷材应根据设计要求的规格、型号,按工程量和施工进度准备。材料进场后应按规定见证抽样复验，复验合格后方可用于工程。

②　配套材料

聚乙烯丙纶防水卷材复合防水的配套材料为聚合物水泥防水胶结料中的配套胶，配套胶同样按工程量和施工进度准备，材料进场后应按规定见证抽样复验，复验合格后方可用于工程。

③　辅助材料

聚乙烯丙纶防水卷材复合防水的辅助材料主要为水泥与水。

水泥：水泥用于与配套胶混合配制成聚合物水泥防水胶结料，水泥的型号与质量对聚合物水泥防水胶结料的性能有直接影响。水泥应选用42.5R硅酸盐水泥或普通硅酸盐水泥，不得使用受潮结块和过期失效的水泥。

水：干净的自来水。

（3）工具准备

①　清理基层工具：笤帚、高压吹风机、吸尘器、铲刀、毛刷等；

②　施工机具：电动搅拌器、拌料桶、小桶、刮板、滚刷、毛刷、铲刀、剪刀、压辊；

③　计量工具：磅秤；

④　检测工具：卡尺、小刀、测厚仪、卷尺。

2）施工工艺流程

（1）一道复合防水层的工艺流程：清理基层→湿润基层→配制聚合物水泥防水胶结料→细部增强处理→弹线定位→涂布聚合物水泥防水胶结料→铺贴卷材→卷材接缝及收头密封处理→保护层施工。

（2）二道复合防水层工艺流程：清理基层→湿润基层→配制聚合物水泥防水胶结料→细部增强处理→弹线定位→涂布聚合物水泥防水胶结料→铺贴第一层卷材→涂布第二层聚合物水泥防水胶结料→铺贴第二层卷材→卷材接缝及收头密封处理→保护层施工。

3）施工要点

聚乙烯丙纶卷材与聚合物水泥复合防水层的施工与本书3.2.3.1相应的工艺基本相同。

4）保护层

聚乙烯丙纶卷材复合防水层铺设完成，经验收合格后，应按设计要求及时进行保护层施工。

4.3.2.2　聚乙烯丙纶卷材与非固化橡胶沥青涂料复合防水层施工技术

1. 材料要求

1）聚乙烯丙纶防水卷材的物理力学性能应符合本书表2.6-1的要求。

2）非固化橡胶沥青防水涂料的物理力学性能应符合本书表2.7-1的要求。

2. 防水构造

聚乙烯丙纶防水卷材与非固化橡胶沥青防水涂料复合，共同组成一道防水层，也可采用聚乙烯丙纶防水卷材与非固化橡胶沥青防水涂料及聚合物水泥防水胶结料分别复合，组成多道复合防水层，以适用于地下防水工程不同防水等级和不同部位的防水需求。其复合防水构造见表4.3-5。

聚乙烯丙纶卷材与非固化橡胶沥青涂料复合防水层在地下工程的防水构造　表 4.3-5

防水等级	部位	工序	构造层次	构造做法
一级防水	底板（1）	1	混凝土垫层	按工程设计
		2	找平层	按工程设计
		3	聚乙烯丙纶卷材复合防水层	（0.7mm 厚聚乙烯丙纶防水卷材＋2.0mm 厚非固化橡胶沥青防水涂料）双层
		4	保护层	按工程设计
		5	混凝土结构自防水底板	按工程设计
	底板（2）	1	混凝土垫层	按工程设计
		2	找平层	按工程设计
		3	聚乙烯丙纶卷材复合防水层	0.7mm 厚聚乙烯丙纶防水卷材＋1.3mm 厚聚合物水泥防水胶结料
		4	聚乙烯丙纶卷材复合防水层	0.7mm 厚聚乙烯丙纶防水卷材＋2.0mm 厚非固化橡胶沥青防水涂料
		5	保护层	按工程设计
		6	混凝土结构自防水底板	按工程设计
	侧墙（1）	1	混凝土结构自防水墙体	按工程设计
		2	聚乙烯丙纶卷材复合防水层	（0.7mm 厚聚乙烯丙纶防水卷材＋1.5mm 厚非固化橡胶沥青防水涂料）双层
		3	保护层	按工程设计
		4	回填土	按工程设计
	侧墙（2）	1	混凝土结构自防水墙体	按工程设计
		2	聚乙烯丙纶卷材复合防水层	0.7mm 厚聚乙烯丙纶防水卷材＋1.3mm 厚聚合物水泥防水胶结料
		3	聚乙烯丙纶卷材复合防水层	0.7mm 厚聚乙烯丙纶防水卷材＋1.5mm 厚非固化橡胶沥青防水涂料
		4	保护层	按工程设计
		5	回填土	按工程设计
	顶板（1）	1	混凝土结构自防水顶板	按工程设计
		2	找坡层	按工程设计
		3	保温层	按工程设计
		4	找平层	按工程设计
		5	聚乙烯丙纶卷材复合防水层	（0.7mm 厚聚乙烯丙纶防水卷材＋2.0mm 厚非固化橡胶沥青防水涂料）双层
		6	隔离层	按工程设计
		7	保护层	按工程设计
	顶板（2）	1	混凝土结构自防水顶板	按工程设计
		2	找坡层、保温层、找平层	按工程设计
		3	聚乙烯丙纶卷材复合防水层	0.7mm 厚聚乙烯丙纶防水卷材＋1.3mm 厚聚合物水泥防水胶结料
		4	聚乙烯丙纶卷材复合防水层	0.7mm 厚聚乙烯丙纶防水卷材＋2.0mm 厚非固化橡胶沥青防水涂料
		5	隔离层	按工程设计
		6	保护层	按工程设计

续表

防水等级	部位	工序	构造层次	构造做法
一级防水	种植顶板	1	混凝土结构自防水顶板	按工程设计
		2	找平层	按工程设计
		3	聚乙烯丙纶卷材复合防水层	0.7mm厚聚乙烯丙纶防水卷材＋2.0mm厚非固化橡胶沥青防水涂料
		4	保护层	按工程设计
		5	找坡层	按工程设计
		6	保温层	按工程设计
		7	保护层兼找平层	按工程设计
		8	聚乙烯丙纶耐根穿刺卷材复合防水层	（0.7mm厚聚乙烯丙纶防水卷材＋1.3mm厚聚合物水泥防水胶结料）双层
		9	保护层	按工程设计
		10	排（蓄）水层	按工程设计
		11	滤水层	按工程设计
		12	种植土层	按工程设计
		13	植被层	按工程设计
二级防水	底板	1	混凝土垫层	按工程设计
		2	找平层	按工程设计
		3	聚乙烯丙纶卷材复合防水层	0.7mm厚聚乙烯丙纶防水卷材＋2.5mm厚非固化橡胶沥青防水涂料
		4	保护层	按工程设计
		5	混凝土结构自防水底板	按工程设计
	侧墙	1	混凝土结构自防水墙体	按工程设计
		2	聚乙烯丙纶卷材复合防水层	0.7mm厚聚乙烯丙纶防水卷材＋2.0mm厚非固化橡胶沥青防水涂料
		3	保护层	按工程设计
		4	回填土	按工程设计
	顶板	1	混凝土结构自防水顶板	按工程设计
		2	找坡层	按工程设计
		3	保温层	按工程设计
		4	找平层	按工程设计
		5	聚乙烯丙纶卷材复合防水层	0.7mm厚聚乙烯丙纶防水卷材＋2.5mm厚非固化橡胶沥青防水涂料
		6	隔离层	按工程设计
		7	保护层	按工程设计

3. 施工要点

聚乙烯丙纶防水卷材与非固化橡胶沥青涂料复合防水层的施工和本书3.2.3.2相应的工艺基本相同。

4.3.2.3 聚乙烯丙纶卷材与聚合物水泥防水胶结料及喷涂速凝橡胶沥青防水涂料复合防水层施工技术

1. 材料要求

1）聚乙烯丙纶防水卷材的物理力学性能应符合本书表2.6-1的要求。

2）聚合物水泥防水胶结料的主要性能应符合本书表3.2-2的要求。

3）喷涂速凝橡胶沥青防水涂料的物理力学性能应符合本书表 2.8-1 的要求。

2. 防水构造

聚乙烯丙纶卷材与聚合物水泥防水胶结料及喷涂速凝橡胶沥青涂料复合防水层用于地下工程底板、侧墙、顶板部位作防水层，其防水构造见表 4.3-6。

聚乙烯丙纶卷材与聚合物水泥防水胶结料及喷涂速凝橡胶沥青涂料
复合防水层在地下工程的防水构造

表 4.3-6

防水等级	部位	工序	构造层次	构造做法
一级防水	底板	1	混凝土垫层	按工程设计
		2	找平层	按工程设计
		3	1.3mm 厚聚合物水泥防水胶结料	
		4	0.7mm 厚聚乙烯丙纶防水卷材	
		5	2.0mm 厚喷涂速凝橡胶沥青涂层	
		6	隔离层	
		7	保护层	按工程设计
		8	混凝土结构自防水底板	按工程设计
	侧墙	1	混凝土结构自防水墙体	按工程设计
		2	基层处理	按工程设计
		3	1.3mm 厚聚合物水泥防水胶结料	
		4	0.7mm 厚聚乙烯丙纶防水卷材	
		5	2.0mm 厚喷涂速凝橡胶沥青涂层	
		6	保护层	按工程设计
		7	回填土	按工程设计
	顶板	1	混凝土结构自防水顶板	按工程设计
		2	找平层、找坡层、保温层、找平层	按工程设计
		3	1.3mm 厚聚合物水泥防水胶结料	
		4	0.7mm 厚聚乙烯丙纶防水卷材	
		5	2.0mm 厚喷涂速凝橡胶沥青涂层	
		6	隔离层	按工程设计
		7	混凝土保护层	按工程设计
	种植顶板	1	混凝土结构自防水顶板	按工程设计
		2	找平层	按工程设计
		3	聚乙烯丙纶卷材复合防水层	0.7mm 厚聚乙烯丙纶防水卷材＋1.3mm 厚聚合物水泥防水胶结料＋2.0mm 厚喷涂速凝橡胶沥青涂层
		4	保护层	按工程设计
		5	找坡层	按工程设计
		6	保温层	按工程设计
		7	找平层	按工程设计
		8	聚乙烯丙纶耐根穿刺卷材复合防水层	（0.7mm 厚聚乙烯丙纶防水卷材＋1.3mm 厚聚合物水泥防水胶结料）双层
		9	保护层	按工程设计
		10	排（蓄）水层	按工程设计
		11	滤水层	按工程设计
		12	种植土层	按工程设计
		13	植被层	按工程设计

续表

防水等级	部位	工序	构造层次	构造做法
二级防水	底板	1	混凝土垫层	按工程设计
		2	找平层	按工程设计
		3	1.3mm厚聚合物水泥防水胶结料	
		4	0.7mm厚聚乙烯丙纶防水卷材	
		5	2.0mm厚喷涂速凝橡胶沥青涂层	
		6	隔离层	
		7	保护层	按工程设计
		8	混凝土结构自防水底板	按工程设计
	侧墙	1	混凝土结构自防水墙体	按工程设计
		2	基层处理	按工程设计
		3	1.3mm厚聚合物水泥胶结料	
		4	0.7mm厚聚乙烯丙纶防水卷材	
		5	1.0mm厚喷涂速凝橡胶沥青涂层	
		6	保护层	按工程设计
		7	回填土	按工程设计
	顶板	1	混凝土结构自防水顶板	按工程设计
		2	找平层、找坡层、保温层	按工程设计
		3	1.3mm厚聚合物水泥胶结料	
		4	0.7mm厚聚乙烯丙纶防水卷材	
		5	1.5mm厚喷涂速凝橡胶沥青涂层	
		6	隔离层	
		7	混凝土保护层	按工程设计

3. 施工技术

聚乙烯丙纶防水卷材与喷涂速凝橡胶沥青涂料复合防水层的施工和本书3.2.3.3相应的工艺基本相同。

4.3.3 自粘聚合物改性沥青防水卷材与喷涂速凝橡胶沥青涂料复合防水层施工技术

1. 防水构造

自粘聚合物改性沥青防水卷材与喷涂速凝橡胶沥青防水涂料复合用于地下工程底板、侧墙、顶板部位的防水构造见表4.3-7。

自粘聚合物改性沥青卷材与喷涂速凝橡胶沥青涂膜复合防水层在地下工程的防水构造　表4.3-7

部位	工序	构造层次	构造做法
底板复合防水构造	1	混凝土垫层	按工程设计
	2	找平层	按工程设计
	3	喷涂速凝橡胶沥青涂层	涂层厚度应不小于1.5mm
	4	自粘聚合物改性沥青卷材	聚酯毡胎自粘卷材厚度应不小于3mm，高分子膜基自粘卷材厚度应不小于1.5mm
	5	保护层	按工程设计
	6	混凝土结构自防水底板	按工程设计

续表

部位	工序	构造层次	构造做法
侧墙复合防水构造	1	混凝土结构自防水墙体	按工程设计
	2	基层处理	按工程设计
	3	喷涂速凝橡胶沥青涂层	涂层厚度应不小于1.5mm
	4	自粘聚合物改性沥青卷材	聚酯毡胎自粘卷材厚度应不小于3mm，高分子膜基自粘卷材厚度应不小于1.5mm
	5	保护层	按工程设计
顶板复合防水构造	1	混凝土结构自防水顶板	按工程设计
	2	找平层	按工程设计
	3	喷涂速凝橡胶沥青涂层	涂层厚度应不小于1.5mm
	4	自粘聚合物改性沥青卷材	聚酯毡胎自粘卷材厚度应不小于3mm，高分子膜基自粘卷材厚度应不小于1.5mm
	5	隔离层	按工程设计
	6	混凝土保护层	按工程设计

2. 材料要求

自粘合聚物改性沥青防水卷材及喷涂速凝橡胶沥青防水涂料的物理力学性能指标应符合本书表2.2-1、表2.2-2和表2.8-1的要求。

3. 施工技术

1）施工准备

自粘聚合物改性沥青防水卷材与喷涂速凝橡胶沥青防水涂料复合防水层的施工准备与本书3.2.2的相应要求相同。

2）施工工艺流程

现场遮挡保护→清理基层→喷涂基层处理剂→细部加强层施工→大面积喷涂施工→涂膜防水层质量检查验收→铺贴自粘聚合物改性沥青防水卷材→卷材防水层质量验收。

3）施工要点

喷涂速凝橡胶沥青防水涂层的施工与本书3.2.3.3中相应的工艺相同。

喷涂速凝橡胶沥青涂膜防水层实干后，方可铺贴自粘聚合物改性沥青防水卷材，铺贴卷材时，应沿基准线边撕除隔离膜边滚铺卷材，并使其与橡胶沥青涂层粘结牢固，自粘卷材的搭接宽度不应小于80mm，经滚压粘结牢固，封闭严密，形成整体的复合防水层。

4）质量验收

（1）喷涂速凝橡胶沥青防水涂料、配套材料、材料的配合比及自粘聚合物改性沥青防水卷材的质量应符合设计要求。

（2）喷涂速凝橡胶沥青涂膜防水层的平均厚度应符合设计要求，最小厚度不得小于设计厚度的80%。

（3）复合防水层及其细部做法均应符合设计要求。

（4）喷涂速凝橡胶沥青涂膜防水层应与基层粘结牢固，涂布均匀，不得有鼓泡、露槎现象；涂层间夹铺胎体增强材料时，涂料应浸透胎体，覆盖完全，不得有胎体外露现象。

（5）自粘聚合物改性沥青卷材与喷涂速凝橡胶沥青防水涂膜应粘结牢固，形成整体的复合防水层。不得有张口、翘边等现象。

4.3.4　非沥青基自粘防水卷材与各类非沥青基防水涂料复合防水层施工技术

1. 适用材料

1）防水卷材：非沥青基自粘防水卷材。

2）防水涂料

（1）聚氨酯、聚脲等反应固化型防水涂料；

（2）聚合物水泥防水涂料等水性防水涂料。

2. 适用部位

地下工程的底板、顶板、侧墙外防外贴（涂）施工工艺。

3. 防水构造

1）非沥青基自粘防水卷材与各类防水涂料复合防水层设置在结构迎水面，涂料防水层设置在底层，卷材防水层设置在面层。

2）防水层厚度：涂膜防水层厚度不宜小于 1.5mm，非沥青基自粘防水卷材厚度不宜小于 1.2mm。

4. 施工技术

1）防水基层应符合相应防水涂料的施工要求，经检查验收合格。

2）非沥青基自粘防水卷材与非沥青基防水涂料组成复合防水层，加强层宜采用相应的防水涂料内夹铺胎体增强材料，加强层的宽度、厚度应符合设计要求与规范相关规定。

3）聚氨酯防水涂料施工技术

（1）基层要求

① 基层应坚实、平整、干燥，要求无死弯、无尖锐棱角，凹凸处需事先进行处理；采用水泥砂浆找平层时，水泥砂浆抹平收水后应进行二次压光和充分养护，找平层不得有酥松、起砂、起皮现象。

② 穿透防水层的管道、预埋件、设备基础、预留洞口等均应在防水层施工前完成。

③ 突出基层的转角部位应抹成圆弧，阴角圆弧半径宜为 50mm，阳角圆弧半径宜为 10mm。

④ 基层应干净，无灰尘、油污、碎屑等杂物。

（2）施工工艺流程：清理基层→涂布基层处理剂→涂布第一遍防水涂料→细部增强处理→涂布第二遍防水涂料→涂布第三遍防水涂料→涂层收头处理→铺贴非沥青基自粘防水卷材→检查验收。

（3）施工要点

① 清理基层。施工前，先将基层清扫干净。如发现有油污、铁锈等，应用钢丝刷、砂纸和有机溶剂等清除干净。

② 涂布基层处理剂。将聚氨酯配套基层处理剂搅拌均匀，采用涂刷或喷涂的方法均匀涂布在基层表面上，涂布量一般以 $0.3kg/m^2$ 左右为宜。涂布基层处理剂后应干燥固化 4h 以上，才能进行下一道工序的施工。

③ 涂布第一遍防水涂料。单组分聚氨酯防水涂料可直接（双组分聚氨酯应按说明书要求按比例配合，搅拌均匀）采用涂刷或喷涂的方法均匀涂布在基层处理剂已干固的基层表面上，涂布应均匀，厚薄尽量一致。

④ 细部增强处理。在第一遍涂膜固化至基本不粘手时，在阴、阳角及穿透防水层的管道、预埋件、设备基础、预留洞口等部位再涂刷一遍聚氨酯涂料，宽度 300～500mm，并立即铺贴聚酯纤维无纺布，铺贴时使无纺布均匀平坦地粘结在涂层上，并滚压密实，不应有空鼓和皱折现象。

⑤ 涂布第二遍防水涂料。在做细部增强处理的同时，涂布第二遍防水涂料，第二遍防水涂料的涂布方向应与前一遍的涂布方向相垂直，其他施工方法同第一遍，依此类推。

⑥ 涂膜防水层应多遍涂刷完成，平面基层涂布不宜少于 3 遍，每遍涂料用量宜为 0.6kg/m²；立面基层涂布不宜少于 4 遍，每遍涂料用量宜为 0.45kg/m²。防水涂层的总厚度应符合设计要求。

⑦ 涂层收头处理。涂膜防水层的收头部位应增涂 1～2 遍涂料，使涂层收头粘结牢固，并与基层封闭严密。

⑧ 聚氨酯涂膜防水层施工完毕，涂膜完全固化、经过检查验收合格后，应及时进行后道工序施工。

（4）施工注意事项

① 施工环境温度宜为 5～35℃，严禁在雨天、雾天、五级风及其以上进行露天作业，施工区域内应通风良好。

② 涂膜防水层应严格保护，涂层施工完毕，尚未完全固化时，不允许上人踩踏，以防止损坏防水层，影响防水工程质量。

③ 聚氨酯涂料存放的仓库和施工现场必须通风良好，严禁烟火，并应配备足够的消防器材；施工操作人员必须穿戴防护用品，聚氨酯涂料及溶剂不得接触皮肤。

（5）质量要求

① 聚氨酯防水涂料的技术性能应符合设计要求或标准规定，并应附有质量证明文件和现场抽样复验报告以及其他有关质量证明文件。

② 涂膜应多遍涂刷完成，且应在前一遍涂层固化成膜后，再涂刷后一遍涂料，每遍涂刷应交替改变涂料的涂刷方向，同一涂层涂刷时，先后接槎宽度宜为 30～50mm。聚氨酯涂膜防水层及其细部做法均应符合设计要求。

③ 涂膜防水层的甩槎应避免污染和损坏，接涂前应将甩槎表面清理干净，接槎宽度不应小于 100mm。

④ 聚氨酯涂膜防水层必须均匀固化，形成一个连续、弹性、无缝、整体的防水层，不允许有开裂、翘边、滑移、脱落和末端收头封闭不严等缺陷。聚氨酯涂膜防水层的厚度应均匀一致，平均厚度应符合设计要求，最小厚度不得小于设计厚度的 80%。

⑤ 胎体增强材料应铺贴平整、排除气泡，不得有折皱和胎体外露，胎体材料应充分浸透防水涂料；胎体的搭接宽度不应小于 50mm。

⑥ 涂膜防水层完工并经验收合格后，应及时铺贴非沥青基自粘防水卷材。

4）聚脲防水涂料施工技术

聚脲防水涂料包括喷涂聚脲和涂刷聚脲两种类型，喷涂聚脲适用于大面积防水施工，涂刷聚脲适用于小面积及细部构造防水施工。在这里主要介绍地下防水工程结构迎水面喷涂聚脲外防外涂施工方法。涂刷聚脲的施工方法与聚氨酯涂料的施工相同。

（1）施工工艺流程

基层清理→涂布基层处理剂→试喷样板块→喷涂作业→细部处理→修补涂层。

（2）涂布基层处理剂

基层经验收合格后，进行涂布基层处理剂施工，施工方法和质量要求与聚氨酯基层处理剂施工基本相同。

（3）每个工作日正式喷涂作业前，应在施工现场先喷涂一块 500mm×500mm、厚度不小于 1.5mm 的样片，由施工技术主管人员进行外观质量评价并留样备查。当涂层外观质量达到要求后，方可确定工艺参数并开始喷涂作业。宜在喷涂聚脲防水涂料生产厂家规定的间隔时间内进行喷涂作业。

（4）喷涂作业前应充分搅拌 B 料，严禁现场随意向 A 料和 B 料中添加任何物质。严禁混淆 A 料和 B 料的进料系统。

喷涂作业时，喷枪宜垂直于待喷基层，距离宜适中，匀速移动。应按照先细部后整体的顺序连续作业，一次多遍、交叉喷涂至设计要求的厚度。喷涂作业时，宜根据施工方案和现场条件适时调整施工工艺参数。当出现异常情况时，应立即停止喷涂，经检查并排除故障后方可继续喷涂。

（5）两次喷涂时间间隔超出喷涂聚脲防水涂料生产厂家规定的复涂时间时，再次喷涂作业前应在已有涂层的表面施做层间处理剂；两次喷涂作业面之间的接槎宽度不应小于150mm。

（6）涂层修补

① 喷涂施工完成后，应进行涂层质量检查，当涂层有针孔、鼓泡、剥落及损伤等缺陷时，应进行修补。修补涂层时，应先清除损伤及粘结不牢的涂层，并将缺陷部位边缘100mm 范围内的涂层及基层打毛和清理干净，分别涂刷层间处理剂及底涂料。

② 修补面积小于 250cm² 时，可采用涂层修补材料手工涂刷修补；修补面积大于250cm² 时，宜采用与原涂层相同的喷涂聚脲防水涂料进行修补；修补处的涂层厚度不应小于已有涂层的厚度，且表面质量应符合设计要求。

③ 涂层厚度达不到设计要求时应进行二次喷涂。二次喷涂宜采用与原涂层相同的喷涂聚脲防水涂料，并在材料说明书规定的复涂时间内完成。

（7）施工注意事项

① 喷涂作业前，应根据使用的材料和作业环境条件制定施工参数和预调方案；作业过程中，应进行过程控制和质量检验，建立严格的检查验收制度，每道工序完成经检查验收合格后，方可进行下道工序的施工，并应采取成品保护措施。

② 喷涂聚脲作业应在环境温度高于 5℃、相对湿度小于 85%，且基层表面温度高于露点温度 3℃的条件下进行。在四级风以上的露天环境条件下，不宜进行喷涂作业。严禁在雨天、雪天进行喷涂施工。

（8）质量要求

① 喷涂聚脲防水涂料和基层处理剂、涂层修补材料、层间处理剂等配套材料的质量必须符合设计要求。

② 基层处理剂应涂刷均匀、无漏涂、无堆积；喷涂聚脲涂层应连续，无漏涂、流挂、气泡、针孔、剥落、龟裂等现象，颜色应均匀一致。

③ 涂层的最小厚度不应小于设计厚度的 80%，平均厚度应符合设计要求。

④ 喷涂聚脲涂层在阴角、阳角、管根、变形缝、施工缝、后浇带及桩头等的细部构造防水做法应符合设计要求。

5）聚合物水泥防水涂料施工技术

（1）施工工艺流程

清理基层→细部增强处理→涂布第一遍防水涂料→涂布第二遍防水涂料→涂布第三遍防水涂料→涂层收头处理。

（2）防水基层要求与本节"聚氨酯防水涂料施工"相应的内容相同。施工前，应将影响涂料粘结的浮浆、灰尘、油污清理干净，基层可潮湿，但不得有明水。

（3）细部加强处理

大面积涂料防水层施工前，应先对防水基层的阴、阳角及穿透防水层的管道、预埋件、预留洞口等细部构造部位进行密封或增强处理，加强层的宽度宜为 300~500mm，涂刷聚合物水泥防水涂料后，随即铺贴胎体增强材料，铺贴的胎体增强材料应均匀平坦地粘结在基层上，并滚压密实，不应有空鼓和皱折现象。

（4）聚合物水泥防水涂料配制

将液料和粉料按 1:1 的比例（重量比）配合，用电动搅拌器搅拌均匀。配制好的混合料宜在 2h 内用完。

（5）聚合物水泥防水涂层应多遍涂布完成，平面涂布不宜少于 3 遍，立面涂布不宜少于 4 遍，涂布时要求涂层厚薄均匀；第一遍防水涂层表干后涂布第二遍防水涂料，在做细部增强处理的同时，进行第二遍防水涂料施工，第二遍涂料涂布的方向应与前一遍的涂布方向相垂直，其他施工方法同第一遍，依此类推；防水涂层的总厚度应符合设计要求，设计要求铺贴胎体增强材料时，应在涂布第二遍防水涂料时进行。

（6）涂层收头处理。涂膜防水层的收头部位应增涂 1~2 遍涂料，使涂层收头粘结牢固，封闭严密。

（7）聚合物水泥涂膜防水层施工完毕，涂膜完全固化，经检查验收合格后，方可进行后道工序施工。

（8）施工注意事项

① 聚合物水泥防水涂料的粉料与液料混合前，应先将液料用电动搅拌器搅拌均匀，并在搅拌下徐徐加入粉料继续搅拌均匀，配制好的涂料应色泽一致，无粉团和沉淀现象；配料应按产品说明书要求进行，不得任意改变配合比。

② 聚合物水泥防水涂料应多遍涂刷，且应在前一遍涂层干燥成膜后，再涂刷后一遍涂料，每遍涂刷应交替改变涂刷方向，同一涂层涂刷时，先后接槎宽度宜为 30~50mm。

③ 涂膜防水层的甩槎应避免污染和损坏，接涂前应将甩槎表面清理干净，接槎宽度不应小于 100mm。

④ 胎体增强材料应铺贴平整、排除气泡，不得有褶皱和胎体外露，胎体应充分浸透防水涂料；胎体增强材料的搭接宽度不应小于 50mm。胎体增强材料的底层和面层的涂膜厚度均不应小于 1.0mm。

⑤ 聚合物水泥防水涂料施工环境温度宜为 5~35℃，严禁在雨天、雾天、五级风及其以上进行露天作业，施工区域内应通风良好。

（9）质量要求

聚合物水泥涂膜防水层的质量要求与本节"聚氨酯防水涂料施工"相应的内容基本相同。

6）非沥青基自粘防水卷材施工技术

（1）非沥青基自粘防水卷材铺贴基本方法

上述涂膜防水层完全固化，经检查验收合格后，应及时铺贴自粘非沥青基防水卷材。卷材的铺贴方法与本书3.2.2相应的工艺相同。

（2）施工注意事项

① 非沥青基自粘防水卷材铺贴应在防水涂层完全固化后进行。

② 非沥青基自粘防水卷材铺贴施工环境温度宜为5～35℃，严禁在雨天、雾天、五级风及其以上进行露天作业。

（3）非沥青基自粘防水卷材铺贴施工质量要求与本书自粘类防水卷材铺贴施工质量相应的内容基本相同。

4.3.5 自粘类防水卷材与刚性防水涂料复合防水层施工技术

1. 适用材料

1）卷材：自粘改性沥青类防水卷材，自粘高分子类防水卷材等。

2）刚性防水涂料：水泥基渗透结晶型防水涂料，高分子益胶泥防水涂料等。

2. 适用范围

地下工程的顶板、侧墙外防外贴（涂）施工工艺。

3. 防水构造

1）防水卷材与刚性防水涂料复合防水层设置在结构迎水面，刚性防水涂料设置在底层，卷材防水层设置在表层。

2）防水层厚度

水泥基渗透结晶型防水涂层厚度不应小于1.0mm，高分子益胶泥防水涂层厚度不应小于3.0mm。

自粘三元乙丙橡胶（EPDM）防水卷材和热塑性聚烯烃（TPO）防水卷材的厚度不应小于1.2mm，自粘改性沥青聚乙烯胎防水卷材厚度不应小于2.0mm，聚酯胎自粘聚合物改性沥青防水卷材厚度不应小于3.0mm，高分子膜基（N类）自粘聚合物改性沥青防水卷材厚度不应小于1.5mm。

4. 复合防水构造的主要特点

1）刚性防水涂料与基层相容性好，适应性强，与基层粘结牢固，不窜水；潮湿基层可以施工；小面积或细部可涂刷施工，大面积可喷涂施工，施工速度快，有利于缩短工期，降低工程成本。

2）刚性防水涂层表面平整、干净，有利于粘贴自粘类防水卷材并能形成刚柔结合的复合防水层。

3）施工无明火作业，安全、环保。

5. 刚性防水涂料施工技术

1）基层要求：基层要求与本节"聚氨酯防水涂料施工"相应的内容基本相同。

2）浆料配制：水泥基渗透结晶型防水涂料、高分子益胶泥防水涂料施工前为粉状材料，涂料的配制方法：将粉料、水按材料说明书要求的配合比，先将计量好的水存放在料桶内，然后在电动搅拌器的搅拌下，徐徐放入粉料，再搅拌 3～5min，配制好的浆料应均匀，色泽一致，无粉团、无结块。

3）涂刷法施工：小面积或细部宜采用涂刷法施工，用半硬棕刷或刮板将配制好的浆料涂刷（刮）在充分湿润的防水基面上，涂布要均匀，覆盖要完全，不得漏涂。后一遍涂层应在前一遍涂层指触不粘时进行，每遍应交替改变涂刷方向。

4）喷涂法施工：大面积宜采用喷涂法施工。喷涂时喷枪的喷嘴应垂直于基面，合理调整压力，喷嘴与基面距离宜为 500mm。

5）养护

（1）养护开始时间：涂层终凝后及时进行。

（2）养护方法：喷雾状水保湿养护，不得采取蓄水或浇水养护。

（3）养护时间：不得小于 72h。

6）施工注意事项

（1）水泥基渗透结晶型防水涂料与高分子益胶泥防水涂料应施做在坚实、湿润、粗糙、干净的结构混凝土基面上，才能发挥有效的作用，防水基层质量应严格控制。

（2）防水涂料，宜随用随配，配制好的涂料应在规定时间内用完；在施工过程中应不停地进行搅动，以防止沉淀，且不得任意加水。

（3）水泥基渗透结晶型防水涂料与高分子益胶泥防水涂料应多遍涂刷完成，应控制每层施工间隔时间，确保涂层紧密结合。

（4）水泥基渗透结晶型防水涂层养护非常重要，养护过早、过晚或方法不当，对质量影响很大。养护时间应在指触不粘时进行，采用喷雾状水保湿养护。

（5）刚性防水涂料施工环境温度宜为 5～35℃，下雨天、五级风及其以上不得进行露天作业。

7）刚性防水涂层质量要求

（1）选用的水泥基渗透结晶型防水涂料与高分子益胶泥防水涂料应符合设计要求，性能指标应符合相关标准的规定。

（2）刚性防水涂层应与基层粘结牢固，不得有空鼓、开裂和粉化等缺陷。

（3）水泥基渗透结晶型防水涂层厚度不应小于 1.0mm，且粉料用量不应少于 1.5kg/m²；高分子益胶泥防水涂层厚度不应小于 3.0mm，且粉料用量不应少于4.5kg/m²。

6. 自粘类防水卷材铺贴施工技术

水泥基渗透结晶型防水涂层或高分子益胶泥防水涂层固化、养护完成、经验收合格后，方可铺贴自粘防水卷材，卷材的铺贴方法、注意事项、质量要求应符合本书 3.2.2 的相关要求。

4.3.6 刚性防水材料与柔性防水涂料复合防水技术

1. 适用材料

1）刚性防水材料

水泥基渗透结晶型防水涂料、高分子益胶泥防水涂料、聚合物水泥防水砂浆、掺外加剂水泥防水砂浆。

2）柔性防水涂料

喷涂速凝橡胶沥青防水涂料、聚氨酯防水涂料、聚脲防水涂料、聚合物水泥防水涂料。

2. 适用范围

地下工程的顶板、侧墙外防外涂施工工艺。

3. 防水构造

1）刚性防水材料与柔性防水涂料复合防水层宜设置在结构迎水面，刚性防水涂层应设置在底层，柔性涂料防水层设置在表层。

2）防水层厚度

（1）水泥基渗透结晶型防水涂层厚度不应小于1.0mm；

（2）高分子益胶泥防水涂层厚度不应小于3.0mm；

（3）聚合物水泥砂浆防水层厚度不应小于6.0mm；

（4）掺外加剂水泥防水砂浆厚度不应小于18mm；

（5）喷涂速凝橡胶沥青防水涂层、聚氨酯防水涂层、聚脲防水涂层、聚合物水泥防水涂层厚度均不应小于1.5mm。

4. 防水层主要特点

1）刚性防水材料与防水混凝土基层相容性好，适应性强，潮湿基层可以施工。

2）刚性防水层表面平整、干净，有利于与柔性防水涂料的粘结，形成的复合防水层整体性、致密性和不窜水性能优良，并具有刚柔相济、优势互补的功能。

3）刚柔防水层均可机械化喷涂施工，施工速度快，有利于缩短工期，降低工程成本。

4）施工无明火作业，安全、环保。

5. 施工技术

1）水泥基渗透结晶型防水涂料、高分子益胶泥防水涂料施工方法与本章4.3.5相应的内容相同。

2）聚合物水泥防水砂浆施工技术

（1）施工工艺流程

基层清理→基层浇水湿润→涂布结合层→抹压第一遍聚合物水泥砂浆防水层→抹压第二遍聚合物水泥砂浆防水层→养护。

（2）结合层施工

将水泥、聚合物乳液、水按重量比配制（水泥：聚合物乳液：水＝1：（0.35～0.45)：适量）成净浆。先将水与聚合物乳液进行混合，然后再放入水泥，采用电动搅拌器充分搅拌均匀，用毛刷或滚刷涂刷在防水基面上，或用机具喷涂在防水基面上，厚度1mm左右。

（3）聚合物水泥砂浆配制

将水泥、砂、聚合物乳液、水按重量比进行配制（水泥：砂：聚合物乳液：水＝1：2.5：（0.3～0.4)：适量）。先将水与聚合物乳液进行混合，水泥和砂子干拌均匀，然后再将用水稀释的乳液混合在一起，采用机械充分搅拌均匀。

（4）聚合物水泥砂浆防水层施工

① 在聚合物水泥净浆结合层施工后，随即进行聚合物水泥砂浆防水层施工，将混合好的聚合物水泥砂浆抹压在基层上。用抹子抹压时，应沿着一个方向，在压实的同时抹平整，一次成活。

② 施工顺序原则上为先立面后平面，阴阳角处的防水层必须抹成圆弧形或八字坡。聚合物水泥砂浆防水层要求抹压密实，与基层粘结牢固。

③ 聚合物水泥砂浆防水层厚度不超过6mm时，可一次抹压完成；聚合物水泥砂浆防水层厚度超过6mm时，应分两遍完成，在第一遍防水砂浆层未完全硬化时抹压第二遍聚合物水泥砂浆防水层。

（5）养护

聚合物水泥砂浆防水层达到硬化状态时，即应及时进行湿润养护，以免防水砂浆中的水分过早蒸发而引起干缩裂缝。养护时间不宜小于14d，前7d应保持潮湿养护。在潮湿的环境下施工时，则不需要再采用其他的养护措施，在自然状态下养护即可。在整个养护过程中，应避免振动和冲击，并防止风干、太阳暴晒和雨水冲刷。

（6）施工注意事项

① 聚合物乳液容易成膜，所以在抹压聚合物水泥砂浆时必须一次成活，切勿反复搓揉。

② 配制好的聚合物水泥砂浆应在1h内用完。最好随用随配，用多少配制多少。聚合物水泥砂浆在铺抹过程中出现干结时，可适当补加用水稀释的聚合物乳液，不得任意加水。

③ 聚合物水泥防水砂浆大面积施工时，为避免因收缩而产生裂纹，应设置分格缝，分格缝的纵横间距宜为4m，分格缝宽度宜为10~15mm。缝内可嵌填弹塑性的密封材料封闭，或在工期允许的情况下，聚合物水泥砂浆防水层完成7d后，用相同的聚合物水泥砂浆填充抹平。

④ 聚合物水泥防水砂浆分遍施工时，应控制每层施工间隔时间，确保每层紧密结合。

⑤ 聚合物水泥防水砂浆施工环境温度宜为5~35℃，雨天不得进行露天作业；在通风较差、影响水泥防水砂浆正常凝结的环境下施工时，应采取机械通风的措施。

（7）质量要求

① 聚合物水泥防水砂浆的原材料及配合比必须符合设计要求。

② 聚合物水泥砂浆防水层各层之间必须粘结牢固，无空鼓、分层现象。

③ 聚合物水泥砂浆防水层表面应密实、平整，不得有裂缝、起砂、麻面等缺陷；阴阳角应抹成圆弧形。

④ 聚合物水泥砂浆防水层施工缝留槎位置应正确，接槎应按层次顺序操作，层层搭接紧密。

⑤ 聚合物水泥砂浆防水层平均厚度应符合设计要求，最小厚度不得小于设计厚度的80%。

3）掺外加剂水泥防水砂浆施工技术可参照上述聚合物水泥防水砂浆施工方法操作。

4）喷涂速凝橡胶沥青防水涂料、聚氨酯防水涂料、聚脲防水涂料、聚合物水泥防水涂料的施工方法与本章4.3.4中相应的内容相同。

6. 刚性防水材料与柔性防水涂料复合防水层施工注意事项

刚性防水材料与柔性防水涂料复合防水层施工，应在刚性防水层完成、验收合格后再进行柔性涂料防水层的施工。

7. 刚性防水材料与柔性防水涂料复合防水层质量应分别验收，刚性防水层做隐检，柔性防水涂层作综合验收，质量应符合相关规范的规定。

4.3.7 地下工程集成防水施工技术

1. 底板与永久及临时保护墙卷材防水层的施工

采用各种卷材防水层的施工方法与本章4.3.1中相应的内容基本相同。不同的是卷材防水层的收头仅粘贴至临时保护墙的上边沿，其甩槎构造见图4.3-20。

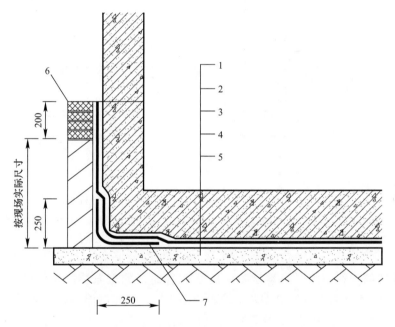

图4.3-20　底板卷材防水在立面甩槎构造
1—底板；2—细石混凝土保护层（预铺反粘卷材无此构造层）；3—卷材防水层；
4—找平层；5—混凝土垫层；6—临时保护墙；7—防水加强层

在底板和外墙下部的结构混凝土浇筑完成后，应将临时保护墙拆除，再把原来与临时保护墙接触的卷材防水层表面清理干净，然后按设计要求进行外墙迎水面防水层的施工。

2. 外墙防水层的施工

根据工程要求，可在清理干净的混凝土外墙迎水面直接涂刷防水涂料、施工涂料与卷材复合防水层或铺抹防水砂浆等防水层。其具体施工方法与本章4.3.2、4.3.3、4.3.4、4.3.5和4.3.6相应的内容相同。由于这些防水层均可以和混凝土基面粘结牢固，封闭严密，无窜水现象，有利于提高防水工程质量和降低外墙发生渗漏水的作用。

1）当外墙迎水面的涂料防水层与卷材防水层相容时，如喷涂速凝橡胶沥青涂料或非固化橡胶沥青涂料等，可直接涂刷或喷涂在已铺设完成的表面清理干净的高聚物改性沥青卷材防水层上，其搭接宽度不应小于100mm，且应在搭接部位夹铺一层宽度不小于200mm，重量不小于$100g/m^2$的长纤聚酯无纺布进行增强处理，施工时应使涂料浸透无纺布，以达到涂料防水层与卷材防水层相互连接，并形成与外墙混凝土结构表面粘结牢固、封闭严密、不窜水的整体防水构造（图4.3-21）。

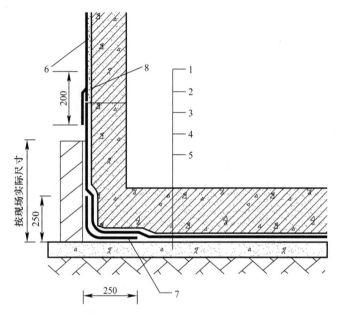

图4.3-21　卷材防水层在立面与相容涂料防水层接槎构造
1—底板；2—细石混凝土保护层（预铺反粘卷材无此构造层）；3—防水层；4—找平层；5—混凝土垫层；
6—涂料防水层；7—防水加强层；8—涂料与卷材防水层搭接接槎

2）当外墙的涂料防水层与卷材防水层不相容时，如聚氨酯防水涂料、高渗透改性环氧防水涂料、水泥基渗透结晶型防水涂料等防水层，施工时涂料防水层涂布至卷材防水层的边沿，待其厚度达到设计要求并完全固化后，应在距卷材防水层上边沿的端部100mm处，沿水平方向弹出基准线，并沿基准线涂刷与外墙涂料防水层和卷材防水层均具有相容性的配套专用的卤化丁基橡胶类基层处理剂；基层处理剂涂刷应均匀，不得有露底和堆积现象，涂刷宽度不应小于200mm；待基层处理剂基本干燥后，应及时粘贴200mm宽、2mm厚且以聚酯纤维无纺布覆面的单面自粘丁基橡胶密封胶带；粘贴丁基橡胶密封胶带时，应使胶带沿基准线，边撕去胶带底面的隔离膜，边将胶带粘贴在卷材防水层与外墙涂料防水层的交接处，并使胶带的中心线与两种防水层的交接缝相重合。粘贴的胶带应平整顺直，不得有扭曲和皱折现象。粘贴后应及时用手持压辊滚压粘牢，封闭严密，使外墙涂料防水层与卷材防水层连接，在迎水面形成一个连续、整体、不窜水的防水系统（图4.3-22）。

3）当外墙选用聚合物水泥砂浆或掺外加剂水泥砂浆等刚性防水层时，与卷材防水层接槎的做法同上述2）（图4.3-23）。

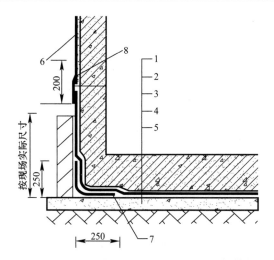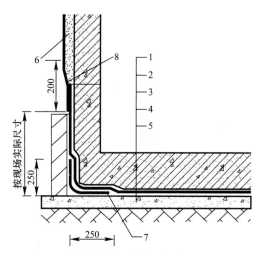

图 4.3-22　卷材防水层在立面与不相容涂料
　　　　　防水层接槎构造

1—底板；2—细石混凝土保护层
（预铺反粘卷材无此构造层）；3—防水层；
4—找平层；5—混凝土垫层；6—涂料防水层；
7—防水加强层；8—丁基胶带粘结密封层

图 4.3-23　卷材防水层在立面与砂浆
　　　　　防水层接槎构造

1—底板；2—细石混凝土保护层
（预铺反粘卷材无此构造层）；3—防水层；
4—找平层；5—混凝土垫层；6—砂浆防水层；
7—防水加强层；8—丁基胶带粘结密封层

5 厕浴间防水工程施工技术

5.1 厕浴间类型

厕浴间是彼此相互关联、配套的厕所、淋浴房、洗手间的简称，厕浴间类型主要从使用场所和从构造上进行分类。

5.1.1 从使用场所和使用功能上分，主要类型有：

1）公共卫生间，如学校、公交车站、火车站、机场候机楼、体育场馆、商场、办公楼区、公园、街道等场所，设置的公共卫生间主要包括彼此相互有关联的、配套的厕所和洗手间，面积在十几平方米、几十平方米甚至上百平方米不等，一般不设置淋浴房。

2）商业经营专用的洗浴房，有水区域主要为淋浴间、浴池、洗手间和配套的小厕所。

3）住宅楼用的厕浴间，包括彼此相互有关联的、配套的厕所、淋浴房和洗手间，普通的住宅楼厕所、淋浴设施和洗手设置在一个房间里，建筑面积一般不会超过 $10m^2$。档次较高的住宅楼厕所、淋浴房和洗手间分开设置，建筑面积相对较大，每间有几平方米或十几平方米甚至更大的。

5.1.2 从构造上分，主要类型有：

1）下沉式厕浴间底板结构。厕浴间底板低于相邻空间地面，分支排水系统在同层直接进入垂直排水管，厕浴间地面的完成面低于相邻空间地面20mm左右。

2）有填充层厕浴间地面。厕浴间结构底板与相邻空间地面在同一标高，卫生洁具采用的是蹲坑，在厕浴间结构底板上填充与蹲坑标高基本相同的轻质材料，分支排水系统在结构板下面进入垂直排水管，厕浴间地面的完成面高于相邻空间地面150mm左右。

3）厕浴间结构底板与相邻空间地面在同一标高，卫生洁具采用的是马桶，分支排水系统在结构板下面进入垂直排水管，厕浴间地面的完成面标高同相邻空间地面。

5.2 厕浴间防水主要材料

5.2.1 材料要求

厕浴间由于面积小、管道多、平面结构复杂，长期处于有水或潮湿环境，人员接触较多，选用的防水材料应满足下列要求：

1）耐水性好，适应长期有水和潮湿环境；

2）便于施工，可操作性强；

3）绿色环保，施工与使用中对环境友好，对人体无害。

5.2.2 主要防水材料

1）主要柔性涂膜防水材料有：单组分聚氨酯防水涂料，聚合物乳液防水涂料（丙烯酸防水涂料），聚合物水泥防水涂料（JS复合防水涂料），高聚物改性沥青防水涂料（氯丁胶乳沥青防水涂料、SBS改性沥青防水涂料），刷涂型聚脲防水涂料等。

2）主要刚性防水涂料有：水泥基渗透结晶型防水材料，聚合物水泥防水砂浆。

3）主要刚柔复合型防水材料有：高分子益胶泥系列防水材料。

4）主要防水卷材有：聚乙烯丙纶防水卷材复合防水层，聚酯胎基（PY类）自粘聚合物改性沥青防水卷材、高分子膜基自粘聚合物改性沥青防水卷材等。

5.2.3 辅助材料

用于附加层的胎体增强材料，宜选用 $30 \sim 50 \mathrm{g/m^2}$ 的聚酯纤维无纺布、聚丙烯纤维无纺布或耐碱玻璃纤维网格布等。

5.3 厕浴间防水基本构造

厕浴间具有建筑空间小、长期处于有水或潮湿环境、穿透防水层的管道多、转角部位多等特点，厕浴间防水构造应遵循"防排结合、合理选材、技术先进、确保质量"的原则。

1）厕浴间底板和泛水应为现浇钢筋混凝土结构，排水坡度宜为 0.5%～1%，地漏周围50mm范围内的排水坡度宜为5%。

2）厕浴间地面的完成面宜低于相邻空间地面20mm左右，如厕浴间地面的完成面高于相邻空间地面时，厕浴间门口应设置挡水门槛，挡水门槛的防水层与厕浴间防水层应连接成整体。

3）穿透防水层的管道设置套管时，套管应高出地面完成面20mm；厕浴间的地漏应设在厕浴间地面最低处；有填充层厕浴间地面、下沉式厕浴间地面、安装地暖的厕浴间地面应采用双层排水构造的地漏。

4）防水层在厕浴间门口处应水平向外延展，延展的宽度不应小于500mm。

5）有填充层厕浴间地面、下沉式厕浴间地面、安装地暖的厕浴间地面应设置两道防水层，第一道防水层设置在结构层上，第二道防水层设置在地面装饰层的下面，两道防水层在墙面部位应连接闭合。

6）墙面防水层高度（地面完成面向上）

（1）拖布池邻墙部位的防水层高度不应低于900mm；

（2）洗手台邻墙部位的防水层高度不应低于1100mm；

（3）小便器邻墙部位的防水层高度不应低于1300mm；

（4）淋浴房墙面的防水层高度不应低于1800mm；

（5）蹲坑部位墙面的防水层高度在蹲台完成面向上不应低于400mm；

（6）其他墙面防水层的高度不应低于300mm。

7）厕浴间墙面防水区域有暗埋管时，暗埋管凹槽应作防水处理，并与墙面防水层连接形成整体；厕浴间地面有暗埋管时，暗埋管下部应作防水处理，并与地面防水层连接形成整体。

8）厕浴间涂料防水层、卷材防水层、复合防水层的防水构造见表5.3-1。

厕浴间防水构造　　　　　　　　　　　　　　　表 5.3-1

类型	防水构造（由上至下）	构造要求
涂料防水层	1. 饰面层	按工程设计
	2. 保护层	按工程设计，但门槛部位防水层与饰面层之间，应用聚合物水泥防水砂浆作保护层兼饰面层的粘结层
	3. 涂料防水层（单组分聚氨酯防水涂料、聚合物水泥防水涂料、丙烯酸防水涂料、改性沥青防水涂料、高分子益胶泥等任选一种）	单组分聚氨酯防水涂料、聚合物水泥防水涂料、丙烯酸防水涂料的涂层厚度不应小于1.5mm；改性沥青防水涂料的厚度不应小于2mm；高分子益胶泥的涂层厚度不应小于3mm
	4. 找平层	按工程设计
	5. 结构层	按工程设计
卷材防水层	1. 饰面层	按工程设计
	2. 保护层	按工程设计，但门槛部位防水层与饰面层之间，应用聚合物水泥防水砂浆作保护层兼饰面层的粘结层
	3. 聚乙烯丙纶卷材	聚乙烯丙纶卷材厚度宜为0.6mm
	4. 聚合物水泥防水胶结料	聚合物水泥防水胶结料厚度不应小于1.3mm
	5. 找平层	按工程设计
	6. 结构层	按工程设计
复合防水层	1. 饰面层	按工程设计
	2. 保护层	按工程设计，但门槛部位防水层与饰面层之间，应用聚合物水泥防水砂浆作保护层兼饰面层的粘结层
	3. 柔性涂料防水层（聚合物水泥防水涂料、丙烯酸防水涂料等任选一种）	柔性涂料的涂层厚度不应小于1.0mm
	4. 刚性涂料防水层	水泥基渗透结晶型防水涂料的涂层厚度不应小于1.0mm，聚合物水泥砂浆防水层厚度不应小于5.0mm，高分子益胶泥防水涂层厚度不小于3mm
	5. 找平层	按工程设计
	6. 结构层	按工程设计
两道防水层	1. 饰面层	按工程设计
	2. 保护层	按工程设计，但门槛部位防水层与饰面层之间，应用聚合物水泥防水砂浆作保护层兼饰面层的粘结层
	3. 涂料防水层（单组分聚氨酯防水涂料、聚合物水泥防水涂料、丙烯酸防水涂料、改性沥青防水涂料等任选一种）	单组分聚氨酯防水涂料、聚合物水泥防水涂料、丙烯酸防水涂料的涂层厚度不应小于1.5mm；改性沥青防水涂料的涂层厚度不应小于2.0mm
	4. 填充层或地暖层	按工程设计
	5. 涂料防水层（单组分聚氨酯防水涂料、聚合物水泥防水涂料、丙烯酸防水涂料、改性沥青防水涂料、水泥基渗透结晶型防水涂料、聚合物水泥砂浆防水层、高分子益胶泥等任选一种）	单组分聚氨酯防水涂料、聚合物水泥防水涂料、丙烯酸防水涂料的涂层厚度不应小于1.5mm；改性沥青防水涂料的涂层厚度不应小于2.0mm。水泥基渗透结晶型防水涂料的涂层厚度不应小于1.0mm，聚合物水泥砂浆防水层厚度不应小于5.0mm，高分子益胶泥防水涂层厚度不小于3mm
	6. 找平层	按工程设计
	7. 结构层	按工程设计

5.4 厕浴间防水工程施工技术

5.4.1 高分子益胶泥防水施工技术

1. 防水构造

高分子益胶泥用于厕浴间防水构造,有两种类型:一是采用高分子益胶泥涂料作防水层;二是采用高分子益胶泥涂料防水层与高分子益胶泥防水粘结料组成复合防水层,其防水构造见表5.4-1。

厕浴间高分子益胶泥防水构造   表 5.4-1

类型	防水构造(由上至下)	构造要求
高分子益胶泥 涂料防水层	1. 饰面层	按工程设计
	2. 保护层	按工程设计,但门槛部位防水层与饰面层之间,应用高分子益胶泥作保护层兼饰面层的粘结层
	3. 高分子益胶泥涂料防水层	高分子益胶泥防水涂层厚度不应小于3mm
	4. 找平层	按工程设计
	5. 结构层	按工程设计
高分子益胶泥 防水粘结料与 高分子益胶泥 涂料组成复合防水层	1. 块材饰面层(瓷砖或石材面层)	厚度、规格按工程设计
	2. 高分子益胶泥防水粘结料	高分子益胶泥防水粘结层厚度不宜小于5mm
	3. 高分子益胶泥涂料防水层	高分子益胶泥防水涂层厚度不宜小于3mm
	4. 找平层	按工程设计
	5. 结构层	按工程设计

1) 施工工艺流程

基层清理→洒水湿润→细部加强层施工→大面积涂层施工→防水涂层检查、修补。

2) 防水基层要求

(1) 防水基面应坚实、平整,无浮浆、起砂、裂缝现象,潮湿但不得有明水。

(2) 与基层相连接的各类管道、地漏、预埋件等应安装牢固,管根、地漏与基层的交接部位,应预留宽10mm、深10mm的环形凹槽,槽内应嵌填密封材料。

(3) 基层的阴、阳角部位宜抹成圆弧形。

3) 益胶泥浆料配制

益胶泥与水按1:0.35的比例,将粉料徐徐倒入备好水量的料桶内,用电动搅拌器搅拌约5min,静置5~10min待用。

4) 涂刮益胶泥涂层

涂刮第一遍涂层:将搅拌均匀的益胶泥混合料用刮板涂刮在基面上,涂刮应均匀,厚度1~1.5mm;在涂刮过程中,应不断检查涂刮质量,检查涂层覆盖率,如有缺陷,应进行修复;涂刮完毕后在常温下养护。

涂布第二遍涂层:第二遍益胶泥防水涂层施工应在第一遍涂层表面初凝以后、终凝之前进行。第二遍涂层涂刮方向应与第一遍涂层涂刮的方向垂直。涂层厚度1~1.5mm;涂层应密实、平整,覆盖完全,不得有明显接槎;涂层的总厚度不应小于3mm。

5) 养护

在第二遍涂层表干、面层开始发白呈现缺水状态时即进行养护，初期应采用背负式喷雾器喷雾状水养护，不得用水管直接冲洒养护，以免损坏防水层；待防水涂层终凝、完全固化后，可采用喷、洒水等方法养护；防水层养护72h以后方可进行下道工序施工。

6) 益胶泥涂料防水层上采用高分子益胶泥防水粘结料粘贴块材饰面层，应在益胶泥防水涂层终凝、完全固化并经过养护后进行。

2. 施工注意事项与质量要求

1) 施工注意事项

(1) 严格按施工工艺要求施工，掌握好每道工序、每遍涂层的交叉与间隔时间；

(2) 益胶泥防水涂层施工环境温度宜为5~35℃。

2) 质量要求

(1) 益胶泥防水涂层应涂刮均匀，覆盖完全，与基层粘结牢固，不得有漏刮、空鼓、开裂、粉化等现象。

(2) 益胶泥防水涂层平均厚度应符合设计要求，最小厚度不应小于设计厚度的80%。

(3) 防水层养护方法和养护时间应符合设计要求。

(4) 应重视成品保护，防水涂层涂刮后24h以内不得有明水浸泡；防水涂层失水过快时应及时进行喷雾状水养护。

(5) 益胶泥防水层不得有渗漏水现象。

5.4.2 聚合物水泥防水砂浆与柔性防水涂料复合防水施工技术

1. 防水构造

厕浴间采用聚合物水泥防水砂浆与柔性防水涂料复合防水构造，聚合物水泥防水砂浆做在结构层上，作刚性防水层兼找平层，柔性防水涂料涂布在聚合物水泥防水砂浆防水层上（见图5.4-1）。

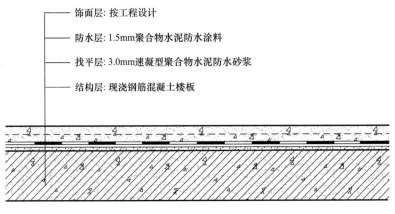

图 5.4-1　防水构造

2. 构造特点

聚合物水泥防水砂浆做在结构层上，作刚性防水层兼找平层，避免了普通水泥砂浆找平层与结构层之间往往粘结不牢，容易出现空鼓、裂缝和起砂等缺陷，又能为柔性防水层施工提供坚实平整的基面，找平层与结构层之间粘结牢固，柔性防水层与找平层紧密粘结，不易出现窜水问题，能有效保证防水工程质量。

3. 施工技术

1）工艺流程

基面清理、湿润→铺抹聚合物水泥防水砂浆→养护→防水附加层施工→涂布涂料防水层→蓄水试验→质量验收。

2）防水基层要求

聚合物水泥防水砂浆基层应潮湿，柔性涂料防水层基层可潮湿。防水基层的其他要求见本章 5.4.1 相应内容。

3）铺抹聚合物水泥防水砂浆

将聚合物水泥防水干粉砂浆按说明书规定比例与水进行配合，搅拌后的浆料应呈腻子状，无结块现象。然后用灰抹或刮板将防水浆料铺抹至设计厚度，表面平整。防水砂浆终凝后，应及时进行保湿养护。

4）柔性涂料防水层施工

柔性涂料防水层施工应在聚合物水泥防水砂浆终凝后进行，先进行细部构造附加层施工，然后进行大面积防水涂层施工。涂料涂布时宜先立面后平面，涂布应均匀，不得出现堆积、漏涂等现象。涂膜防水层应多遍涂布完成，在上一道涂层表干后再涂布后一遍涂料，前后两遍涂料的涂布方向应相互垂直，两遍涂层施工的间隔时间不宜过长，以免影响质量。

4. 施工注意事项与质量要求

1）双组分或多组分材料现场配制后的浆料应在规定时间内用完，在使用过程中出现有沉淀时应随时搅拌均匀。

2）涂层涂布应均匀，涂层与涂层、涂层与基层之间应粘结紧密。

3）防水层的平均厚度应符合设计要求，最小厚度不应小于设计厚度的 80%。

4）细部构造应符合设计要求，防水层不得有渗漏水现象。

5）施工环境温度宜为 5～35℃。

5.4.3 刚、柔涂料复合防水层施工技术

1. 适用材料

1）刚性防水涂料

高分子益胶泥、"确保时"粉料及其他水泥基防水涂料。

2）柔性防水涂料

聚合物水泥（JS）防水涂料、"确保时"防水胶及其他丙烯酸防水涂料。

2. 材料要求

聚合物水泥（JS）防水涂料和高分子益胶泥等的质量应符合本书表 2.9-1 和表 2.12-1 的要求。

"确保时"涂料无毒、无味、阻燃、环保，分为粉料和胶料两种类型。粉料为无机防水材料，抗折、抗压、抗渗力强，耐磨、耐腐蚀、耐酸碱，用水调拌涂刮，潮湿基面可施工，迎水面或背水面均可作业；"确保时"防水胶为水基系统制品类丙烯酸防水涂料，具

有弹性和较强的柔韧性，适用于泳池、水池、卫生间、厨房等防水工程。

"确保时"防水粉料主要性能指标应符合表 5.4-2 的要求。"确保时"防水胶主要性能指标应符合表 5.4-3 的要求。

确保时防水粉主要性能指标 表 5.4-2

序号	项目		性能要求
1	凝结时间	初凝（min）	≥10
		终凝（min）	≤360
2	抗压强度（MPa）	3d	≥13.0
3	抗折强度（MPa）	3d	≥3.0
4	涂层抗渗压力（MPa）（7d）		≥0.4
	试件抗渗压力（MPa）（7d）		≥1.4
5	粘结强度（MPa）（7d）		≥0.6
6	耐热性（100℃，5h）		无开裂、起皮、脱落
7	冻融循环（20 次）		无开裂、起皮、脱落

"确保时"防水胶主要性能指标 表 5.4-3

序号	检测项目	标准要求
1	拉伸强度（MPa）	≥1.0
2	断裂延伸率（%）	≥300
3	低温柔性，绕 10mm 棒弯 180°	−10℃，无裂纹
4	不透水性，0.3MPa，30mim	不透水
5	固体含量（%）	≥65

3. 防水构造

刚、柔涂料复合形成一道防水构造，刚性防水层设置在底层，柔性防水层设置在上层。刚性防水层材料与基层材料材性相容，适应性强，粘结性能好，同时又可修补基层细小缺陷，嵌填管根的缝隙；柔性防水层延伸性好，可以作整体防水层，对基层伸缩变形的适应能力较强，刚柔结合，优势互补，有利于提高厕浴间的防水工程质量。

厕浴间刚、柔涂料复合防水构造见表 5.4-4。

厕浴间"确保时"涂料刚柔复合防水构造 表 5.4-4

类型	防水构造（由上至下）	构造要求	备注
单道防水层	1. 饰面层	按工程设计	
	2. 保护层	按工程设计，但临门口周边 200mm 范围内，应用聚合物水泥防水砂浆作保护层兼饰面层的粘结层	
	3. 柔性涂料防水层	柔性防水涂层厚度不应小于 1.5mm	
	4. 刚性涂料防水层	刚性防水涂层厚度不应小于 1.0mm	
	5. 找平层	按工程设计	
	6. 结构层	按工程设计	

类型	防水构造（由上至下）	构造要求	备注
两道 防水层	1. 饰面层	按工程设计	厕浴间地面作 两道防水层， 墙面作1道 刚柔涂料 复合防水层
	2. 保护层	按工程设计，但门槛部位防水层与饰面层之间，应用聚合物水泥防水砂浆作保护层兼饰面层的粘结层	
	3. 柔性防水层	柔性防水涂层厚度不应小于1.5mm，内夹胎体增强材料	
	4. 填充层或地暖层	按工程设计	
	5. 柔性涂料防水层	"确保时"柔性防水涂层厚度不应小于1.0mm	
	6. 刚性防水涂层	"确保时"刚性防水涂层厚度不应小于1.0mm	
	7. 找平层	按工程设计	
	8. 结构层	按工程设计	

4. 施工技术

1）施工工艺流程

基层清理→基层洒水湿润→细部构造处理→刚性涂料防水层施工→柔性涂料防水层施工→检查验收。

2）刚性防水涂料的浆料配制

刚性防水涂料的粉料与水按各自说明书要求的比例，将粉料徐徐倒入备好水量的料桶内，用电动搅拌器搅拌约5min，静置5~10min待用。

3）细部处理

管根、地漏及厕浴间阴阳角部位采用刚性浆料进行密封处理。

4）防水基层洒水湿润，但表面不得有明水。

5）涂布刚性涂料防水层

1mm厚的刚性防水涂层应分两遍施工完成。

涂布第一遍涂层：将搅拌均匀的浆料涂布在基面上，涂布应均匀，厚度0.5mm左右；在涂布过程中，应不断检查涂布质量，检查涂层覆盖率，如有缺陷，应及时修复；涂布完毕后在常温下养护。

涂布第二遍涂层：第二遍涂层应在第一遍涂层表面初凝以后、终凝之前进行。第二遍涂层涂布方向宜与第一遍涂层的涂布方向垂直。涂层厚度0.5mm左右；涂层应密实、平整、覆盖完全，不得有明显接槎；涂层总厚度应符合设计要求。

6）刚性防水层养护

在第二遍涂层表干、面层开始发白呈现缺水状态时即进行养护，初期应采用背负式喷雾器喷雾状水养护，不得用水管直接冲洒养护，以免损坏防水层；待防水涂层终凝、完全固化后，可采用洒水、淋水等方法养护，同时可进行柔性防水涂层施工；如果不能及时进行柔性防水层施工，刚性防水涂层养护时间不宜小于168h。

7）柔性防水涂层施工

（1）管根、地漏、阴阳角等部位应做附加层，附加层厚度宜为1.0mm，附加层内应夹铺40g/m² 左右的胎体增强材料。

（2）大面涂布柔性涂层，1.5mm厚涂层宜分4遍完成，在前一道涂层表干不粘脚时进行后一道涂层施工。涂层应均匀，覆盖完全。

5. 施工注意事项与质量要求

1）施工注意事项

（1）严格按施工工艺要求施工，掌握好每道工序、每遍涂层的交叉与间隔时间；

（2）施工环境温度宜为 5～35℃。

2）质量要求

（1）防水涂层应涂布均匀，覆盖完全，与基层粘结牢固，不得有漏涂、空鼓等现象。

（2）防水涂层平均厚度应符合设计要求，最小厚度不应小于设计厚度的 80%（厚度检查：针测法或割取 20mm×20mm 涂膜实样用卡尺测量）。

（3）应重视成品保护，防水涂层涂布后 72h 以内不得有明水浸泡。

（4）刚柔防水层不得有渗漏水现象。

6 外墙防水工程施工技术

6.1 概述

6.1.1 外墙类型

1. 按结构类型分

建筑外墙按结构类型可分为混凝土全现浇结构外墙、混凝土框架结构外墙、钢架结构外墙、砖混结构外墙等。

2. 按外墙装饰类型分

建筑外墙按外墙装饰类型可分为涂料外墙、瓷砖外墙、石材外墙、清水外墙、抹灰外墙、玻璃幕墙、金属板幕墙、干挂石材幕墙等。

3. 按保温类型分

建筑外墙按外墙保温类型可分为外保温外墙、内保温外墙和无保温外墙等。

6.1.2 外墙工程防水基本原则

外墙渗漏，影响室内居住环境，影响建筑节能，影响外墙乃至整个建筑的使用寿命。外墙防水，就是将雨水、雪水阻挡在墙体之外，防止墙体侵蚀，提高建筑物的使用功能和耐久性，节约能源。

建筑外墙防水基本原则：

1）外墙防水设防分为墙面整体防水和墙面节点构造防水两种类型，南方地区、沿海地区、降雨量大和风压强地区、有外保温的建筑外墙适用于墙面整体防水；除上述整体墙面防水的建筑外，年降水量小于等于 400mm 地区的其他建筑外墙应采用节点构造防水措施，墙面整体防水中包含墙面节点构造防水。

2）建筑外墙防水除应具有阻止雨水、雪水侵入墙体基本功能外，并应具有抗冻融、耐高低温、承受风荷载等性能。

3）建筑外墙防水层应设置在迎水面。有外保温外墙防水层应设置在外墙面结构层或结构找平层上，保温层上应设置防水抗裂砂浆层。

4）环境、气候的影响及墙体的多样性，外墙防水措施、防水材料选用、防水施工技术应具备适应性。

5）应确保施工安全和使用安全。

6.1.3 材料选用

1. 防水材料

外墙防水材料主要有聚合物水泥防水砂浆、C0PROX（确保时）防水涂料、高分子益胶泥、聚合物水泥防水涂料、聚合物乳液防水涂料、聚氨酯防水涂料、防水透汽膜等。

2. 密封材料

主要有硅酮建筑密封胶、聚氨酯建筑密封胶、聚硫建筑密封胶、丙烯酸酯建筑密封胶等材料。

3. 配套材料

主要有耐碱玻璃纤维网格布、界面处理剂、热镀锌电焊网、自粘丁基橡胶密封胶带等。

建筑外墙防水所使用防水、密封材料的性能指标应分别符合相应材料标准的要求。

6.1.4 外墙整体防水构造

外墙整体防水构造 表 6.1-1

外墙类型		防水构造	构造要求
外墙无外保温	涂料饰面	结构墙体 找平层 防水层 涂料面层	1. 防水材料宜选用聚合物水泥防水砂浆或聚合物水泥防水涂料、C0PROX（确保时）防水涂料、高分子益胶泥等。 2. 面层材料应选用具有防水和装饰功能的丙烯酸酯类外墙涂料
	瓷砖饰面	结构墙体 找平层 防水层 粘结层 饰面砖面层	1. 防水材料宜选用聚合物水泥防水砂浆或聚合物水泥防水涂料、C0PROX（确保时）防水涂料、高分子益胶泥等。 2. 瓷砖铺贴应选用专用配套粘结材料或高分子益胶泥防水粘结材料
	幕墙饰面	结构墙体 找平层 防水层 面板 挂件 竖向龙骨 连接件 锚栓	防水材料可选用聚合物水泥防水砂浆、聚合物水泥防水涂料、聚合物乳液防水涂料、聚氨酯防水涂料、C0PROX（确保时）防水涂料、高分子益胶泥等
外墙有外保温	涂料和块材饰面	结构墙体 找平层 防水层 保温层 涂料面层 锚栓　　结构墙体 找平层 防水层 保温层 粘结层 饰面砖面层 锚栓	1. 防水材料可选用聚合物水泥防水砂浆、聚合物水泥防水涂料、C0PROX（确保时）防水涂料、高分子益胶泥等。 2. 保温层的面层材料应采用防水、抗裂砂浆。 3. 瓷砖铺贴应选用专用配套粘结材料或高分子益胶泥防水粘结材料

续表

外墙类型		防水构造	构造要求
外墙有外保温	幕墙饰面	结构墙体 找平层 保温层 防水透气膜 面板 挂件 竖向龙骨 连接件 锚栓	1. 防水材料可选用聚合物水泥防水砂浆、聚合物水泥防水涂料、聚合物乳液防水涂料、聚氨酯防水涂料、COPROX（确保时）防水涂料、高分子益胶泥等。 2. 当外墙保温层选用矿棉时，防水层宜采用防水透汽膜

6.1.5 外墙节点防水构造

1. 门窗框

外墙防水层应延伸至门窗框与外墙体之间缝隙内不应小于30mm，缝隙内应用发泡聚氨酯填缝剂填充饱满，外口留置5~10mm深凹槽，凹槽内嵌填柔性密封材料；门窗上楣的外口应做滴水处理；外窗台低于内窗台不应小于20mm，且向外的排水坡度不应小于5%（图6.1-1）。

2. 雨篷

雨篷排水坡度应不小于1%，外口下檐应做滴水处理，雨篷防水层应沿外口下翻至滴水部位（图6.1-2）。当雨篷面积较大时，宜采用有组织排水。

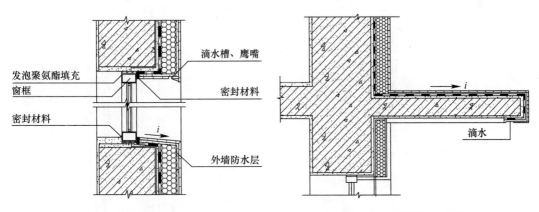

图6.1-1 门窗框防水构造   图6.1-2 雨篷防水构造

3. 外露阳台

外露阳台排水坡度不应小于1%，水落口安装不得高于防水层，周边应留凹槽，槽内应用密封材料封严，阳台外口下檐应做滴水处理（图6.1-3）。

4. 变形缝

变形缝处应增设合成高分子防水卷材附加层，卷材附加层两侧应满粘于墙体，满粘宽度不应小于150mm，并应钉压固定，卷材收头部位应用密封材料密严（图6.1-4）。

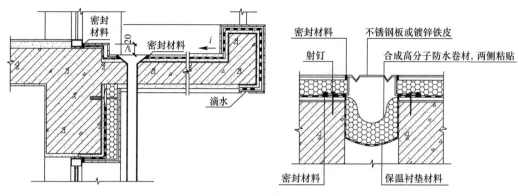

图 6.1-3　阳台防水构造　　　　　　图 6.1-4　变形缝防水构造

5. 穿过外墙的管道

穿过外墙的管道宜采用套管，穿墙管洞应内高外低，坡度应不小于 5%，套管周边应作防水密封处理（图 6.1-5）。

6. 女儿墙压顶

女儿墙压顶宜采用现浇钢筋混凝土或金属扣板，压顶应向内找坡，坡度不应小于 5%。女儿墙采用金属扣板作压顶时，外墙防水层应做到扣板的下部，金属扣板应采用专用金属配件固定（图 6.1-6（a））。女儿墙采用混凝土压顶时，外墙防水层宜上翻至压顶内侧的滴水部位（图 6.1-6（b））。

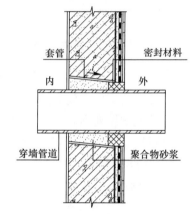

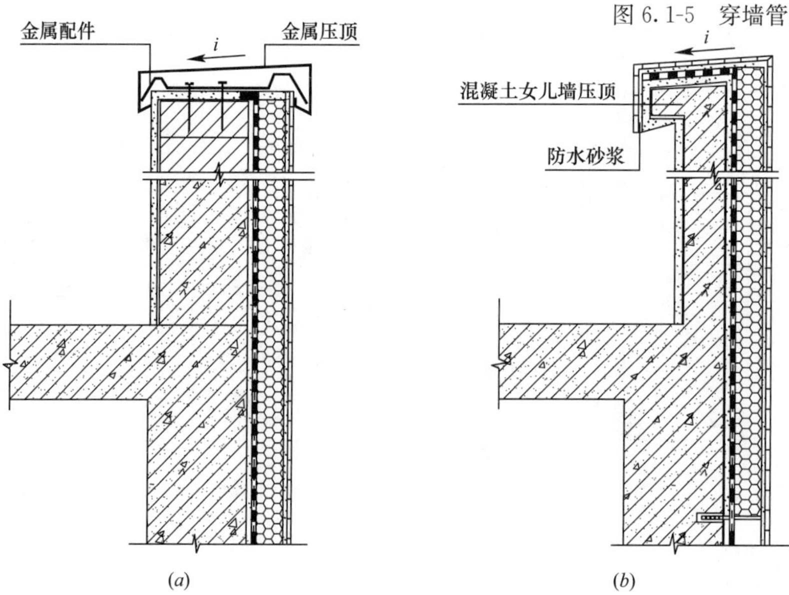

图 6.1-5　穿墙管道防水构造

（a）　　　　　　　　　　　　　　　　（b）

图 6.1-6　女儿墙压顶防水构造

7. 外墙墙根防水构造

外墙防水层墙根收头应延伸至散水以下，与地下工程（如果有）外墙防水层顺槎搭接，防水层收头应用密封材料封严（图 6.1-7）。

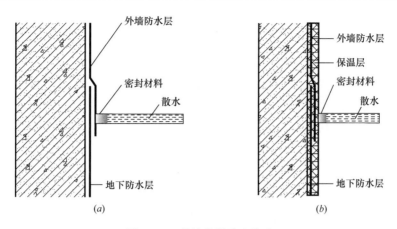

图 6.1-7 外墙墙根防水构造

6.1.6 建筑外墙防水施工基本要求

建筑外墙由于防水部位的特殊性，返修成本很高，因此应高度重视外墙防水施工质量。

1）外墙防水施工应由专业施工队伍承担，严格按照施工工艺操作，涉及前后工序的质量与成品保护措施均应符合规范要求。

2）外墙防水施工前，施工单位应通过图纸会审，掌握施工图中的细部构造及有关技术要求，编制外墙防水施工方案或技术措施，对相关人员进行安全技术交底。

3）外墙施工应进行过程质量控制和质量检查，应建立各道工序的自检、交接检和专职人员检查的"三检"制度，每道工序完成后应经监理单位（或建设单位）检查验收，合格后方可进行下道工序的施工。

4）外墙防水的基面应坚实、牢固、干净，不得有酥松、起砂、起皮现象，平整度应符合相关防水材料的要求；外墙门、窗框、伸出外墙的管道、设备或预埋件应在防水层施工前安设完毕，并经验收合格。外墙防水层不得有渗漏水现象。

5）外墙防水应掌握天气情况，严禁在雨天、雪天和四级风以上时施工，施工的环境气温宜为 5～35℃。

6）施工时应采取有效的安全防护措施。

6.2 外墙工程防水施工技术

6.2.1 外保温外墙防水层施工技术

1. 防水构造

外保温外墙防水层设置在外墙面结构层或结构找平层上，防水材料可选用聚合物水泥防水砂浆、聚合物水泥防水涂料、聚合物乳液防水涂料、聚氨酯防水涂料等，保温层上应设置防水抗裂砂浆层，节点构造应做防水处理。

2. 工艺流程

基层处理→涂布基层处理剂→防水层施工→安装保温层→防水抗裂砂浆层施工→饰面

层施工。

3. 施工要点

1）基层要求

基层应坚实、平整、牢固、干净，不得有孔洞、蜂窝、裂缝、空鼓、起砂、起皮、酥松等缺陷；采用聚合物水泥防水涂料、聚合物乳液防水涂料、聚氨酯防水涂料施工的防水基面宜干燥，采用聚合物水泥防水砂浆的基层应湿润但表面不得有明水。

2）基层处理剂应涂布均匀，覆盖完全。

3）防水层施工

聚合物水泥防水涂料、聚合物乳液防水涂料、聚氨酯防水涂料等均应分遍涂布，在上一道涂层基本固化时再进行后一道涂层的施工，以此类推，直至达到设计涂层的厚度要求；

聚合物水泥防水砂浆厚度超过 6mm 时应分两层铺抹，待第一层初凝后即可铺抹第二层，层层抹压密实，防水砂浆层终凝后应进行喷雾状水养护。

4）涂膜防水层完全固化后方可进行保温层施工。保温层表面的防水抗裂砂浆层应分层铺抹，在第一层与第二层之间应压入耐碱玻纤网格布，并使其与保温层粘结紧密。防水抗裂砂浆终凝后应进行喷雾状水养护。

5）女儿墙防水层应全包裹，压顶宜采用金属扣板；其他节点构造防水做法应符合本章 6.1.5 的要求。

6.2.2 高分子益胶泥防水层施工技术

1. 适用范围

高分子益胶泥在建筑外墙防水，适用于有保温外墙和无外保温外墙的防水或块材的粘结层。

2. 防水构造

高分子益胶泥在建筑外墙的防水构造见表 6.2-1。

高分子益胶泥在建筑外墙的防水构造　　　　　　　　　表 6.2-1

外墙类型		防水构造
外墙无外保温	涂料饰面	1. 结构墙体 2. 墙面处理 3. 3mm 厚益胶泥防水层 4. 聚合物水泥砂浆保护层 5. 涂料饰面层
	块材饰面	1. 结构墙体 2. 墙面处理 3. 3mm 厚益胶泥防水层 4. 5mm 厚益胶泥块材粘结层 5. 块材饰面层
	幕墙饰面	1. 结构墙体 2. 墙面处理 3. 3mm 厚益胶泥防水层 4. 幕墙

续表

外墙类型		防水构造
外墙有外保温	涂料饰面	1. 结构墙体 2. 墙面处理 3. 3mm厚益胶泥防水层 4. 保温层 5. 抗裂砂浆层 6. 涂料饰面层
	瓷砖饰面	1. 结构墙体 2. 墙面处理 3. 3mm厚益胶泥防水层 4. 保温层 5. 抗裂砂浆层 6. 5mm厚益胶泥瓷砖粘结层 7. 瓷砖饰面层
	幕墙饰面	1. 结构墙体 2. 墙面处理 3. 3mm厚益胶泥防水层 4. 保温层 5. 幕墙

3. 材料要求

高分子益胶泥为水泥基聚合物复合材料，其组成、特点及性能指标应符合本书2.12的要求。

4. 施工技术

1) 外墙高分子益胶泥防水涂料施工工艺流程

基层处理→基层洒水湿润→配制益胶泥浆料→涂布益胶泥防水层→细部构造处理→养护。

2) 益胶泥防水层施工要点

(1) 基层处理

① 外墙益胶泥防水基层应是混凝土墙面或水泥砂浆找平层，基层应坚实、平整、牢固、干净，不得有孔洞、蜂窝、裂缝、空鼓、起砂、起皮、酥松等缺陷，光滑的基面应进行打毛处理；

② 外墙门框、窗框、伸出外墙管道、设备或预埋件等应在外墙防水层施工前安装完毕；

③ 防水基面应充分湿润，但表面不得有明水。

(2) 浆料配制

高分子益胶泥防水涂料由粉料与水按材料说明书规定的比例配制，用电动搅拌器搅拌均匀；配制好的浆料宜在40min内用完，施工中不得任意加水。

(3) 涂布防水层

外墙益胶泥防水涂层可采用喷涂方法或涂刮方法施工，大面积宜用专用喷涂设备喷涂施工，小面积及细部宜用刮板涂刮的方法施工，将配制好的高分子益胶泥浆料均匀涂刮在基层上。采用喷涂施工时，喷枪的喷嘴应垂直于基面，合理调整压力以及喷嘴与基面的距离，每层宜连续施工；采用涂刮方法施工时，接茬应依层次顺序操作，层层搭接紧密。益胶泥防水涂层总厚度不应小于 3mm，宜分 2～3 遍完成，后一遍涂层应在前一遍涂层初凝时进行，材料总用量宜为 4.2～4.5kg/m²。

（4）养护

益胶泥防水层表面发白时应喷雾状水进行养护，涂层完全固化后，应采用喷水、洒水方法干湿交替养护，养护时间不应小于 72h。

3）外墙防水保护层施工

（1）外墙防水保护层在防水层施工完成、经验收合格后应及时进行施工。保护层所用材料及施工做法应符合设计要求。

（2）涂料类保护层宜多遍涂布，涂层厚度与外观色泽应均匀、一致。

（3）瓷砖类保护层应采用高分子益胶泥或其他瓷砖专用粘结材料铺贴，粘结应牢固、密实，不得空鼓，粘结层厚度不应小于 3mm，砖缝应嵌填密实、顺直、光滑。

（4）幕墙类保护层施工应按设计要求进行。

（5）外墙保护层施工，不得损坏防水层；如有损坏，应及时修补。

5. 施工注意事项与质量要求

1）益胶泥防水层的原材料、配合比及性能指标应符合设计要求。

2）防水层与基层之间及防水层各层之间应结合牢固，涂层厚度应符合设计要求，不得有裂缝、起粉、麻面、空鼓等现象。

3）防水层在门窗洞口、伸出外墙管道、预埋件、分格缝及收头等部位的节点做法，应符合设计要求。

4）益胶泥防水层不得有渗漏现象。

5）施工益胶泥的基层应潮湿；防水层施工后的养护应及时，养护方法应正确。

7 建筑防水工程渗漏治理施工技术

7.1 工程渗漏主要原因

随着国民经济的高速发展，房屋建筑越来越多。防水技术不断在发展与进步，防水工程质量也在逐年提高。但由于建筑防水工程受设计、材料、施工、使用、维护、环境、造价、政策等多方面因素的影响，从整体防水工程质量来看，渗漏仍是较为突出的工程质量通病。工程渗漏严重地影响到建筑物的正常使用与运营功能，缩短了建筑物的使用寿命，影响了人们的工作、学习、休闲、生活质量，同时也严重地影响到建筑防水相关的开发商与总承包商、开发商与设计、开发商与物业、开发商与业主、业主与业主、业主与物业以及总承包商与分包商、分包商与防水材料供应商等之间的合法权益与和谐的社会环境。

造成建筑工程渗漏的原因是多方面的，概括起来主要原因有三个方面：

1）建筑物投入使用时间较长，受使用条件、环境影响，使防水材料自然老化，防水层的抗渗性能减弱、失效，不再具备正常的防水功能，使防水部位逐步出现局部或整体渗漏；

2）自然灾害的破坏，诸如地震、台风、暴雨等不可抗力因素造成建筑物破坏，从而引起防水层的损坏；

3）在防水层合理使用寿命期限出现的工程质量问题，由设计、材料、施工、管理、政策、使用等方面的缺陷造成，是人为因素引起的工程渗漏。

7.2 工程渗漏治理依据与基本原则

7.2.1 建筑工程渗漏治理方案设计依据

1）工程概况，原防水设计方案，防水标准、设防措施、材料做法等；

2）工程渗漏部位、渗漏现状、渗漏程度；

3）渗漏原因；

4）现场施工环境、施工条件；

5）相关规范标准。

7.2.2 建筑工程渗漏治理基本原则

1.因地制宜的原则

1）屋面渗漏应主要在迎水面治理，采用防、排结合措施；

2）外墙面渗漏应采用迎水面防水与背水面堵漏相结合治理措施，以迎水面治理为主；

3）厕浴间渗漏应采用迎水面治理为主，必要时与背水面堵漏相结合；

4）地下工程渗漏治理应根据渗漏部位、渗漏原因和现场施工条件确定施工方法：

（1）迎水面具备施工条件，又能解决渗漏问题时，应优先考虑迎水面治理，避免和减轻结构浸水；

（2）当迎水面不具备施工条件、迎水面治理又不能解决渗漏问题时，应在背水面治理；

（3）条件允许及工程必要时，应迎水面与背水面同时治理；

（4）迎水面防、排、截结合，背水面防、堵结合。

2．按需选材的原则

治理工程渗漏所选用的材料应技术性能可靠，耐水性能好，针对性、适应性、可操作性强，符合绿色、环保、安全要求。

1）工程渗漏采用整体翻修方式治理时，选用的防水、密封材料应符合设计要求和相关规范规定；局部维修，新做防水层与原防水层连接时，新旧防水层材料应具有相容性。

2）根据渗漏治理部位、施工环境、作业条件、使用环境等因素，合理选材。在迎水面治理渗漏时，宜选用柔性的防水卷材或柔性防水涂料，背水面宜选用刚性防水材料、灌浆材料及聚合物水泥复合材料；对易发生位移部位治理时，应选用弹性好的防水材料；在潮湿基面施工时，应选耐水性或水泥基类防水材料；多道设防时，不同的防水材料间应具有相容性。

3）工程渗漏治理所选用的材料应无毒、无害，在施工过程和投入使用后对环境友好。

3．综合治理原则

工程渗漏治理应避免头痛医头、脚痛医脚，应从设计、选材、施工、维护等方面全面考虑，对与工程防水有关的混凝土主体、排水、保温、回填土、散水、建筑周围市政管沟等进行逐一分析排查，采取综合治理措施，从根本上解决渗漏问题。

4．在治理渗漏时，应尽量减少破坏原有完好的防水层或具备一定防水功能的防水层。

5．工程渗漏治理不得影响建筑物的结构和使用安全

1）工程渗漏治理剔凿拆除施工时，不得伤害结构；

2）建筑地下工程渗漏，采用背水面治理时，不宜将长期排水方法作为主要治漏措施。地下工程的钢筋混凝土结构是一种非匀质并均有多孔和显微裂缝的物体，其内部存在许多在水泥水化时形成的氢氧化钙，使其呈现 pH 为 12～13 的强碱性能，氢氧化钙对钢筋可起到钝化和保护的作用。混凝土结构体发生渗漏水时，水会把混凝土结构内部的氢氧化钙溶解和流失，碱性降低，当 pH 小于 11 时，混凝土结构体内钢筋表面的钝化膜会被活化而生锈，所形成的氧化亚铁、三氧化二铁或四氧化三铁等铁锈的膨胀应力的作用，使结构体开裂增加水和腐蚀性介质的侵入，造成恶性循环，最终将影响到结构安全和缩短建筑物的使用寿命。

3）普通聚氨酯注浆材料用于快速止水效果较好，由于其自身特性，防水堵漏的持久性存在缺陷，不宜作为永久的防水堵漏措施。

7.3 屋面工程渗漏治理施工技术

7.3.1 改性沥青卷材屋面渗漏治理施工技术

改性沥青卷材屋面出现渗漏、卷材防水层还未完全丧失防水功能进行整体治理时，可

采用在原改性沥青卷材防水层上作喷涂速凝橡胶沥青防水涂层的治理措施。

1. 防水构造

1）保护层；

2）隔离层；

3）2mm厚喷涂速凝橡胶沥青防水涂层；

4）原改性沥青卷材防水层修补处理；

5）屋面其他构造层。

2. 施工基本做法

1）原改性沥青卷材防水层处理

（1）清理灰尘和其他杂物；

（2）拆除局部破损、空鼓的卷材防水层，采用改性沥青卷材或改性沥青涂料、喷涂速凝橡胶沥青防水涂料进行修补；

（3）检查细部构造，对泛水部位、卷材搭接缝部位、檐口、天沟、女儿墙等部位卷材防水层的缺陷进行修补处理。

2）涂布改性沥青类基层处理剂

3）喷涂速凝橡胶沥青防水涂层，厚度不应小于2mm。特别要对防水层在各细部构造的末端收头部位，做好粘结、固定和密封处理。

4）防水层验收后，应及时进行保护层的施工。保护层采用水泥砂浆、细石混凝土或块体材料时，在防水层与保护层之间应设置隔离层。

3. 质量要求

1）原卷材防水层表面应清理干净，修补后的卷材防水层不得有破损、翘边或张口等缺陷；

2）喷涂速凝橡胶沥青防水涂层与原卷材防水层应粘结紧密，形成整体的复合防水构造；

3）喷涂速凝橡胶沥青防水涂层厚度应符合设计要求；

4）翻修完成后的屋面防水层经雨后观察或蓄水、淋水试验不得有渗漏和积水现象。

4. 该技术特点

1）改性沥青卷材防水层上作喷涂速凝橡胶沥青防水涂层，相容性好，彼此粘结紧密，形成复合防水整体，有利于保证防水工程质量；

2）可继续利用原改性沥青卷材防水层的剩余价值，有利于延长防水层的使用寿命；

3）不整体拆除原改性沥青卷材防水层，既可减少废弃物产生，有利于环境保护，也可减少施工期间的大面积渗漏风险，同时也减少了施工程序，有利于缩短工期和节约维修成本。

7.3.2 屋面防水保温整体翻修施工技术

屋面渗漏，防水保温均失去相应功能，需要整体翻修时，可采用防水与保温复合、功能叠加的FBZ屋面工程系统或VTF集成防水保温系统。

1. 防水构造

FBZ屋面工程系统及VTF集成防水保温系统防水构造见表7.3-1。

FBZ 及 VTF 屋面防水构造　　　　　　　表 7.3-1

系统类型	防水构造（由上至下）
FBZ 屋面 工程系统	1. 聚合物水泥抗裂防水砂浆保护层
	2. 最薄处 20mm 厚现浇泡沫混凝土找坡层
	3. 喷涂硬泡聚氨酯防水保温层（厚度≥30mm 或按工程设计）
	4. 聚乙烯膜隔离层
	5. 1.5mm 厚喷涂速凝橡胶沥青涂膜防水层
	6. 屋面结构混凝土板
VTF 集成防水保温系统	1. 40mm 厚细石混凝土保护层
	2. VTF 基层处理剂
	3. VTF 粘结料粘贴 0.7mm 厚聚乙烯丙纶卷材防水层
	4. VTF—2 泡沫混凝土保温层
	5. VTF—3 细石混凝土找坡层
	6. 2.0mm 厚 VTF 水泥浆基层处理剂
	7. 屋面结构混凝土板

2. 施工技术

1）拆除屋面结构混凝土板以上各构造层，清理干净，对基层缺陷进行修补处理；

2）VTF 屋面集成防水保温系统及 FBZ 屋面工程系统施工技术详见本书 3.2.6 和 3.2.7 的相应内容。

3. 质量要求

1）FBZ 屋面工程系统及 VTF 集成防水保温系统各构造层应分别施工，分别检查验收，每一道工序的施工均应符合设计要求和相关规范规定。

2）翻修完成后的屋面防水层经雨后观察或蓄水、淋水试验不得有渗漏和积水现象。

4. 该技术特点

1）FBZ 屋面工程系统

（1）防水层采用喷涂速凝橡胶沥青防水涂料直接施做在屋面结构板上，与基层粘结紧密，防水层无窜水现象；

（2）防水层、保温层、找坡层和保护层等，均采用优质的材料与先进的施工工艺相结合，有机地、科学合理地组合成为一个无缝隙的屋面整体构造系统，优势互补，功能叠加，使屋面防水保温质量更加可靠；

（3）喷涂速凝橡胶沥青涂料防水层、喷涂硬泡聚氨酯防水保温层、现浇泡沫混凝土找坡层、喷涂聚合物水泥抗裂防水砂浆面层均采用机械化施工，速度快，有利于减轻劳动强度和缩短工期；便于管理，施工质量稳定；施工不动用明火，符合节能、环保、安全要求。

2）VTF 屋面集成防水保温系统

（1）VTF 屋面集成防水保温系统各构造层，经过科学搭配、多维复合形成的整体性强的防水保温系统，刚柔结合、优势互补、层层防水、彼此粘结紧密不窜水，工程质量可靠；

（2）施工快捷，有利于缩短工期；

（3）施工不动用明火，符合绿色、环保、安全要求。

7.3.3 地下工程渗漏治理施工技术

1. 地下工程渗漏治理方案的编制

地下工程防水大多处于隐蔽部位，一旦渗漏，涉及原因可能是多方面的，治理方法也不完全相同。因此地下工程渗漏治理前，应通过现场勘查和查阅相关资料，综合分析、研讨，编制出符合规范规定和所治工程特点、选用的材料可靠并便于施工操作、经济合理的渗漏治理方案。

1）地下工程渗漏治理方案编制依据

（1）渗漏水现状、变化规律、水源、防水层损坏程度。

① 渗漏水的现状：渗漏水的部位、渗漏形式、渗漏程度和渗漏水量。

② 渗漏水的变化规律：是否有周期性、季节性、阶段性、偶然性、长期稳定性。

③ 渗漏水水源：分析水的来源是地下水、上层滞水，还是市政管网漏水、雨水、雪水、绿地用水、生活用水等。

④ 防水层损坏程度：防水层是局部损坏，还是整体老化。

（2）工程原始资料

① 工程类别、结构形式；主体混凝土的强度等级、抗渗等级；混凝土浇筑质量，施工缝、变形缝、后浇带的设置情况等。

② 地下水位、防水设防等级、防水构造、洽商变更、工程防排水系统。

③ 原防水施工方案，施工过程质量控制资料。

④ 原防水材料说明书、性能指标、试验报告等。

（3）环境影响

工程所在位置周围环境状况及对工程的影响。

（4）运营条件

工程在使用中运营条件、季节变化、自然灾害对工程的影响。

2）渗漏治理方案确定

根据上述调查结果制定符合规范要求、针对工程实际情况的渗漏治理方案，基本内容包括：

（1）渗漏治理的范围：明确是局部治理还是整体翻修。

（2）渗漏治理的方式：迎水面治理还是背水面治理，或迎水面、背水面同时治理。

3）施工工艺

地下工程渗漏水治理施工工艺，应根据渗漏原因、现场环境和施工条件等因素，合理的、科学的选用材料，采用化学灌浆、刚性材料堵漏、面层防水、细部构造密封等有效的施工工艺，确保工程渗漏治理的质量。

4）施工顺序

地下工程渗漏治理施工基本顺序：

（1）室内、室外同时治理时，应先施工室外后施工室内；

（2）室内渗漏治理时，应先高后低、先易后难、先堵后防；

（3）室外施工时应先下后上，先排后防。

7.4 地下渗漏工程背水面结构堵漏与面层防水相结合施工技术

地下工程渗漏，宜采用结构堵漏与面层防水相结合的施工技术。地下工程渗漏，从防水角度分析，应是自防水混凝土结构和材料防水层都出现了问题。对结构进行堵漏是解决自防水混凝土结构渗漏的有效措施；自防水混凝土结构堵漏后，在结构背水面的表面作防水处理，是解决材料防水层存在缺陷的有效措施。

7.4.1 堵漏

堵漏是治理地下工程渗漏经常使用的一种方法，分为刚性材料堵漏和化学灌浆堵漏两种类型。刚性材料堵漏既可作为独立的治漏方法，又可作为大面积防水的前期工作。表面渗漏可采用刚性材料封堵，结构性的渗漏，宜选用压力灌注化学浆液的方式止水。在实际工程中，也可刚性材料堵漏与注浆堵漏结合使用。堵漏施工时宜先易后难、先高后低、先排后堵。

1. 刚性材料堵漏

用于地下工程结构混凝土堵漏的刚性材料，应选用防渗抗裂、凝结速度可调、与基层粘结强度高、可带水作业的堵漏材料，如水不漏、堵漏灵、确保时、益胶泥、防水宝、水泥水玻璃等。刚性材料堵漏施工的基本方法：

1）查找渗漏点与渗漏水源。

2）切断水源，通过引水、疏水减压，尽量使堵漏施工在无水或低压状态下进行。

3）基面清理，剔凿渗漏点、渗漏缝，将不密实、疏松的混凝土或水泥砂浆尽量剔除，剔凿深度不宜小于20mm，渗漏缝宜剔成U形凹槽并用水冲洗干净。

4）按堵漏材料的凝结速度和使用量调配用料，塞填在需堵漏的孔、洞、缝隙里。带压施工时，堵漏材料嵌填后应采用外施压力措施。

5）对堵漏后的部位进行修平处理，再按面层防水的要求进行后道工序的施工。

2. 化学灌浆

用于地下工程结构混凝土堵漏的化学灌浆材料应根据使用要求选择，临时性止水可选用聚氨酯注浆材料，用于防渗补强的可选用KH-3高渗透改性环氧树脂浆液、结构补强专用聚氨酯、超细水泥浆等，长期止水可选用丙烯酸盐浆液。化学灌浆施工的基本方法：

1）钻孔，埋置注浆针头，注浆针头间距宜为200～300mm。

2）注浆范围：渗漏区域向外延伸500mm。

3）注浆针头埋置后，缝隙用速凝堵漏材料封堵，并留出排气孔。

4）根据选用的注浆材料调整注浆压力，注浆应饱满，由下至上进行。

5）注浆完成72h后，对注浆部位进行表面处理，清除溢出的注浆料，切除并磨平注浆针头。

7.4.2 面层防水

地下工程结构混凝土堵漏施工完成后，背水面面层防水层应根据地下工程埋置深度、水压大小等实际情况选用与基层粘结力强、抗渗、抗压性能好的、可湿作业的防水材料，如高渗透改性环氧树脂防水涂料、双组分水性环氧树脂防水涂料、水泥基渗透结晶型防水涂料、高分子益胶泥、"确保时"防水粉料、聚合物水泥防水砂浆或单组分聚脲防水涂料等。施工基本做法：

1）基面处理：

（1）防水层应做在结构混凝土基面上，施工前应先铲除混凝土基面上的饰面层、水泥砂浆找平层，剔凿拆除空鼓、松动、不密实的混凝土。

（2）对凹凸不平的基层应用聚合物水泥砂浆进行修补找平。

（3）水泥基类刚性材料防水基层应湿润，但不得有明水。

2）需要现场配制的涂料，应按产品说明书的配比和方法进行现场配制，配合比应准确，搅拌应均匀。

3）防水涂料小面积可采用涂刷方法施工，大面积宜采用机械喷涂方法施工，涂层的施工应分多遍完成，并在前一遍涂层表干后，进行后一遍涂层的施工。

4）防水砂浆应分层抹压，每一遍厚度宜为5～6mm，且在前一遍砂浆层初凝后，进行后一遍砂浆层的施工，最后一遍砂浆层应抹平、压光。

5）养护，水泥基类刚性防水砂浆在终凝后应进行保湿养护，养护时间不宜小于72h。

7.4.3 质量要求

1）刚性材料堵漏嵌填应密实，化学注浆应饱满；

2）背水面防水层与基层应粘结牢固，不空鼓、不开裂；厚度应符合方案要求和相关规范规定。

3）治理后的地下防水工程质量应符合相应防水等级的质量要求。

7.5 地下工程水泥基渗透结晶型材料堵漏、防水施工技术

地下工程渗漏，也可选用水泥基渗透结晶型防水材料在背水面作局部加强处理和面层整体防水处理。

7.5.1 局部加强处理

1. 钢筋头、穿墙螺栓部位

1）分别以钢筋头、穿墙螺栓为圆心，周围剔凿出半径不小于50mm、深度为20～30mm的凹槽，将多余的螺栓头或钢筋头切除，凹槽清理干净并充分润湿；

2）水泥基渗透结晶型防水材料与水按1∶0.4左右比例混合，搅拌成均匀的浆料，均匀地涂刷于凹槽内；

3）水泥基渗透结晶型防水材料与水按1∶0.25左右比例混合、拌制成半干粉团，将整个凹槽填满、压实；

4）待凹槽嵌填的水泥基渗透结晶型防水材料粉团表面发白时，涂刷水泥基渗透结晶型防水涂料（粉料与水按1∶0.4的比例混合，搅拌均匀配制成的浆料），涂刷范围应延伸至凹槽外100mm。

5）对涂刷水泥基渗透结晶型防水浆料的部位应及时进行养护，初始养护时应采

用喷雾器喷雾状水，使其始终保持潮湿状态；24h后可喷洒水养护，养护时间不应少于72h。

2. 施工缝和裂缝部位

1）分别在施工缝和裂缝处剔凿出宽度20mm左右、深度为20～30mm的U形槽，并用打磨机将U形槽两侧各100mm范围内混凝土表层的附着物清除，U形槽清理干净并充分润湿；

2）水泥基渗透结晶型防水材料与水按1：0.4左右比例混合，搅拌成均匀的浆料，均匀地涂刷于U形槽内；

3）水泥基渗透结晶型防水材料与水按1：0.25左右比例混合，拌制成半干粉团，将整个U形槽填满、压实；

4）待U形槽内嵌填的水泥基渗透结晶型防水材料粉团表面发白时，即可在其表面涂刷水泥基渗透结晶型防水涂料，涂刷范围应延伸至U形槽外两侧各100mm范围；

5）对水泥基渗透结晶型防水涂层的养护方法与钢筋头部位的处理相同。

3. 混凝土疏松、蜂窝部位

1）将有疏松、蜂窝缺陷的混凝土剔除至坚实部位，并打磨剔除部位外延各100mm范围内混凝土表层的附着物，清理干净后充分润湿；

2）水泥基渗透结晶型防水材料与水按1：0.4左右比例混合，搅拌成均匀的浆料，涂刷于剔凿部位；

3）C30混凝土内掺5％水泥用量的水泥基渗透结晶型防水材料，混合、搅拌成防渗混凝土，将剔凿部位填满、压实；

4）在其表面及周边涂刷水泥基渗透结晶型防水涂料和养护方法与钢筋头部位的处理相同。

7.5.2 面层整体防水处理

细部构造与薄弱部位处理完成后，对整体渗漏区域结构混凝土的表面清理至露出坚实的混凝土结构基面，洒水湿润、湿透，再用半硬棕刷涂刷水泥基渗透结晶型防水涂料2～3遍，涂层总厚度不应小于1mm，材料用量应不少于1.5kg/m²。待涂层表面开始发白时，采用喷雾器喷雾状水养护，使其始终保持潮湿状态；24h后可喷洒水养护，养护时间不应少于72h。

7.5.3 质量要求

1）防水基层应坚实、干净、湿润。

2）防水层与基层应粘结牢固，不空鼓、不开裂；厚度及材料用量应符合方案要求和相关规范规定。

3）治理后的地下工程不应有渗漏现象。

7.6 地下渗漏工程结构外围注浆施工技术

渗漏地下工程结构外围注浆，是指在采用配套钻头，打穿结构层，采用专用灌浆设备，将注浆材料注入孔内挤到结构外层，在结构外围形成防水帷幕，从迎水面拦截渗水渠道的施工技术。

7.6.1　非固化橡胶沥青注浆技术

当地下工程采用的卷材外防水层失效而导致渗漏时，可选用非固化橡胶沥青注浆料灌注至混凝土结构的外表面，非固化橡胶沥青注浆料在结构层外表面形成整体不窜水的帷幕防水构造。

1）非固化橡胶沥青注浆材料详见本书2.7。

2）施工技术：

（1）施工人员应经过专业培训，能准确掌握钻孔深度。钻头既要穿透结构层，又尽量不破坏原有的防水层。

（2）非固化橡胶沥青注浆材料灌注采用配套专用设备，注浆前非固化橡胶沥青注浆材料加热温度应符合材料说明书要求。

（3）注浆应反复多次完成，直至注浆饱满。

（4）注浆完成后，将注浆孔口清理干净，并用刚性速凝型材料封堵严实。

（5）结构背水面渗漏部位及薄弱部位进行堵漏、防水和加强处理，施工做法见本章相应内容。

7.6.2　丙烯酸盐注浆技术

当地下工程原外防水层失效时，也可选用丙烯酸盐作注浆材料灌注至结构混凝土外侧土层中，注浆材料渗透进入土层中与泥土混合形成不透水的凝胶体，凝胶体与原防水层紧密粘结在一起，形成防水帷幕（见图7.6-1）。

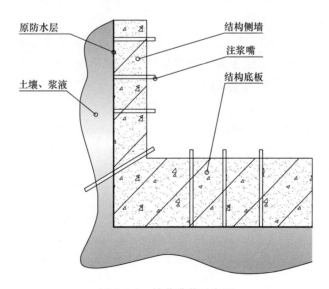

图7.6-1　帷幕灌浆示意图

施工技术：

1）施工人员应经过专业培训，能准确掌握钻孔深度和丙烯酸盐材料注浆技术。

2）注浆应反复多次完成，直至注浆饱满。

3）注浆完成后，将注浆针头切除，并用速凝型刚性堵漏材料封闭严密。

4）结构背水面渗漏部位及薄弱部位进行堵漏、防水和加强处理，施工做法见本章7.5.2的相关叙述。

7.7 室外治理方法

7.7.1 适用条件

地下工程渗漏治理，室外具备施工条件，又能起到有效治理作用时应优先考虑室外治理的方案。如地下工程防水设防高度不够的修补、卷材防水层出地坪收头钉压不牢与密封不严的修复应在室外治理；埋置不深的穿外墙管洞渗漏及半地下室外墙渗漏，宜在迎水面治理。

7.7.2 材料选用

1）应优先选用与原防水层材料相同的防水材料，选用其他防水材料时，应与原防水层材料具有相容性。

2）修补沥青基类防水层，宜选用无溶剂的改性沥青涂料、非固化橡胶沥青涂料，新旧防水层的防水材料之间材性相容，且施工简便。

7.7.3 施工技术

1）降、排水：地下工程渗漏治理室外施工，需要降、排水时，首先进行降水和排水，降水深度应不低于需防水施工部位 500mm。

2）挖土方：挖土方前对需施工部位进行勘查了解，对树木花草做好移栽，对地下管线进行标注。施工时应用人工挖土或小型机械挖土，避免损坏原防水层和损坏地下管线、市政设施，沟槽应合理放坡和安全支护，防止塌方。

3）清理修补部位的防水基面，擦净泥土，切除起鼓、破损的防水层。

4）涂料防水层应采用多遍涂刷的方法施工，并应夹铺胎体增强材料；卷材防水层应涂刷基层处理剂。工艺要求应符合涂料、卷材施工相关要求，修补范围应大于破损范围，从破损点边缘处外延不应小于 150mm。

7.7.4 保护层

室外防水维修施工完成后，防水层需作保护层，保护层的材料及施工做法宜同原设计。

7.7.5 回填土

1）室外挖开的沟槽、基坑回填前，不得有积水、污泥。

2）回填土的选用及施工做法应符合原设计要求。

7.7.6 质量要求

1）选用的防水材料应符合设计要求与相关规范规定。

2）防水层与基层应满粘，新做防水层与原防水层搭接应粘结牢固，封闭严密，不得张口、翘边。

3）防水层厚度不得低于设计要求与相关规范规定。

4）在防水材料合理使用期限和工程在正常使用条件下，渗漏治理部位不得出现渗漏现象。

8 工程案例

8.1 双防双排双保温屋面系统施工技术

8.1.1 工程概况

丽景盛园项目位于河北省唐山市曹妃甸区，由盛维房地产开发有限公司开发建设。项目为经典欧式建筑风格，由 20 栋楼宇及 2000m 沿街商铺组成，占地面积 200 多亩，总建筑面积约为 42 万 m^2，3000 余户，建成后将成为曹妃甸区高级欧式观景住宅社区（图 8.1-1）。屋面防水设防等级为 I 级，原设计采用传统防水屋面构造，经优化设计，改为唐山德生防水股份有限公司双防双排双保温屋面系统。

8.1.2 防水方案

1. 防水构造

优化设计后的屋面采用双防双排双保温系统，系统构造见图 8.1-2～图 8.1-4 所示。

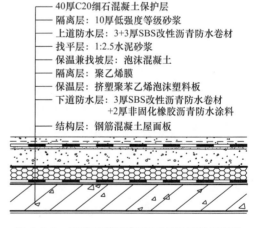

- 40厚C20细石混凝土保护层
- 隔离层：10厚低强度等级砂浆
- 上道防水层：3+3厚SBS改性沥青防水卷材
- 找平层：1:2.5水泥砂浆
- 保温兼找坡层：泡沫混凝土
- 隔离层：聚乙烯膜
- 保温层：挤塑聚苯乙烯泡沫塑料板
- 下道防水层：3厚SBS改性沥青防水卷材 +2厚非固化橡胶沥青防水涂料
- 结构层：钢筋混凝土屋面板

图 8.1-1　丽景盛园外貌　　　　　图 8.1-2　双防双排双保温屋面系统构造层次

2. 构造特点

双防双排双保温屋面系统在防水构造上采用双道设防设计理念，集正置式、倒置式屋面防水构造优点于一身。

1）第一道防水层是由非固化橡胶沥青防水涂料和防水卷材组成的复合防水层，非外露使用能达到永久性防水效果；非固化橡胶沥青涂料防水层直接设置在屋面结构板上，该涂料优异的自愈性和蠕变性，能够充分填补屋面板裂缝和毛细孔道，并与基面粘结良好，使复合防水层在使用过程中不会产生窜水现象。

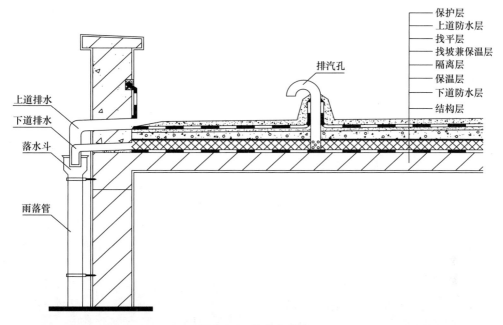

上道排水
下道排水
落水斗
雨落管

排汽孔

保护层
上道防水层
找平层
找坡兼保温层
隔离层
保温层
下道防水层
结构层

图 8.1-3　外排水系统

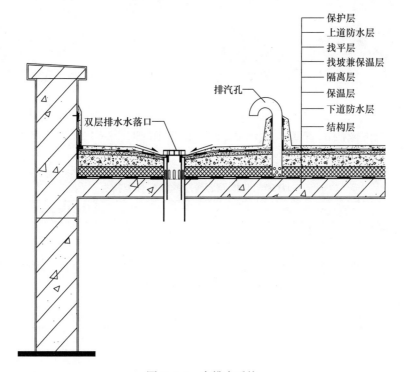

双层排水水落口

排汽孔

保护层
上道防水层
找平层
找坡兼保温层
隔离层
保温层
下道防水层
结构层

图 8.1-4　内排水系统

2）在挤塑聚苯乙烯泡沫保温板上再施工一层现浇泡沫混凝土找坡兼保温层，从而构成双层保温，效果更佳，可以有效避免顶层住宅冬冷夏热的问题。

3）两套排水系统中的第一套排水系统将上道防水层上的雨水通过水落口直接排入水落管，第二套排水系统将施工过程中保温层内残留的水分通过泄水管排出，使整个屋面构造层中保持干燥状态。

3. 主要防水材料介绍

1) DSLA 弹性体（SBS）改性沥青自粘防水卷材

以聚酯毡为胎基，以苯乙烯—丁二烯—苯乙烯嵌段共聚物（SBS）热塑性弹性体为改性剂，上表面覆以聚乙烯膜、细砂、矿物粒料下表面涂布自粘胶并覆以隔离膜制成的防水卷材。该卷材执行《弹性体改性沥青防水卷材》GB 18242—2008，其性能指标应符合本书表 2.1-1 的要求。

2) DSTD 非固化橡胶沥青防水涂料

DSTD 非固化橡胶沥青防水涂料的主要成分为优质石油沥青，辅以各种功能高分子改性剂及添加剂，经过特殊生产工艺制成的。该产品经热熔后涂布于混凝土表面，能快速形成非固化防水涂层，具有优良的蠕变性、自愈性、防窜水以及耐老化等综合性能。该涂料可与改性沥青卷材共同组成复合防水层（图 8.1-5、图 8.1-6），具有优良的防水功能。

图 8.1-5　涂层不固化

图 8.1-6　涂层与卷材复合使用

DSTD 非固化橡胶沥青防水涂料执行标准 Q/RDSC 08—2013，其性能指标应符合表 8.1-1 的要求。

DSTD 非固化橡胶沥青防水涂料性能指标　　　　　　　　　　表 8.1-1

序号	项目		技术指标
1	固含量（%）≥		98
2	粘结性能	干燥基面	100%内聚破坏（与基层或粘结面无剥落）
		潮湿基面	
3	延伸性（mm）≥		15
4	低温柔性（℃）		−25，无裂纹
5	耐热性（℃）		70
			无滑动、流淌、滴落
6	热老化 70℃×168h	延伸性（mm）≥	15
		低温柔性（℃）	−20，无裂纹
7	耐酸性	外观	无变化
		延伸性（mm）≥	15
		质量变化（%）	±2.0

序号	项目		技术指标
8	耐碱性	外观	无变化
		延伸性（mm）≥	15
		质量变化（%）	±2.0
9	耐盐性	外观	无变化
		延伸性（mm）≥	15
		质量变化（%）	±2.0
10	自愈性		无渗水
11	渗油性（张）≤		2
12	剪切状态下的蠕变性能（N/mm）	标准条件	0.1～1.0
		热老化	0.1～1.0
13	抗窜水性能（0.6MPa）		无窜水

8.1.3 施工技术

1. 施工准备

进场前的施工准备是施工管理的重要环节，准备工作的完善与否直接关系到工程施工能否顺利展开，为避免施工管理中的盲目性、随意性，确保高速、优质、安全、低耗、圆满地完成施工任务，我公司根据工程实际情况，做好施工前的人员、材料、技术等各项准备工作，做到科学组织，合理安排，计划在先。

1）材料准备

根据工程量按表8.1-2准备材料和配件。

材料和配件名称、规格及用途　　　　表8.1-2

序号	名称	规格		单位	用途
1	DSLA弹性体（SBS）改性沥青自粘防水卷材	3.0mm厚、1000mm宽		m²	防水主材
2	非固化橡胶沥青防水涂料	—		kg	防水主材
3	基层处理剂	—		kg	防水辅材
4	卷材收口压条	—		m	卷材收口固定
5	砖墙用膨胀螺钉（砼墙用钢钉）	—		个	卷材收口固定
6	收口密封材料（改性沥青粘结料或中性硅酮耐候密封胶）	—		—	收口密封
7	胶带	—		m²	隔离层粘结
8	不锈钢排汽管（加弯头）	管径75mm		m	排汽
9	双层排水直式水落口（包括水落口顶盖、水落口本体构件）	—		个	排水
10	双层排水横式水落口（包括排水口、泄水口构件）	—		个	排水
11	挤塑聚苯乙烯泡沫塑料板			块	保温层
12	普通硅酸盐水泥	≥32.5		kg	制备泡沫混凝土
13	发泡剂	—		kg	制备泡沫混凝土

2）机具准备

主要施工机具、设备见表 8.1-3。

施工机具及用途 表 8.1-3

序号	工具或设备名称	用途
1	平铲	清理基层
2	笤帚	清理基层
3	墨斗	弹线标识
4	滚刷	涂刷基层处理剂
5	裁纸刀	裁剪卷材
6	剪刀	裁剪卷材
7	非固化橡胶沥青涂料专用设备	热熔非固化
8	橡胶刮板	刮涂非固化
9	毛刷	刷涂非固化
10	长柄压辊	辊压卷材
11	钻墙孔用电钻（砼墙用射钉枪）	固定压条
12	制备现浇泡沫混凝土机具	泡沫混凝土找坡层施工

2. 防水层基面要求

1）下道防水层基面为混凝土面，要求平整、坚实、洁净、干燥，不得有浮浆、凹凸不平等缺陷。

2）上道防水层基面为水泥砂浆找平层，要求平整、坚实、洁净、干燥，不得有起砂、起皮、裂纹、凹凸不平等缺陷。

3）基层阴角处宜抹成半径≥50mm 的圆弧或 45°坡角，阳角宜抹成半径约 20mm 的圆弧。

4）出屋面管道、双层排水直式水落口、排汽管、设备支架等应提前安装牢固。

5）泡沫混凝土找坡层基面应清理干净，不得有油污、浮尘和积水。

3. 防水层、找坡层施工环境条件

1）严禁在雨天、雪天、五级风及其以上施工。

2）非固化橡胶沥青防水涂料施工环境温度不宜低于−10℃；找坡层施工环境温度及基层表面温度宜为 5～35℃，当室外日平均气温连续 5 天低于 5℃时，现浇泡沫混凝土不得施工；当环境温度达到 35℃以上时，现浇泡沫混凝土不宜施工。

4. 工艺流程

基面验收→基面清理→安装双层排水直式/横式水落口→下道防水层施工→聚苯乙烯泡沫塑料板保温层施工→隔离层施工→泡沫混凝土找坡层施工→找平层施工→上道防水层施工→细部处理→质量验收。

5. 施工要点

1）基面验收

钢筋混凝土屋面板基面验收应达到上述基面条件要求，若不符合基面条件要求，需将其进行处理合格后，再按顺序进行各道工序的施工。

2）基面清理

防水施工前若钢筋混凝土屋面板基层表面有垃圾、泥沙等杂物，应用笤帚清扫干净。

3）安装双层排水直式/横式水落口

根据屋面原设计预留直式/横式水落口的规格，合理调整尺寸、位置并定制直式/横式水落口用双层排水管道等构件，详见细部处理。

4）下道防水层施工要点

（1）涂刷基层处理剂

将基层处理剂均匀地涂刷在防水基面上，涂刷时要均匀，不得有空白、麻点，遵循先立面后平面、先远后近的原则，基层处理剂干燥后应及时进行下道工序的施工。

（2）弹线定位

根据屋面防水层收头高度、细部构造尺寸以及卷材搭接宽度等弹基准线，该基准线作为卷材铺设的控制依据。

（3）附加层施工

在阴阳角、伸出屋面管道、水落口等部位采用 SBS 改性沥青自粘卷材作为附加层，且平面和立面的宽度均不应小于 250mm。

（4）非固化橡胶沥青涂料施工

将采用专用设备热熔的非固化橡胶沥青涂料均匀地刮涂在基面上，以"分区定量"的原则，非固化橡胶沥青涂层厚度不应小于 2mm，用料量不应少于 $2.6kg/m^2$。

（5）铺贴 SBS 改性沥青自粘卷材

SBS 改性沥青自粘卷材铺贴应与非固化橡胶沥青涂料施工同步进行，施工时，因卷材存在应力，在卷材铺设前 15min，将卷材开卷、平铺，以便于卷材应力得到释放。先对 SBS 改性沥青自粘卷材进行试铺，卷材长短边搭接宽度为 100mm，确保卷材在整个屋面铺设顺直。

将卷起的 SBS 改性沥青自粘卷材下表面的隔离膜揭掉，并展开铺贴在已施工完成的非固化橡胶沥青涂层上，在卷材展开的同时用压辊由卷材中间向两边滚压卷材，粘结牢固。搭接边单独采用热熔法施工，火焰加热器的喷嘴距卷材面的距离以 300mm 为宜，卷材接缝部位加热应均匀，热熔后应及时粘合，搭接处以溢出热熔的改性沥青胶为度，溢出的改性沥青胶宽度宜为 8mm，并宜均匀、顺直，相邻两幅卷材短边搭接缝错开不应小于 500mm。

5）挤塑聚苯乙烯泡沫塑料板保温层施工

（1）挤塑聚苯乙烯泡沫塑料板保温层施工前卷材表面应干燥、干净，不得有其他杂物。

（2）挤塑聚苯乙烯泡沫塑料板应紧靠在卷材表面上，并应铺平垫稳。

（3）挤塑聚苯乙烯泡沫塑料板相邻板块应错缝拼接，双层铺设的板材上下层接缝应相互错开，拼缝应紧密贴严，板间缝隙应采用同类材料填充密实（图 8.1-7）。

（4）在挤塑聚苯乙烯泡沫塑料板底部开始设置排汽管，按照纵横间距宜为 6m、屋面面积宜 $36m^2$ 设置一个，预留设置好排汽管道位置。排汽管采用不锈钢材质，底部设置在第一道防水层上，穿过保温层及找坡层的管壁四周做打孔处理，打孔管壁包裹无纺布（图 8.1-8）。

排汽管道之间的保温板需设置贯通排汽通道，下面八字开槽，做法如图 8.1-9 所示。

图 8.1-7　保温板安装

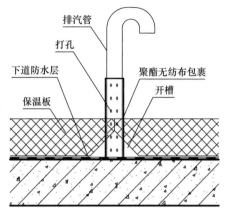
图 8.1-8　排汽管安装示意图

图 8.1-9　排汽通道

（图8.1-8标注文字：排汽管、打孔、下道防水层、保温板、聚酯无纺布包裹、开槽）

6）隔离层施工

聚苯乙烯泡沫塑料板保温层表面清理洁净后，铺设聚乙烯膜隔离层，搭接宽度不应小于100mm，在搭接部位采用双面自粘胶带进行粘结密封处理。

7）泡沫混凝土找坡层施工

根据屋面设计图纸要求，向双层排水直式/横式水落口方向进行分区找坡，坡度宜为2%。泡沫混凝土最薄处厚度为80mm，干密度宜为450～500kg/m³。厚度大于100mm时，应分层浇筑，下层容重宜为350kg/m³，上层容重宜为450～500kg/m³。

8）找平层施工

泡沫混凝土找坡层施工完毕后，在其表面铺抹一层20mm的1∶2.5水泥砂浆找平层作为上道防水层施工的基层。找平层应留设分格缝，缝宽宜为10～20mm。缝内嵌填柔性密封材料，缝上用自粘聚合物改性沥青卷材做200mm宽附加层。

9）上道防水层施工

（1）施工时，因卷材存在应力，在卷材铺设前15min将卷材开卷、平铺，以便于卷材应力得到释放。从屋面坡度最低处向高处平行于屋脊方向铺设卷材，卷材长短边搭接宽度为100mm，确保卷材在整个屋面铺设顺直。为防止卷材长边与短边三面搭接处的厚度过大，应对第二层卷材进行裁角处理，即沿着搭接的直角裁剪成两边100mm的等腰三角形（图8.1-10、图8.1-11）。

图 8.1-10　裁角处理

图 8.1-11　裁角后覆盖搭接

（2）火焰加热器的喷嘴距卷材面的距离以 300mm 为宜，幅宽内加热应均匀，应以卷材表面熔融至光亮黑色为度，不得过分加热卷材（卷材在整个热熔过程中，操作人员均以倒退方式施工）。如图 8.1-12 所示。

（3）卷材搭接边单独采用火焰加热器进行热熔处理，搭接缝部位宜以溢出热熔的改性沥青胶为度，溢出的改性沥青胶宽度宜为 8mm，并宜均匀、顺直。

（4）同一层相邻两幅卷材短边搭接缝错开不应小于 500mm；上下层卷材长边搭接缝应错开 1/3～1/2 幅宽。

（5）三面阴阳角部位加强处理（图 8.1-13）。

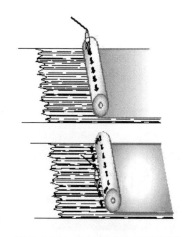 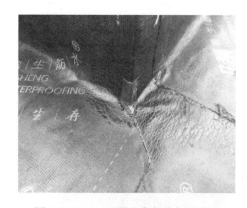

图 8.1-12　卷材热熔施工示意图　　　图 8.1-13　三面阴阳角部位加强处理

10）细部处理

（1）伸出屋面管道防水构造

伸出屋面管道的防水附加层为 SBS 改性沥青卷材，平面和立面的宽度均不应小于 250mm。收口部位应用金属卡箍固定，并用密封材料封严（图 8.1-14）。

（2）排汽管防水构造

在聚苯乙烯泡沫塑料保温板及泡沫混凝土中宜设置排汽管，下部打孔透汽，如图 8.1-15 和图 8.1-16 所示。

（3）女儿墙防水构造

下道防水层收口应高于发泡混凝土 250mm，并用密封材料封闭严密。上道防水层收口应高于找平层至少 300mm，并用专用收口压条钉压固定、密封材料封严（图 8.1-17）。

（4）双层排水直式水落口防水构造

德生专利技术的"双层排水直式水落口"包括导流罩和直式水落口本体，直式水落口本体包括排水长管、排水短管、水落口下层边翼，为一个整体，侧壁上布置渗水孔。双层排水直式水落口的防水构造见图 8.1-18，水落口采用铸铁材质制成并进行除锈防腐处理，防水端头均做密封处理。双层排水直式水落口构造如图 8.1-19 和图 8.1-20 所示。屋面设计采用内置式排水时，提前安装在原结构屋面板上。

导流罩顶盖直径为 166mm，底盖外径为 206mm，厚度均为 4mm，导流罩整体内壁高度为 30mm。

水落口本体下层边翼宽度为 100mm，厚度 4mm；边翼以上高度为 150mm，渗水孔高

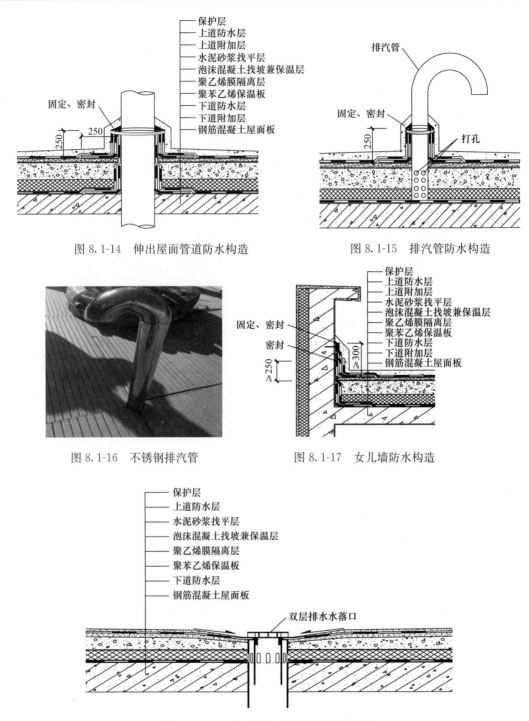

图 8.1-14 伸出屋面管道防水构造

图 8.1-15 排汽管防水构造

图 8.1-16 不锈钢排汽管

图 8.1-17 女儿墙防水构造

图 8.1-18 双层排水直式水落口防水构造

度为 64mm，与挤塑聚苯乙烯泡沫塑料保温板连通，壁厚 4.5mm；排水短管内径为 106mm，壁厚 4.5mm，高度为 300mm，排水长管外径为 165mm，壁厚 4.5mm，高度为 300mm，短管与长管上部用相应尺寸圆环焊接形成整体。具体尺寸参数如图 8.1-21 和图 8.1-22 所示。

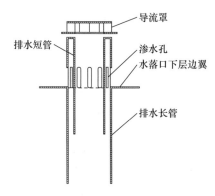

图 8.1-19 双层排水直式水落口构造　图 8.1-20 双层排水直式水落口构造及成品图

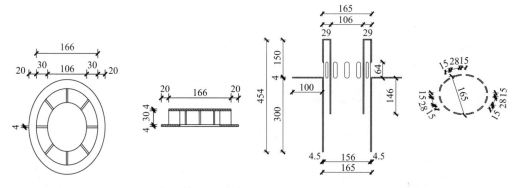

图 8.1-21 导流罩尺寸示意图　　　　图 8.1-22 水落口本体示意图

（5）双层排水横式水落口防水构造

将原屋面横式水落口进行封堵，重新剔凿出卷材表面外排水横式水落口及保温内泄水孔水落口（图 8.1-23）。

① 下道排水采用直径为 70mm、壁厚 2.0mm 的不锈钢管，与挤塑聚苯乙烯泡沫塑料保温板连通，以 1‰ 的坡度向外穿出女儿墙和外墙保温层，横式水落口放置在外墙雨水斗中（图 8.1-24～图 8.1-28）。

图 8.1-23 重新剔凿横式水落口孔洞

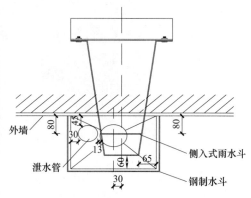

图 8.1-24 横式水落口构造

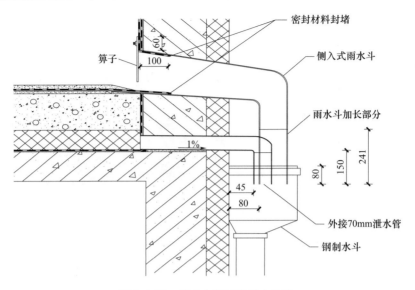

图 8.1-25　横式水落口防排水构造

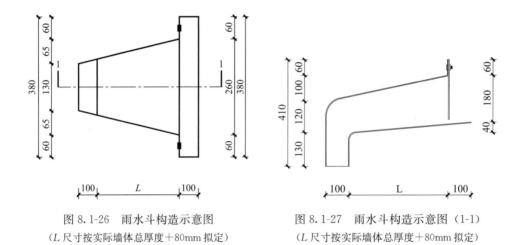

图 8.1-26　雨水斗构造示意图
（L 尺寸按实际墙体总厚度＋80mm 拟定）

图 8.1-27　雨水斗构造示意图（1-1）
（L 尺寸按实际墙体总厚度＋80mm 拟定）

图 8.1-28　双层排水横式水落口安装后成品图

　　② 上道排水采用钢制侧入式雨水斗，坡度向外穿出女儿墙和外墙保温层，排水口放置在外墙雨水斗中；侧入式雨水斗采用 3mm 厚 Q235A 钢板焊制，雨水箅子用 5mm 厚 Q235A 钢板制作；钢制水斗及连接管采用 3mm 厚 Q235A 钢板焊制，制作完后，先刷防

锈漆两遍，再刷面漆两遍。面漆种类及颜色由工程设计选定。

8.1.4 注意事项

1. SBS 改性沥青自粘卷材运输、贮存注意事项

1）不同类型、规格的产品应分别堆放，不应混杂；

2）避免日晒雨淋，注意通风；

3）贮存温度不应高于 50℃；

4）立放贮存只能单层，运输过程中立放不超过两层；

5）运输时防止倾斜或横压，必要时加盖苫布；

6）在正常贮存、运输条件下，产品贮存期自生产之日起为一年。

2. 非固化橡胶沥青防水涂料运输、贮存注意事项

1）不同类型的产品应分别存放、不应混杂。

2）禁止接近火源，避免日晒雨淋，防止碰撞，注意通风，贮存温度不宜超过 40℃。

3）在正常运输、贮存条件下，产品贮存期自生产之日起为一年。

3. SBS 改性沥青防水卷材施工注意事项

1）施工时，因卷材存在应力，在卷材铺设前 15min 将卷材开卷、平铺以便于卷材应力得到释放。

2）卷材搭接边单独采用火焰加热器进行热熔处理，火焰加热器的喷嘴距卷材面的距离应适中，幅宽内加热应均匀，以卷材表面熔融至光亮黑色为度，不得过分加热卷材。

3）卷材搭接边热熔溢出改性沥青胶宽度以 8mm 左右为宜，搭接边禁止采用热熔刮压方法进行封边处理。

4）卷材在阴阳角、转角等部位铺贴时，保证相邻卷材松紧度一致，以免搭接边撕裂，造成漏水隐患。

5）严禁在卷材防水层上进行任何裁剪工作，如必须在卷材防水层上裁剪，应在卷材防水层上铺垫木模板，以免破坏卷材防水层。

6）工程竣工验收后保护层施工前，应有专人负责维护管理，严禁验收后破坏防水层。

4. 非固化橡胶沥青防水涂料施工注意事项

1）非固化橡胶沥青防水涂料加热温度不得超过 170℃，当温度超过 170℃时，该材料容易碳化变质和引发火灾，温度太低不利于施工。非固化橡胶沥青防水涂料涂层厚度以 2.0mm 厚为宜，每平方米用料量不应少于 2.6kg。

2）防水基面清理干净后再涂刷基层处理剂，待其充分干燥后才能进行非固化橡胶沥青涂料施工，严禁在基面上直接进行刮涂施工。

3）施工时应一次性刮涂或喷涂达到设计厚度，卷材及搭接部位需用压辊压实，以提高粘结质量。

4）现场施工注意安全，避免非固化橡胶沥青涂料烫伤等安全隐患。

5）大面卷材铺设应平整顺直，搭接边溢出改性沥青胶宽度应均匀（图 8.1-29、图 8.1-30）。

图 8.1-29 防水层大面铺设效果

图 8.1-30 搭接边溢出改性沥青胶效果

8.1.5 工程质量要求

1. 防水层质量要求

1）防水层所用防水材料及其配套材料的质量，应符合设计要求。

2）防水层不得有渗漏和积水现象。

3）防水层在泄水口、水落口、泛水、伸出屋面管道、女儿墙等细部的防水构造，应符合设计要求。

4）卷材与涂料应粘结良好，不得有空鼓和分层现象。

5）卷材的搭接缝应热熔粘结牢固，密封严密，不得有扭曲、褶皱和翘边等现象。

6）卷材的收头应与基层粘结，并用专用收口压条钉压固定，密封材料封闭严密。

7）卷材搭接宽度的最大允许偏差为－10mm。

8）防水层的总厚度应符合设计要求。

2. 板状材料保温层质量要求

1）板状保温材料的质量，应符合设计要求。

2）板状材料保温层的厚度应符合设计要求，负偏差不应大于5％，且不得大于4mm。

3）屋面热桥部位处理应符合设计要求。

4）板状保温材料铺设应紧贴基层，铺平垫稳，拼缝严密。

5）板状材料保温层表面平整度的允许偏差为5mm。

6）板状材料保温层接缝高低差的允许偏差为2mm。

3. 现浇泡沫混凝土找坡层质量要求

1）现浇泡沫混凝土所用原材料的质量及配合比，应符合设计要求。

2）现浇泡沫混凝土找坡层的厚度应符合设计要求，其正负偏差应为5％，且不得大于5mm。

3）屋面热桥部位处理应符合设计要求。

4）现浇泡沫混凝土应分层施工，粘结应牢固，表面应平整，找坡应正确。

5）现浇泡沫混凝土不得有贯通性裂缝及疏松、起砂、起皮现象。

6）现浇泡沫混凝土找坡层表面平整度的允许偏差为5mm。

8.1.6 应用效果

唐山市曹妃甸区丽景盛园项目屋面防水工程 $5000m^2$，采用双防双排双保温屋面系统技术，于2015年施工完成，经3年雨、雪循环检验，至今未出现质量问题，得到建设单位和用户的一致好评。

8.2 柯瑞普系统复合防水施工技术

8.2.1 工程概况

西山艺境（傲山湾）是由世界500强中国电建集团的电建地产和国内最具开发实力的企业之一金地集团联袂开发，项目集二者强大的资源优势、信用平台、专业化与物业服务，共进西山，共同打造的国际化别墅区。项目位于北京门头沟区阜石路双峪路口西800m路南，占地面积29万m²，总建筑面积40万m²。别墅屋面设计为屋顶花园，屋面防水工程量约12万m²。

8.2.2 防水设计方案

设计防水等级为一级，选用种植屋面柯瑞普复合防水系统，即KS-520蠕变型橡胶沥青防水涂料和CKS高聚物改性沥青耐根穿刺防水卷材。

8.2.3 材料选择

普通屋面柯瑞普系统由KS-520蠕变型橡胶沥青防水涂料和APF-3000压敏反应型自粘高分子防水卷材复合组成（图8.2-1）。

种植屋面柯瑞普系统由KS-520蠕变型橡胶沥青防水涂料和CKS高聚物改性沥青耐根穿刺卷材复合组成（图8.2-2）。

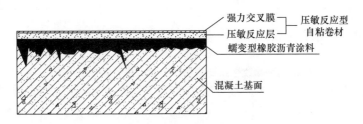

图 8.2-1 普通屋面柯瑞普系统

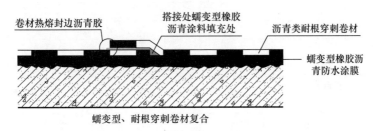

图 8.2-2 种植屋面柯瑞普系统

KS-520蠕变型橡胶沥青防水涂料的性能指标应符合表8.2-1的要求。

APF-3000压敏反应型高分子防水卷材的性能指标应符合本书表2.2-1的要求。

KS-520 蠕变型橡胶沥青防水涂料的性能指标 表 8.2-1

序号	项目		技术指标
1	闪点（℃）≥		200
2	固含量（%）≥		98
3	粘结性能	干燥基面	100%内聚破坏
		潮湿基面	
4	延伸性（mm）≥		15
5	低温柔性		−20℃，无断裂
6	耐热性（℃）		80℃，2h无滑动、流淌、滴落
7	热老化（70℃，168h）	延伸性（mm）≥	15
		低温柔性	−15℃，无裂纹
8	耐酸性	外观	无变化
		延伸性（mm）≥	15
		质量变化（%）	±2.0
9	耐碱性	外观	无变化
		延伸性（mm）≥	15
		质量变化（%）	±2.0
10	耐盐性	外观	无变化
		延伸性（mm）≥	15
		质量变化（%）	±2.0
11	自愈性		无渗水
12	渗油性（张）≤		2
13	应力松弛（%）≤	无处理	35
		热老化（70℃，168h）	
14	抗窜水性（0.6MPa）		无窜水

CKS 高聚物改性沥青耐根穿刺防水卷材的性能指标应符合表 8.2-2 的要求。

CKS 高聚物改性沥青耐根穿刺防水卷材的性能指标 表 8.2-2

序号	项目		技术指标		
			聚酯胎（PY）	铜箔胎（Cu）	复合铜胎（Cu-PY）
1	可溶物含量（g/m²）	4.0mm	≥2900		
		5.0mm	≥3500		
2	耐热性	℃	105		
		≤mm	2		
		试验现象	无流淌、滴落		
3	低温柔性（℃）		−25，无裂纹		
4	不透水性 30min		0.3MPa		
5	拉力	最大峰拉力（N/50mm）≥	800		
		试验现象	拉伸过程中，试件中部无沥青涂盖层开裂或与胎基分离现象		
6	最大拉力时延伸率（%）≥		40	—	
7	浸水后质量增加（%）		1.0		

续表

序号	项目		技术指标		
			聚酯胎（PY）	铜箔胎（Cu）	复合铜胎（Cu-PY）
8	热老化	拉力保持率（%）≥	90		
		延伸率保持率（%）≥	80	—	
		低温柔性	−20		
		尺寸变化率（%）≤	0.7	—	
		质量损失率（%）≤	1.0		
9	渗油性（张）≤		2		
10	接缝剥离强度（N/mm）≥		1.5		
11	矿物粒料粘附性≤		2.0		
12	卷材下表面沥青涂盖层厚度（mm）≥		1.0		
13	人工气候加速老化	外观	无滑动、流淌、滴落		
		拉力保持率（%）≥	80		
		低温柔性（℃）	−20		
14	耐根穿刺性能		通过		
15	耐霉菌腐蚀性	防霉等级	0级或1级		
		拉力保持率（%）≥	80		
16	尺寸变化率（%）≤		1.0		

8.2.4　系统特点

该系统无论干燥基面还是潮湿基面均可正常直接施工，全面解决施工环境导致传统防水材料粘结能力差的问题。

该系统可全面防止结构沉降变形导致的防水层开裂问题：

施工前，该系统可自动填补修复原有基层微裂缝，提高施工效率。

施工后，该系统可自动蠕变修复新增基层裂缝。

系统没有内应力，轻易化解防水层随基层变形运动产生的拉伸疲劳破坏，较有效地防止疲劳破坏现象的发生。

在低温的环境下仍可正常进行施工。

8.2.5　防水构造

防水构造　　　　　　　　　　　　　　　　　　　　　　表 8.2-3

防水部位	构造简图	推荐做法
平屋面（Ⅰ级）		1. 面层 2. 保护层 3. 保温层 4. 找坡层 5. 防水层：1.5厚 APF-3000 压敏反应型自粘高分子卷材 6. 防水层：2.0mm 蠕变型橡胶沥青防水涂料 7. 现浇钢筋混凝土板（随捣随抹光）

续表

防水部位	构造简图	推荐做法
种植屋面（Ⅰ级）		1. 种植层 2. 排水层：奇封高密度聚乙烯排水板（带无纺布） 3. 耐根穿刺防水层：4 厚 CKS 高聚物改性沥青耐根穿刺防水卷材（化学根阻） 4. 防水层：2.0mm 蠕变型橡胶沥青防水涂料 5. 找平层 6. 找坡层 7. 现浇钢筋混凝土屋面板

8.2.6 施工技术

1. 施工准备

1）材料准备

主材：KS-520 橡胶沥青防水涂料、防水卷材（APF-3000 压敏反应型高分子防水卷材、CKS 高聚物改性沥青耐根穿刺防水卷材）及配套材料。防水材料须具有出厂合格证及相关资料，在施工前进行见证取样复验，复验合格后方可使用。

2）机具准备

铁锹、扫帚、手锤、钢凿等：用于基层清理，以避免基层因清洁度不够而影响涂料成膜后与基层粘结不牢。

弹线绳、皮尺：用于设定涂料涂刷与卷材铺贴位置，防止防水层施工过程中出现偏差。

喷涂设备、刮板、长柄滚刷等工具：用于涂料的涂布。

壁纸刀、压辊：用于卷材铺贴。

3）人工准备

防水工程必须由专业防水队伍施工，施工一般以 3～4 人为一个小组较为适宜。

2. 工艺流程

基层处理→涂布基层处理剂→弹线→细部节点处理→预铺卷材→卷材回卷→涂布 KS-520 蠕变型橡胶沥青防水涂料→铺贴防水卷材→搭接、收口及细部处理→质量检查、验收。

3. 施工要点

1）基面处理（图 8.2-3～图 8.2-6）

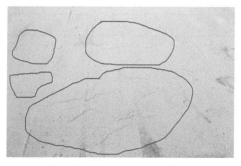

图 8.2-3　基面抛丸处理　　　　　图 8.2-4　抛丸后基面裂缝露出

图 8.2-5　基面处理情况对比

图 8.2-6　抛丸后裂缝修补

（1）清理基面的浮土及杂物，用铁铲铁锤除去基面的尖锐凸起物（如水泥块、铁钉头等）。

（2）阴阳角、管根等节点部位用水泥砂浆抹成圆弧状，一般阴角抹 $R=25mm$、阳角抹 $R=5mm$ 的圆弧。

（3）涂布基层处理剂，基层处理剂要薄而匀，不得有空白、麻点和气泡。

2）细部增强处理

（1）管根处采用一布三涂做法增设涂料附加层（图 8.2-7）。

图 8.2-7　管根附加层

（2）阴阳角采用一布三涂增设涂料附加层（图 8.2-8）。

（3）水落口处采用一布三涂增设涂料附加层（图 8.2-9）。

图 8.2-8　阴角附加层

图 8.2-9　水落口附加层

3）大面涂布（喷涂或刮涂）蠕变型橡胶沥青防水涂料。喷涂施工时，喷涂压力和喷枪往复摆动的频率要固定，从而有效控制涂层厚度。涂料连续涂布至设计厚度，涂层涂布应均匀。边喷涂蠕变型橡胶沥青防水涂料于基面上，边在涂层表面粘贴防水卷材（图 8.2-10、图 8.2-11），从而形成复合防水层。

4）蠕变型橡胶沥青防水涂料涂布后随即进行铺贴卷材施工，以保证施工最佳质量。卷材搭接处用蠕变型橡胶沥青防水涂料填充后，必须用热熔法进行封边处理，对三层卷材搭接处的 T 形搭接缝中的第二层卷材做裁角处理（图 8.2-12、图 8.2-13）。卷材横、纵向搭接宽度均不应小于80mm。耐根穿刺卷材的搭接缝部位，应用热熔法进行粘结密封处理。

图 8.2-10　喷涂蠕变型橡胶沥青涂料

图 8.2-11　粘贴防水卷材

图 8.2-12　热熔法封边处理

图 8.2-13　对第二层卷材进行裁角处理

8.2.7　施工注意事项与质量要求

1）施工前，应对工人进行施工安全教育，加强工人安全意识，以免高温涂料烫伤工人。

2）施工中发现防水层存在破损时，应采取措施及时进行修补：将破损处卷材清理干净，取周边大于破损处100mm的防水卷材粘牢，再用密封膏沿周边封闭严密。

3）蠕变型橡胶沥青防水涂料和耐根穿刺卷材复合时，卷材搭接缝应用蠕变型橡胶沥青防水涂料填充后，必须再用热熔封边并使边沿溢出热熔的改性沥青胶。

4）施工环境温度宜为5～35℃，雨雪天、5级风及其以上天气不得施工。

5）蠕变型橡胶沥青防水涂料与防水卷材复合施工质量应符合设计要求和相关规范的规定。

8.2.8　应用效果

西山艺境（傲山湾）别墅屋顶花园采用 KS-520 蠕变型橡胶沥青防水涂料和 CKS 高聚物改性沥青耐根穿刺防水卷材柯瑞普复合防水系统（图 8.2-14、图 8.2-15），无论干燥基面还是潮湿基面均可直接施工，全面解决施工环境导致传统防水材料粘结能力差的问题。可较好地防止基层变形导致的防水层开裂问题。工程于 2015 年施工完成，至今无渗漏现象，得到相关方面的一致好评。

图 8.2-14 复合防水系统完成后效果（一）　　图 8.2-15 复合防水系统完成后效果（二）

8.3 住邦万晟城市广场屋面复合防水施工技术

8.3.1 工程概况

吉林省德惠市委市政府招商引资的、德惠市重点工程项目——住邦万晟城市广场总建筑面积约 20 万 m²。广场由大型综合性购物中心、情景商业步行街、精品住宅、豪华酒店、星级写字楼以及 SOHO 公寓等建筑组成，集购物、休闲、餐饮、娱乐、居住、商务等多重功能的综合建筑群，该项目对于带动德惠市的城市化进程具有重要作用。

8.3.2 防水方案

1. 原设计方案

屋面（包括地下空间顶板）防水面积约 35000m²，防水等级为 1 级，原设计采用（4＋4）mm 厚 SBS 改性沥青卷材防水设防措施，防水构造为：

1）50mm 厚 C20 细石混凝土保护层，4m×4m 分格，缝宽 20mm，缝内灌细砂。

2）10mm 厚细砂隔离层。

3）（4＋4）mm 厚 SBS 改性沥青卷材防水层，双层错缝铺设。

4）20mm 厚 1∶2.5 水泥砂浆找平层，4m×4m 分格，缝宽 20mm，缝内细砂扫平。

5）1∶10 水泥珍珠岩找坡层最薄处 20mm。

6）B1 级 130mm 厚 EPS 板（60mm＋70mm 双层错缝铺设）。

7）2mm 厚 SBS 改性沥青卷材隔汽层。

8）20mm 厚 1∶2.5 水泥砂浆找平压光。

9）现浇钢筋混凝土屋面板。

2. 优化设计方案

考虑到该项目工程构造特点、使用功能和根据以往类似项目防水设计的经验与教训，我们对原设计防水方案进行了调整，优化后的防水方案为：

1）50mm 厚 C20 细石混凝土保护层，4m×4m 分格，缝宽 20mm，分格缝内灌改性沥青密封胶，上面撒细砂。

2）空铺 200g/m² 聚乙烯丙纶隔离层。

3）4mm 厚 SBS 改性沥青卷材防水层。

4）2mm 厚非固化橡胶沥青防水涂料。

5）30mm 厚 1：2.5 水泥砂浆找平层，4m×4m 分格，缝宽 20mm，缝内细砂扫平。

6）1：10 水泥珍珠岩找坡层最薄处 30mm。

7）B1 级 130mm 厚 EPS 板（60mm＋70mm 双层错缝铺装）。

8）400g/m² 聚乙烯丙纶复合防水卷材湿铺满粘隔汽层。

9）现浇钢筋混凝土屋面板。

原设计与优化设计的防水构造见图 8.3-1。

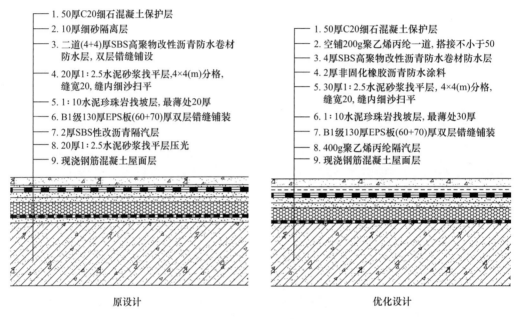

原设计
1. 50厚C20细石混凝土保护层
2. 10厚细砂隔离层
3. 二道(4+4)厚SBS高聚物改性沥青防水卷材防水层，双层错缝铺设
4. 20厚1：2.5水泥砂浆找平层，4×4(m)分格，缝宽20，缝内细沙扫平
5. 1：10水泥珍珠岩拔坡层，最薄处20厚
6. B1级130厚EPS板(60+70)厚双层错缝铺装
7. 2厚SBS性改沥青隔汽层
8. 20厚1：2.5水泥砂浆找平层压光
9. 现浇钢筋混凝土屋面层

优化设计
1. 50厚C20细石混凝土保护层
2. 空铺200g聚乙烯丙纶一道，搭接不小于50
3. 4厚SBS高聚物改性沥青防水卷材防水层
4. 2厚非固化橡胶沥青防水涂料
5. 30厚1：2.5水泥砂浆找平层，4×4(m)分格，缝宽20，缝内细砂扫平
6. 1：10水泥珍珠岩拔坡层，最薄处30厚
7. B1级130厚EPS板(60+70)厚双层错缝铺装
8. 400g聚乙烯丙纶隔汽层
9. 现浇钢筋混凝土屋面层

图 8.3-1　防水构造示意图

3. 优化设计方案的特点

1）50mm 厚 C20 细石混凝土保护层中的 20mm 宽分格缝内，原设计采用细砂填充，细砂不防水，吸雨、雪水造成冻胀，影响保护层质量和保护功能；优化设计为分格缝内灌填热熔改性沥青防水密封材料，热熔改性沥青防水密封材料有良好的密封、抗伸缩、抗冻融等特性，有利于屋面排水，减少屋面渗漏因素。

2）50mm 厚 C20 细石混凝土保护层与女儿墙、高跨墙、通风管道及穿过屋面管道结合部位，增设 40mm 厚 XPS 挤塑聚苯板作缓冲层，并用非固化橡胶沥青防水涂料粘贴固定。避免上述部位防水卷材易被混凝土热胀冷缩挤压切断问题的发生，同时便于工程在投入使用后节点部位的维修。

3）原设计卷材防水层上的隔离层为 10mm 厚细砂，细砂隔离层很难保证防水层不被破坏，厚度也难保证。优化设计为空铺一道 200g/m² 聚乙烯丙纶防水卷材隔离层，该隔离层有 3 个明显的作用：

（1）有效的保证混凝土保护层收缩断裂时和卷材防水层之间的滑移；

（2）对 SBS 改性沥青卷材防水层起到很好的保护作用，避免保护层施工时对防水层的损坏；

（3）卷材搭接宽度不小于50mm，搭接处用聚乙烯丙纶专用胶结料粘结，整体隔离层具有一定的防水功能，有利于提高屋面整体防水工程质量。

4）原设计屋面防水层为（4+4）mm厚SBS改性沥青卷材，易出现防水层窜水现象，不便于维修。优化设计为2mm厚非固化橡胶沥青防水涂料加4mm厚SBS改性沥青卷材复合防水做法。非固化橡胶沥青防水涂料能封闭基层裂缝和毛细孔，能适应复杂的施工作业面；长期不固化，始终保持黏稠胶状的特性，自愈能力强、碰触即粘、难以剥离，可与任何异物粘结。非固化橡胶沥青防水涂料与SBS改性沥青防水卷材复合防水构造，避免防水层出现窜水现象，卷材防水层也不易空鼓，增加了防水层的可靠性。

5）原设计屋面隔汽层为2mm厚SBS改性沥青防水卷材，因施工工期正好赶在雨季，阴雨天施工势必会延缓工程进度。优化设计将SBS改性沥青防水卷材隔汽层调整为采用$400g/m^2$聚乙烯丙纶防水卷材湿铺满粘施工。聚乙烯丙纶复合防水卷材在基面没有明水的情况下便可施工，能和基面紧密结合，起到隔汽和防水的效果，施工速度快，对环境无污染，降低了成本。

8.3.3 材料要求

1. 非固化橡胶沥青防水涂料

非固化橡胶沥青防水涂料的物理力学性能指标应符合本书表2.7-1的要求。

2. SBS改性沥青防水卷材

SBS改性沥青防水卷材的物理力学性能指标应符合本书表2.1-1的要求。

8.3.4 施工技术

1. 屋面隔汽层施工

1）施工准备

（1）材料准备

材料包括聚乙烯丙纶复合防水卷材、浓缩胶粘剂、水泥、水，其质量应符合设计要求。

（2）机具准备

聚乙烯丙纶卷材隔汽层施工机具见表8.3-1。

聚乙烯丙纶卷材隔汽层施工机具　　　　　　　　　　　表8.3-1

序号	机具名称	规格	单位	数量	备注
1	小器皿		个	4	
2	刮板	300mm	个	10	硬质塑胶
3	搅拌器		个	1	电动搅拌器
4	制胶容器		个	2	根据用量可选择半截油桶，外加剂桶等
5	剪子		把	3	
6	壁纸刀		把	3	
7	清扫工具		把	4	扫帚、小铲、铁锹等
8	腻子刀	40mm	把	2	

（3）基层准备

聚乙烯丙纶防水卷材隔汽层施工前应对基层进行检查验收，基层的颗粒杂物应清理干净，基层应平整、牢固，无油污、疏松缺陷，无起砂、空鼓。对凸凹不平的基面应修补平整，转角处应抹成圆弧形；对干燥的基面应喷水调整至表层含水率达30％以上最佳，但不能有明水施工。

2）施工工艺

（1）水泥粘结胶的配制

聚合物水泥粘结胶的配制按水：水泥＝1：2.5左右为佳。所采用的胶粉或胶水应采用专业厂家生产或配套的专用胶粉或胶水。搅拌必须均匀，无沉淀、凝块、气泡、离析现象即可使用。

（2）管根和落水口等细部增强处理

① 管根和落水口周边剔凿成 V 形凹槽（图 8.3-2）；

② 凹槽清理干净后，将调稀的缓凝水不漏灌入槽内做刚性密封（图 8.3-3）；

③ 待刚性密封达到预期强度后，管根周围清理干净，用聚合物水泥防水涂料密封（图 8.3-4）；

④ 管根和落水口做附加层（图 8.3-5）。

图 8.3-2　剔凿成凹槽　　　　　　　　　　图 8.3-3　刚性密封

图 8.3-4　聚合物水泥防水涂料密封　　　　图 8.3-5　附加层

（3）铺贴聚乙烯丙纶防水卷材隔汽层

① 铺设卷材由标高最低处开始，向标高较高处依次铺设。防水卷材铺贴前应进行卷材预铺，管口剪切准确后卷起卷材涂刮聚合物水泥粘结胶。卷材铺贴采用满粘法，聚合物水泥粘结胶应均匀涂刷在基层表面，不露底、不堆积，厚度以 1.3～1.5mm 为宜。聚合物

水泥粘结胶涂刮后随即铺贴卷材,防止时间过长影响粘结质量。铺贴防水卷材时不得起褶皱,不得用力拉伸卷材,并及时排除卷材下面多余的空气和聚合物水泥粘结胶,以保证卷材与基层面以及各层卷材之间粘结密实。卷材长、短边搭接宽度不应小于100mm,接缝处涂1.5mm厚50mm宽的聚合物水泥粘结胶进行增强密封处理。

② 立墙墙面依照设计要求上返到规定高度,其收头部位应用聚合物水泥粘结胶封闭严实(图8.3-6)。

3)成品保护

(1)隔汽层完工后、聚合物水泥粘结胶未固化以前,不得在其上行走或进行后道工序的施工。

(2)隔汽层完工后,应避免在其上面凿孔打洞。

图 8.3-6 女儿墙泛水做法

(3)当下道工序或相邻工程施工时,应对已完成的隔汽层采取保护措施,防止损坏。

(4)对已完成的隔汽层应安排专人检查,发现有损坏处,应及时通知专业人员进行修补。

4)施工注意事项

(1)聚合物水泥粘结胶要现场配制,配制量控制在2h内用完为宜。

(2)施工人员应穿平底胶鞋,以免破坏卷材隔汽层。

(3)施工环境温度宜为5～35℃。

2. 非固化橡胶沥青防水涂料与 SBS 改性沥青防水卷材复合防水施工技术

1)施工准备

(1)材料准备

非固化橡胶沥青防水涂料、SBS 改性沥青防水卷材按设计要求、工程量和工程进度准备,材料进场后应进行见证取样复验,复验合格后方可用于工程。

(2)机具准备

① 非固化橡胶沥青防水涂料施工应准备喷涂专用设备及施工常用机具。非固化橡胶沥青防水涂料喷涂施工前应对喷涂设备进行检查,先对设备和喷涂管道进行预热,保证设备与喷涂管道处于正常状态。

② SBS 改性沥青防水卷材施工机具见表8.3-2。

SBS 改性沥青防水卷材施工机具 表 8.3-2

序号	机具名称	规格	单位	数量	备注
1	喷枪(喷灯)		把	4	热熔卷材焊接
2	卷尺	3m	个	4	度量尺寸
3	压辊		个	2	滚压粘结
4	壁纸刀		把	6	裁剪卷材
5	小铁铲		把	2	铲除异物
6	扫把		把	4	清扫基层

（3）基层处理

① 清除修补找平层施工留下的砂浆块、水泥胶结块或突起物；基层表面应坚实且具有一定的强度，基面应清洁、干净，无浮土、砂粒和明水；

② 伸出屋面的管道及连接件应安装牢固，接缝严密，若有铁锈、油污应以钢丝刷、砂纸、溶剂等予以清理干净。

2）非固化橡胶沥青防水涂料施工要点

（1）涂刷基层处理剂。

（2）非固化橡胶沥青防水涂料采用热熔涂刮或喷涂方法施工。施工时应严格掌控非固化橡胶沥青防水涂料的热熔温度，非固化橡胶沥青防水涂料热熔温度过高，对涂料的性能会有所破坏，出现碳化现象，影响使用效果。刮涂施工时，非固化橡胶沥青防水涂料热熔温度宜为 100～130℃（图 8.3-7）；喷涂施工时，非固化橡胶沥青防水涂料热熔温度宜为 160～170℃。

（3）非固化橡胶沥青防水涂料涂层应涂布均匀，满涂不露底，涂层厚度不应小于 2mm。

（4）女儿墙、水落口、排汽孔、排烟道、变形缝等屋面细部构造部位应进行防水增强处理，涂刮 200mm 宽、4mm 厚非固化橡胶沥青防水涂料内夹胎体增强材料的附加层。

（5）消防与安全

① 非固化橡胶沥青防水涂料施工时，现场应配备消防器材（图 8.3-8）、冷却水等安全措施。

② 施工前应对施工人员做岗前培训和安全技术交底，配备风镜、防火手套、烫伤膏等劳动保护用品。

③ 现场做好防火和防漏电保护。

图 8.3-7　非固化橡胶沥青防水涂料涂刮　　　　图 8.3-8　现场消防器材
施工时热熔温度

3）SBS 改性沥青防水卷材施工要点

（1）本项目采用 4mmSBS 改性沥青防水卷材与非固化橡胶沥青防水涂料复合防水构造，非固化橡胶沥青防水涂料施工方法见本书"非固化橡胶沥青防水涂料施工要点"，SBS 改性沥青防水卷材施工顺序如下：

① 非固化橡胶沥青防水涂料涂刮后随即铺贴 SBS 改性沥青防水卷材。

② 卷材顺长方向铺设，使卷材长向与水流方向垂直，卷材顺流水坡方向顺槎搭接，

不得出现龟裂现象。

③ 有高低跨的屋面，先铺设高跨屋面，后铺下层屋面；同一个屋面，按标高由低向高的顺序铺设，先铺设排水比较集中的水落口、檐口、天沟等部位。

④ 按照弹好的基线，将卷材错开搭接缝试铺定位。卷材预铺约 5m 涂刮非固化橡胶沥青防水涂料，向前滚铺 SBS 改性沥青防水卷材使其粘结在基层表面上。回卷预铺卷材至露出非固化橡胶沥青防水涂料，涂刮非固化橡胶沥青防水涂料并滚铺卷材。

⑤ 卷材的搭接宽度，长边不应小于 100mm，短边不应小于 150mm，卷材搭接部位采用火焰加热器烘烤熔融粘结，搭接缝的边缘以溢出热熔的改性沥青胶为宜。

⑥ 相邻两幅卷材短缝搭接应错开不小于 500mm。

⑦ 细部构造的处理

a. 屋面细部构造的基层处理（图 8.3-9）应满足防水施工操作要求。管根应封闭严实（图 8.3-10），泛水阴阳角应抹成圆弧形。

 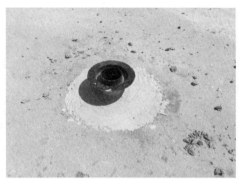

图 8.3-9　防水基层处理　　　　　图 8.3-10　管根密封处理

b. 出屋面管根周边部位应剔凿出 V 形槽后灌缓凝水不漏密封，并涂刷 2mm 厚聚合物水泥防水涂料，涂层中间应夹铺无纺布进行增强处理。

c. 虹吸排水系统安装与防水施工应和虹吸排水系统分包商提前对接，防水层施工与虹吸排水系统安装交叉进行：虹吸水落口安装第一个管件前铺贴 1000mm×1000mm SBS 改性沥青卷材防水附加层，防水附加层完成后安装水落口和底部配件，大面防水层完成后再安装第二个管件和其他配件（图 8.3-11、图 8.3-12）。

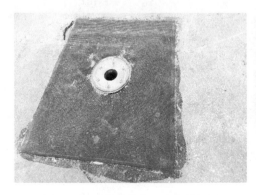 

图 8.3-11　虹吸排水口防水附加层　　　图 8.3-12　虹吸排水口防水处理

d. 排汽管根部刮涂 2mm 厚非固化橡胶沥青防水涂料后（图 8.3-13），满粘 450mm×450mm SBS 改性沥青防水卷材（图 8.3-14）。排汽管上返 250mmSBS 改性沥青防水卷材热熔满粘。

图 8.3-13　管根非固化防水涂料附加层　　　　图 8.3-14　管根卷材防水附加层

e. 泛水部位卷材防水层高度不应小于 250mm（图 8.3-15、图 8.3-16）。

图 8.3-15　管根泛水卷材防水层　　　　　　图 8.3-16　墙根泛水防水构造

f. 大面积施工时，应边刮涂非固化橡胶沥青涂料边滚铺 SBS 改性沥青防水卷材，并用热熔法进行搭接缝的粘结密封处理（图 8.3-17、图 8.3-18）。

图 8.3-17　铺贴卷材　　　　　　　　　图 8.3-18　卷材搭接缝封边处理

⑧ 保护层施工

a. 铺设隔离层（图 8.3-19）

防水层施工结束经有关各方验收合格后，铺设 200g/m² 聚乙烯丙纶卷材隔离层。隔离层采用空铺法施工，卷材搭接宽度不应小于 50mm，搭接缝采用聚合物水泥防水胶结料进行粘结密封处理。

b. 设置缓冲层（图 8.3-20）

图 8.3-19 隔离层

细石混凝土保护层与女儿墙、高跨墙、通风管道及穿过屋面管道结合部位，增设 40mm 厚 XPS 挤塑聚苯板作缓冲层，并用非固化橡胶沥青防水涂料粘贴固定。避免上述部位防水卷材易被混凝土热胀冷缩挤压切断问题的发生，同时便于工程在投入使用后节点部位的维修。

c. 保护层（图 8.3-21）

防水保护层为细石混凝土，配合比及厚度应符合设计要求，4m×4m 分格，分格缝宽度 20mm，缝内采用改性沥青防水密封材料灌注、嵌填饱满，面层撒细砂保护。

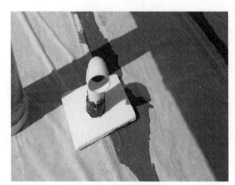

图 8.3-20 缓冲层

图 8.3-21 保护层施工

8.3.5 施工注意事项与质量要求

1）SBS 改性沥青防水卷材热熔施工环境温度宜为 −10～35℃，采用聚合物水泥粘结胶铺贴聚乙烯丙纶卷材的施工环境温度宜为 5～35℃。雨雪天及 5 级风以上天气不得施工。

2）施工人员应穿软质胶底鞋，严禁穿带钉的硬底鞋。在施工过程中，严禁非本工序人员进入现场。

3）未做保护层前防水层上不得堆料放物。施工用的小推车腿均应做包扎处理，防水层上如搭设临时架子，架子管下口应加以板材铺垫，以防破坏防水层。

4）施工中若有局部防水层破坏，应及时进行修补处理，以确保防水层的质量。

5）工程质量应符合屋面工程质量验收规范相关标准的规定。

8.3.6 结束语

该项目屋面防水面积 35000 多平方米，结构复杂，施工难度大，大面积施工时气温已经在零下十几度，最低温度零下二十几度。由于专业施工队伍技术熟练，重视质量，管理到位，于 2014 年 11 月末圆满完成屋面防水工程施工并通过验收，经过三个冬季和夏季的检验，至今未发现任何渗漏，保证了项目的正常使用。

8.4　TPO 防水卷材满粘系统在某场馆屋面翻修中的应用

8.4.1　工程概况

于 2000 年 9 月投入使用的某公建场馆，其屋面呈半椭圆形，面积约 4000m²。原屋面构造由内至外依次顺序为：钢网架、钢板基层、80mm 厚硬泡聚氨酯防水保温层、8mm 厚聚合物水泥抗裂砂浆防水保护层。

由于防水保护层开裂等原因，场馆内出现较为严重的渗漏，多次维修无果（图 8.4-1）。

图 8.4-1　屋面维修前

该场馆屋面出现渗漏问题后仍在运营，但渗漏对内部设备已造成巨大危害，并已经超出了保修期，原施工单位对此也没有好的解决方案，业主对此十分困扰。

8.4.2　屋面翻新设计方案

此项目属于异形屋面，翻新改造工程除满足防水功能外，还需要保持原屋面造型，达到完工后无色差、褶皱等美观性要求。因此，此屋面对防水材料的适应性要求较高，对防水施工技术的要求也很高。

经过现场勘查并反复对比各种翻修方案，业主选择了国产 TPO 防水卷材满粘系统施工技术方案。将 1.5mm 厚 L 类 TPO 防水卷材采用 TPO 配套专用胶粘剂满粘在现有屋面基层上，搭接缝采用热风焊接方式连接，设防标准应符合防水等级一级的要求。

L 类 TPO 防水卷材宽度为 2.00m，底部热复合无纺布的宽度为 1.85m，两侧边各预留 75mm 宽未复合无纺布的光面，用作卷材搭接缝的焊接。卷材长边搭接宽度为 80mm，短边搭接采用对接后用 150mm 宽同品牌 H 类 TPO 卷材覆盖，覆盖条两侧与两边焊接连接。单缝焊的有效焊接宽度不应小于 25mm（图 8.4-2）。

图 8.4-2　L 类 TPO 卷材搭接方式

单层屋面系统施工时，必须考虑屋面系统的抗风揭能力。根据工程实践，满粘法施工时，防水卷材与基层之间的剥离强度不应小于 30N/50mm，在高风荷载地区应通过抗风揭试验确定（项目地区基本风压值为 0.40kN/m²，项目位于市区，不属于高风荷载地区）。经过现场拉拔试验，L 类 TPO 与聚合物水泥砂浆防水保护层的剥离强度达到了 85N/50mm，完全可以满足系统抗风揭能力的要求。

8.4.3　TPO 防水卷材特点及性能指标

TPO 防水卷材综合了 EPDM 和 PVC 的性能优点，具有耐候能力、低温柔度和可焊接等特性。

与 EPDM 防水卷材相比，TPO 防水卷材的抗穿刺性更好，接缝可以焊接，接缝的耐久性、密封性和强度更好，可提供持久的白色或浅色面层反射太阳辐射，有利于节能环保。

与 PVC 防水卷材相比，TPO 防水卷材无增塑剂迁移问题，且在耐候性、耐穿刺、耐化学性、环保等方面占优。

与 SBS、APP 改性沥青卷材相比，TPO 防水卷材单层防水、施工无明火、质量轻、无污染、对基层伸缩或开裂变形的适应性强，低温弯折性可达－40℃无裂纹，拉伸性能、抗冲击性能、热老化性能等方面的优势也十分明显。

L 类 TPO 防水卷材性能指标应符合本书表 2.5-1 相对应类产品的规定。

结合多年施工经验，应用满粘法施工时，应选用 L 类 TPO 防水卷材。L 类 TPO 防水卷材底部的无纺布纤维层通过热复合方式与 TPO 防水卷材紧密结合，满粘施工时，胶粘剂可充分浸入无纺布，使得粘结十分牢固。无纺布还起到隔离、保护 TPO 防水卷材不受底部尖锐物体割伤的作用。此外，当底部基层变形、开裂时，无纺布还可分散变形开裂应力，保护 TPO 防水卷材。

8.4.4　施工技术

1. 施工工艺流程

施工准备→基层处理→卷材铺贴定位→涂刷胶粘剂→粘贴卷材→卷材搭接边热风焊接→细部节点处理→完工自检→验收。

2. 施工准备

1）施工材料

主材：L 类 TPO 防水卷材。

辅料：胶粘剂、H 类 TPO、收口压条、收口螺钉、硅酮密封胶、不锈钢金属箍等。

材料进场后应妥善保管，平放在干燥、通风、平整的场地上，远离明火，避免日晒雨淋；卷材底部应架空，避免被水浸泡。

2）施工机具：自动焊接机、手持热风焊接机、压辊、滚筒、刮板、电动螺丝刀等。

3）作业条件：在雨雪天和五级风及其以上时禁止施工；基层含水率应不大于 8%；环境温度不宜低于 5℃；空气湿度不宜高于 80%。

3. 基层处理

1）卷材只能粘附在耐溶剂、坚实、平整、干燥且没有灰尘的基面上。粘贴 TPO 卷材前应仔细打扫屋面的杂物和灰尘，去除基层的尖锐突出物；并使用水泥基防水涂料修补屋面的裂缝和凹坑。

2）穿出屋面防水层的设备、管道或预埋件等必须在屋面防水层施工前安装完毕，屋面防水层施工必须在基层验收合格后方可进行。

4. 铺设卷材

1）卷材铺贴定位

根据屋面坡度大小，确定 TPO 卷材垂直或平行于屋脊铺设。铺设前应试铺，根据试铺情况进行弹线定位，依屋面形状合理裁剪卷材，在尽量减少焊缝的基础上避免出现褶皱。

2）涂刷胶粘剂

铺开卷材，按定位线调整对齐，向后折回大约一半的卷材宽度。使用板刷或胶辊分别在屋面基层和卷材底面均匀地涂刷一层专用配套胶粘剂，涂刷应均匀，无露底、无堆积。胶粘剂的用量为：基层加卷材底面合计以 0.8kg/m² 左右为宜。分段涂刷胶粘剂，并使胶粘剂中的溶剂充分挥发。

3）粘贴卷材

待涂刷的胶粘剂溶剂挥发至手触不粘后，将折起的已涂胶的卷材铺贴在涂胶的基层上，并用手持式压辊滚压粘牢。再折回另一半卷材，并重复上述程序。

4）卷材搭接缝焊接

根据屋面坡度选用焊接机，平屋面选用自动焊接机，坡屋面采用手持热风焊接机焊接。卷材焊接由经过国家职业鉴定中心培训的熟练的防水技术工人操作。

卷材收口应及时处理，每天下班前不得有未处理的收口，当天铺设的卷材在当天完成焊接；对于每天施工后留下的接口，必须采用胶带和有效的方式进行保护，避免淋雨和受潮。单缝搭接宽度不应小于 60mm，有效焊接宽度不应小于 25mm；双缝搭接宽度不应小于 80mm，有效焊接宽度不应小于 10mm×2＋空腔宽度。

5）穿透防水层管道部位处理

穿透防水层管道部位的细部做法为：铺大面卷材时，将大面 TPO 卷材相应部位剪开，让管道穿过卷材，将穿出屋面以上部位的管道用配套 H 类 TPO 卷材包实（TPO 卷材上翻高度不应小于 250mm），立面用专用胶粘剂粘结牢固。H 类 TPO 卷材具有良好的拉伸性能，将下端配套 H 类 TPO 卷材加热拉伸使其呈扇形，与大面的 TPO 卷材焊接在一起，收口处用不锈钢箍箍紧，最后用硅酮密封胶封闭严实（如图 8.4-3）。

6）窗口部位处理

窗口处用铝制收口压条钉压固定（采用 6.3mm×130mm 螺钉将收口压条固定），并在收头处用硅酮耐候密封胶封严（如图 8.4-4）。

5. 质量控制要点

1）基层处理必须符合设计要求；

2）胶粘剂应足量涂刷，保证粘结效果；胶粘剂应充分挥发，但也不得挥发过度；

3）卷材接缝用手持焊枪焊接时，焊枪温度控制在 370～390℃，焊接速度为 1.0～1.5m/min，焊接时用手持压辊压实，随焊随压。

严格检查焊接质量，看有无漏焊、跳焊现象。焊缝质量检测方法：目测、工具检测、剥离实验。

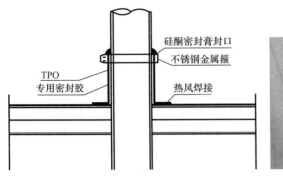

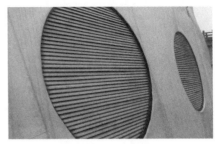

图 8.4-3 管道细部处理　　　　　　　图 8.4-4 窗口防水构造

（1）目测：焊接缝不允许有发黄、烧焦现象，焊缝边缘光滑；

（2）工具检测：用平口螺丝刀或勾针沿焊缝稍微用力挑试，检查有无漏焊点、虚焊点，如发现缺陷应及时修补；

（3）剥离实验（如必要）：焊缝完全冷却后，将焊缝部位的卷材裁成 20mm 宽的卷材条进行剥离，任何断裂现象必须发生在焊缝之外。

6. 施工注意事项

1）施工操作人员应经过专业培训，合格后方可上岗；

2）严禁穿带钉鞋人员进入 TPO 卷材施工现场；

3）施工过程中要注意现场成品保护，应禁止不必要的人为活动及硬物破坏，禁止野蛮施工；

4）施工现场严禁烟火；

5）专用胶粘剂在 5℃以下或空气湿度大于 80％的情况下，不得施工；

6）任何影响屋面防水效果的变动，应及时告知防水施工队伍，以便提供相应的变更方案；

7）卷材若发生破损，不要使用其他防水材料进行修补，应及时告知专业队伍，由专业人员进行维修；

8）安全施工"百年大计，安全第一"，防水工程始终都把安全放在第一位，在现场设置了醒目的安全警示。工人上班必须戴好安全帽，在屋面上施工必须穿着防护服、系好安全带（图 8.4-5），在坡度较大的屋面周边区域还使用了软梯，保证工人的安全。另外，因为白色卷材表面的反射率很高，工人施工时应戴太阳镜（过滤紫外线）保护眼睛。

8.4.5 应用效果

本项目 2012 年 10 月完工，自进场至完工验收历时 15d，施工速度快，且一次性通过验收。翻新施工未破坏原有结构，保证剧场在整个施工期间正常运营。该屋面 TPO 防水卷材满粘系统施工技术自完工使用至今，未出现任何渗漏。由于 TPO 防水卷材本身的浅色，维修后屋面更美观、鲜亮，呈现出"白色节能"的外观（图 8.4-6）。

TPO 防水卷材满粘系统施工技术在该项目上的成功应用，将为其他类似项目的翻新改造提供宝贵的经验，成为国内防水行业屋面翻新系统的样板工程。

图 8.4-5　安全施工　　　　　　　　　图 8.4-6　屋面翻新完工后效果

8.5　花园式种植屋面防水施工技术

8.5.1　种植屋面类型

在海绵城市建设中，种植屋面系统无疑是其中重要的组成部分，它为我们这座钢筋混凝土森林增添了一株绿意。

种植屋面可以分为两大类："简单式种植屋面"（图 8.5-1）和"花园式种植屋面"（图 8.5-2），二者之间的主要区别是对屋面荷载的要求不同。

图 8.5-1　简单式种植屋面　　　　　　图 8.5-2　花园式种植屋面

相对于简单式种植屋面，花园式种植屋面应用更广、用量更大，本文着重介绍花园式种植屋面防水施工技术。

8.5.2　花园式种植屋面构造

种植屋面构造系统中，防水部位是一个至关重要的环节。作为专业防水单位，我们除了应精通本专业的知识外，还要了解和熟悉种植屋面构造系统中的每个构造层次（图 8.5-3），才能配合好甲方、设计、总包等单位做好整个系统。

1. 植被层

植被层主要由乔木、灌木、地被植物等组成，在园林设计时除了考虑园林小品的美观程度、植物适应性、屋面实用性外，还应考虑不同植物的穿刺能力，如火棘、油松对防水层（化学阻根）穿刺能力较弱，而沙地柏对防水卷材的穿刺能力更强（根状茎类植物如

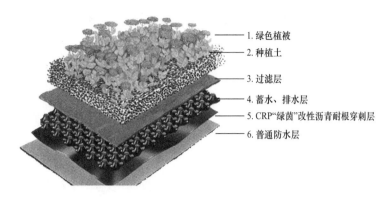

1. 绿色植被
2. 种植土
3. 过滤层
4. 蓄水、排水层
5. CRP"绿茵"改性沥青耐根穿刺层
6. 普通防水层

图 8.5-3　花园式种植屋面构造示意图

箬竹对任何防水材料都有超强的穿刺能力），所以这些都是在前期设计时我们应提醒有关
单位注意的问题之一。

2. 种植土

种植土可分为田园土、改良土（人工轻量化土）或无机复合种植土等 3 类。田园土密
度较大（湿密度 1500～1800kg/m³），理化性能较差，一般多应用于如地下车库类的花园
式种植顶板。改良土容重相对要低一些（湿密度 750～1300kg/m³），一般局部应用于花园
式种植屋面。无机复合种植土密度相对要低得多（湿密度 450～650kg/m³），多用于荷载
要求小的简单式种植屋面。

种植土的厚度一般不小于 100mm，主要影响因素为屋面荷载，花园式种植屋面静荷
载≥300kg/m²，简单式种植屋面静荷载≥100kg/m²。

3. 滤水层

滤水层大多由聚酯无纺布组成，其作用主要为防止种植土流失并进入排（蓄）水层，
同时又起到一定的透气作用，按照行业标准《种植屋面工程技术规程》JGJ 155—2013 相
关规定，滤水层单位面积质量≥200g/m²，沿屋脊方向顺水搭接，搭接宽度≥150mm，滤
水层收口应与种植土高度一致。

4. 排（蓄）水层

排（蓄）水层的主要作用，一是将种植屋面上多余的水迅速排除，二是储蓄一部分种
植层多余的水分。排（蓄）水层材料主要有陶粒（砾石）、立体网、种植毯、排（蓄）水
板 4 种类型。其中陶粒类排水层容重大，
保水性能差，但施工方便；立体网及种植
毯使用于简单式种植屋面（需配合人工灌
溉系统）排（蓄）水板较为常用。

排（蓄）水板的主要材质以高密度聚
乙烯（HDPE）为主。排（蓄）水板分为
排水型和排（蓄）水型两种类型，设计时
应考虑南、北方差异，如南方雨量充沛，
应用排水板为主；北方干旱少雨，应以排
（蓄）水板为主（图 8.5-4）；同时考虑实

图 8.5-4　种植屋面蓄排水层铺设

际应用中，种植土施工采用机械化填埋、种植土中块径较大或者日后种植土层下陷，都会对排水产生一定影响的因素，可以采用排（蓄）水板和轻质陶粒（砾石）复合使用，发挥排（蓄）水板的保水性能与陶粒（砾石）的抗压及排水性能的各自优势。

5. 保护层和隔离层

鉴于目前我国种植屋面工程防水和园林分开施工，施工管理存在脱节的现象，为避免交叉施工或机械回填过程对防水层的破坏，保护层是必不可少的一个环节，一般可选用 30～50mm 厚的细石混凝土作保护层。

6. 防水层

种植屋面工程的防水等级应为Ⅰ级，应采用两道设防措施，其上面一道防水层必须是耐根穿刺的防水材料，如 SBS 改性沥青耐根穿刺防水卷材；另一道为普通防水层，可选用卷材，也可选用涂料作防水层。

SBS 改性沥青耐根穿刺防水卷材搭接部位热熔施工时，火焰加热器应充分加热上下两层卷材表面，使上下两层卷材表面充分融化后粘合成一体，避免了反复加热对阻根剂的破坏，所以热熔温度和火焰停留时间至关重要！理想状态下卷材搭接边应溢出一条 5～10mm 的改性沥青胶。

为防止卷材防水层渗漏后产生窜水现象，保险的方案是满粘施工，最好的粘结方式不是用火烤，也不是刷胶，而是采用与其相容的厚质粘结料，既作为 SBS 改性沥青耐根穿刺防水卷材的粘结料，也是一道防水层，这就是现在种植屋面采用的、质量可靠的 SBS 改性沥青耐根穿刺防水卷材＋非固化橡胶沥青防水涂料复合防水构造系统（图 8.5-5）。种植屋面采用的是 GRP 绿茵防水系统，卷材和涂料中均加入阻根剂。

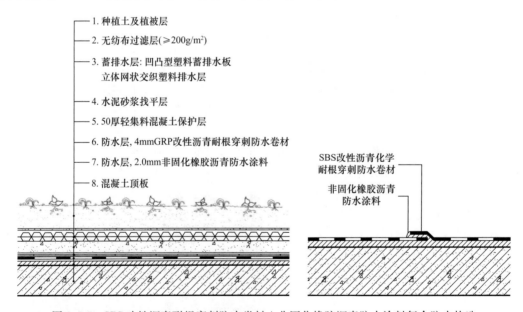

1. 种植土及植被层
2. 无纺布过滤层(≥200g/m²)
3. 蓄排水层: 凹凸型塑料蓄排水板
   立体网状交织塑料排水层
4. 水泥砂浆找平层
5. 50厚轻集料混凝土保护层
6. 防水层, 4mmGRP改性沥青耐根穿刺防水卷材
7. 防水层, 2.0mm非固化橡胶沥青防水涂料
8. 混凝土顶板

SBS改性沥青化学耐根穿刺防水卷材

非固化橡胶沥青防水涂料

图 8.5-5　SBS 改性沥青耐根穿刺防水卷材＋非固化橡胶沥青防水涂料复合防水构造

非固化橡胶沥青防水涂料是一种单组分、高固含量的防水涂料。其由天然橡胶、沥青和特殊添加剂组成，具有优异的粘结性能和防水性能，作为优秀的粘结材料，解决了防水卷材与基层的粘结密封问题，加入阻根剂的非固化橡胶沥青防水涂料满足了双重阻根的效

果，同时非固化蠕变特性解决了窜水维修难和基层应力作用对防水层破坏的问题。

8.5.3 种植屋面防水施工工艺

1. 工艺流程

基层处理→涂刷基层处理剂→加热非固化橡胶沥青防水涂料→细部节点加强处理→非固化橡胶沥青防水涂料施工→铺贴耐根穿刺防水卷材→隔离层施工→保护层施工→质量验收。

2. 基层处理

为达到非固化橡胶沥青防水涂料充分满粘的效果，防水基层必须坚固、平整、无空洞、浮浆、浮尘，对于基层缺陷部位可采用 1∶2.5 水泥砂浆修补，浮浆部位可用抛丸机打磨处理，阴阳角部位需抹成 R50mm 的圆弧。

3. 涂刷基层处理剂

基层处理剂作用为渗入基层内部、将基层表面浮尘牢固地粘结在基层上。涂刷基层处理剂前应充分将其搅拌均匀，涂刷要求厚薄均匀、不露底、不堆积，遵循先高后低、先立面后平面的原则。

4. 非固化橡胶沥青防水涂料加热

设置导热油温度（200℃），待油温升至 150℃时，将非固化橡胶沥青防水涂料放入脱桶器中加热 5min（根据实时气温设置脱桶时间）后，倒入加热设备中直至加热到液态（图 8.5-6），待非固化橡胶沥青涂料达到规定温度时方可施工（手工涂刷温度宜为 100～120℃，喷涂温度宜为 160～170℃）。

图 8.5-6　非固化橡胶沥青防水涂料加热设备

5. 附加层

在大面施工前，应对屋面细部节点如阴阳角、平立面转角等部位做加强处理，非固化橡胶沥青防水涂料附加层厚度 2mm，并附上宽度≥500mm 的卷材附加层。

6. 大面施工

大面施工非固化橡胶沥青防水涂料应根据施工条件不同可分为手工刮涂和机器喷涂两种，立面部位多采用喷涂施工；非固化橡胶沥青防水涂层厚度 2.0mm，材料用量为 2.5～2.8kg/m²。

平面非固化橡胶沥青防水涂料采用喷涂法施工时，当涂料加热至 160～170℃即可，采用喷枪将涂料均匀喷涂在基层上，要求喷嘴与基面成 90°夹角，一次成膜（图 8.5-7）。对于狭窄不易喷涂施工的部位可采用手工刮涂法施工，在既定弹线区域倒入非固化橡胶沥青防水涂料，用刮板将涂料均匀刮涂在基层上，手工刮涂时边倒料边用金属刮板刮涂，要求刮涂厚薄均匀、平整、不露底。

7. 铺贴 GRP 耐根穿刺防水卷材

待非固化橡胶沥青防水涂料喷涂或刮涂完毕，应及时将已预铺回卷好的耐根穿刺防水卷材按弹线位置缓慢向前铺设，相邻卷材间搭接宽度≥100mm，要求卷材平行于屋脊方向铺贴，卷材搭接应用热熔法将卷材热熔的改性沥青胶溢出边缘，以达到满粘效果（图 8.5-8）。

图 8.5-7　喷涂非固化橡胶沥青防水涂料

图 8.5-8　铺贴耐根穿刺防水卷材

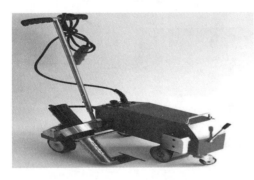

图 8.5-9　卷材焊接机

8. 搭接部位处理

采用 SBS 改性沥青卷材焊接机焊接时（图 8.5-9），施工前根据当天气温、湿度等因素对焊接机进行调试，并进行试焊，焊接过程中，要求接缝部位挤出热熔的宽度均匀的改性沥青胶。

9. 节点处理

1）立墙泛水节点

立墙防水层收口的高度应高于种植土完成面高度 300mm 以上。

种植屋面设置双层防水层，防水层收口位置应使用金属压条钉压固定，金属压条固定前应预先在卷材及金属压条上打孔，再用膨胀螺钉固定，金属压条不得弯曲、偏位（图 8.5-10）。

金属压条固定后应采用改性沥青密封涂料或耐候密封胶进行密封处理。

卷材收口部位再用 200mm 覆盖条进行辅助密封处理。

2）顶板变形缝

（1）工艺流程

施工前清理预留缝内杂物→缝内填充背衬材料→铺设附加防水层，在缝内形成 U 形槽→U 形槽内设置聚乙烯泡沫棒→铺设大面防水层。

（2）施工要点

施工前用鼓风机将变形缝内杂物清理干净；

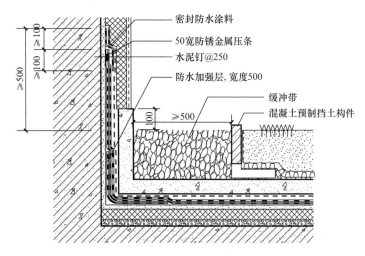

图 8.5-10 立墙泛水节点防水构造

泡沫棒的直径不应小于 50mm；

附加防水层的材料选择与主体防水材料同材质的改性沥青防水卷材，附加层厚度不应小于 3mm（图 8.5-11）。

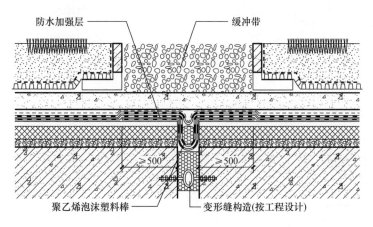

图 8.5-11 变形缝防水构造

3）穿板（墙）管道防水节点

（1）工艺流程

管道与板（墙）基层清理→涂刷基层处理剂→按照管道规格尺寸和规定裁剪法粘贴卷材→自检。

（2）施工要点

① 管道根部与板（墙）的结构交接部位应预先剔凿出 25mm×25mm 的凹槽，槽内应嵌填改性沥青密封材料；

② 穿板（墙）群管防水构造按照专项设计进行处理；

③ 管道卷材附加层的铺贴方式（图 8.5-12），立墙管道卷材附加层在铺贴时应先粘贴 A 再粘贴 B，A 的剪口范围粘贴在管道壁上（注：剪口的尺寸为管的直径），非剪口范围卷材粘贴在防水的基层上。B 的等分剪切部位粘贴在立面的基层上，非等分剪切部位粘贴

在管道壁上。

4）地下室外墙与种植顶板转角部位防水节点

（1）工艺流程

顶板与立墙面基层清理→涂刷基层处理剂→按照规定裁剪法粘贴卷材→自检。

（2）施工要点

① 涂刷基层处理剂；

② 铺贴阳角部位附加层，从阳角部位向两边各返 500mm；

③ 将顶板卷材下返至立面，搭接边应溢出热熔的改性沥青胶（图 8.5-13）。

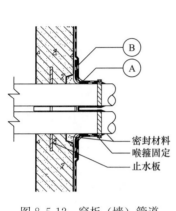

图 8.5-12 穿板（墙）管道
防水构造示意图

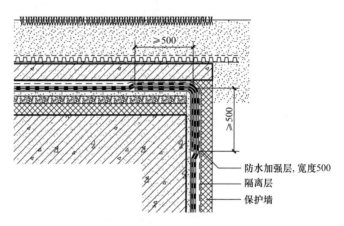

图 8.5-13 地下室外墙与种植顶板
转角部位防水构造

5）防水卷材收口密封

防水卷材末端收头应采取机械固定，且收头部位均应用密封材料进行封闭，密封宽度不应小于 10mm。立墙为混凝土墙体时，防水卷材的末端收头应采用金属压条钉压固定，并用密封材料封严。

8.5.4 系统有效性

SBS 改性沥青耐根穿刺防水卷材＋非固化橡胶沥青防水涂料复合防水构造的 GRP 绿茵防水系统，不仅防水质量可靠，而且在卷材和涂料中均加入阻根剂，由于阻根剂的疏水性，并且阻根剂与改性沥青混合成为一体，不受水体的溶解、降解，阻根效果好，阻根年限长。

8.6 DFZ 防水保温系统施工技术在屋面工程中的应用

8.6.1 屋面工程 DFZ 防水保温系统主要材料介绍

1. DFZ 高分子非沥青（丁基橡胶）自粘防水卷材

DFZ 高分子非沥青（丁基橡胶）自粘防水卷材，是北京建中防水保温工程集团有限公司在总结了高分子防水材料耐老化和丁基橡胶粘结力持久等优点，及分析了常用高分子防水卷材在防水施工中出现的缺陷基础上，开发研制出的性能优异、质量可靠、施工方便、绿色环保的新一代防水产品。该产品既具有高分子防水卷材的强度高、延伸率大、抗老化性能好的特点，同时自粘层又具有良好的水密性、持久的柔韧性和超强的粘结力，可湿铺、预铺、自粘施工，克服了高分子防水材料施工难的弊端，卷材搭接缝配以 LD-专用密封胶条进行密封处理，使防水工程质量更有保证。

1）产品主要特点

（1）湿铺粘结：DFZ 高分子非沥青自粘防水卷材不用明火施工，采用湿铺法进行粘结施工，卷材能与结构层永久粘结成为一体，中间无窜水隐患；即使卷材局部遭遇破坏，也不会产生窜水现象，对应修复效果好。

（2）断裂延伸率高：DFZ 高分子自粘防水卷材断裂延伸率≥200％，适应基层伸缩或开裂变形的能力强，有利于确保防水工程质量。

（3）产品性能稳定：在不受太阳紫外线照射的情况下，永不分解，性能稳定，产品可与建筑物同寿命。

（4）低温柔度优异：低温柔度可达−20℃，不会因天气原因造成对材料的损害。

（5）较强的耐化学腐蚀性，对来自混凝土的碱水有很好的抵抗能力，不受生活垃圾及生物侵害，防霉、耐腐蚀。

2）产品主要性能指标

DFZ 高分子非沥青自粘防水卷材主要性能指标见表 8.6-1。

DFZ 高分子非沥青自粘防水卷材主要性能指标 表 8.6-1

序号	项目		指标		
			D1（EPDM）	D2（PVC）	D3（PE）
1	断裂拉伸强度（MPa）		7.5	10	16
2	扯断伸长率（%）		450	200	550
3	耐热性 70℃		无流淌、滴落	无流淌、滴落	无流淌、滴落
4	低温弯折性		−40℃无裂缝	−20℃无裂缝	−20℃无裂缝
5	不透水性 30min，0.3MPa		无渗漏	无渗漏	无渗漏
6	耐热老化 80℃，168h	拉伸强度保持率（%）≥	80	80	80
		扯断伸长率保持率（%）≥	70	70	70
7	卷材与卷材剥离强度（N/mm）≥		1.0	1.0	1.0
8	与后浇混凝土剥离强度（N/mm）≥		2.0	2.0	2.0

2. 保温材料——WT 现场发泡硬质聚氨酯

WT 现场喷涂硬泡聚氨酯防水保温层的主要性能指标应符合本书表 2.13-1 的要求。

3. DFZ 高分子防水涂料

DFZ 高分子防水涂料是以多种高分子聚合物为主要成膜物质，添加触变剂、防流挂剂、防沉淀剂、增稠剂、防老化剂等添加剂和催化剂，经过特殊工艺加工制成的水乳型防水涂料，具有优良的高弹性和防水性能。

1）产品主要特点

DFZ 高分子防水涂料具有绿色、环保、粘结力强、延伸率大、抗拉强度高等特点。常温施工，形成无缝防水涂层，结构复杂的施工场所更具有优越性。

2）产品主要性能指标

DFZ 高分子防水涂料主要性能指标见表 8.6-2。

DFZ 高分子防水涂料主要性能指标 表 8.6-2

序号	技术指标	项目	检测结果
1	拉伸强度（MPa）≥	1.0	1.4
2	断裂延伸率（%）≥	300	528
3	低温柔度	−10℃无裂纹	符合
4	不透水性	0.3MPa 30min 不透水	符合
5	固体含量（%）≥	65	68

4. WKT 现浇泡沫混凝土

WKT 现浇泡沫混凝土，是通过发泡机将发泡剂水溶液制备成泡沫，并将泡沫与水泥、骨料、掺合料、外加剂和水等制成的料浆均匀混合，现场搅拌和浇筑、自然养护而成、具有保温功能、轻质多孔的混凝土。WKT 现浇泡沫混凝土主要性能指标见表 8.6-3。

现浇泡沫混凝土主要性能指标 表 8.6-3

序号	检测项目	标准要求	检测结果
1	干密度（kg/m³）	≤300	285
2	导热系数［W(m·K)］	≤0.07	0.069
3	抗拉强度（MPa）	≥0.1	0.16
4	燃烧性能	不低于 A2 级	A1 级
5	线性收缩率（%）	≤0.3	0.3

8.6.2 防水构造

屋面 DFZ 防水保温系统，包括喷涂 DFZ 高分子防水涂料层或高分子自粘卷材防水层、喷涂硬泡聚氨酯防水保温层、泡沫混凝土保温找坡层、聚合物水泥抗裂砂浆层、面层等构造层次，采用优质可靠的材料及相应科学合理的施工工艺，把屋面基层及其以上的防水层、保温层、找坡层和保护层等多个层次，有机的、科学合理的施工成一个无缝隙的整体。各层之间通过材料本身的性能，牢固结合在一起，优势互补，使防水保温效果达到最佳状态。同时，由于每道工序均采用机械化施工，施工速度快，便于管理，符合建设工程环保、节能、安全的发展方向。

屋面工程 DFZ 防水保温系统构造根据屋面类型和防水要求进行设计。

屋面 DFZ 防水保温系统构造主要类型见表 8.6-4。

屋面 DFZ 防水保温系统构造　　表 8.6-4

屋面类型	防水等级	防水构造（由上至下）	构造要求
平屋面	Ⅰ级	1. 保护层	按工程设计
		2. GR 聚合物水泥抗裂砂浆保护层	3～5mm 厚
		3. WKT 现浇泡沫混凝土保温找坡层	2%找坡，最薄处 30mm 厚
		4. WT 硬泡聚氨酯（Ⅲ型）防水保温层	厚度≥30mm 或工程设计
		5. 防水层	1.5mm 厚 DFZ 高分子涂膜防水层或 1.5mm 厚 DFZ 高分子自粘卷材防水层
		6. 屋面结构混凝土板	随打随抹
	Ⅱ级	1. 保护层	按工程设计
		2. GR 聚合物水泥抗裂砂浆保护层	3～5mm 厚
		3. WKT 现浇泡沫混凝土保温找坡层	2%找坡，最薄处 30mm 厚
		4. WT 硬泡聚氨酯（Ⅱ型）防水保温层	厚度≥30mm 或按工程设计
		5. 防水层	1.5mm 厚 DFZ 高分子涂膜防水层或 1.5mm 厚 DFZ 高分子自粘卷材防水层
		6. 屋面结构混凝土板	随打随抹
种植屋面	Ⅰ级	1. 种植层	按工程设计
		2. 种植土层	按工程设计
		3. 土工布滤水层	按工程设计
		4. WR 防水耐根穿刺排水板	搭接缝焊接
		5. GR 聚合物水泥抗裂砂浆保护层	3～5mm 厚
		6. WKT 现浇泡沫混凝土保温找坡层	1%找坡，最薄处 30mm 厚
		7. WT 硬泡聚氨酯（Ⅲ型）防水保温层	厚度≥30mm 或按工程设计
		8. 屋面结构混凝土板	随打随抹
坡屋面	Ⅰ级	1. 瓦（彩图瓦、烧结瓦、混凝土瓦、沥青瓦、树脂瓦）	按工程设计
		2. 持钉层	按工程设计
		3. GR 聚合物水泥抗裂砂浆保护层	3～5mm 厚
		4. WT 硬泡聚氨酯（Ⅲ型）防水保温层	厚度≥30mm 或按工程设计
		5. 涂膜防水层	1.5mm 厚 DFZ 高分子涂膜防水层
		6. 屋面结构混凝土板	按工程设计
	Ⅱ级	1. 瓦（烧结瓦、混凝土瓦、沥青瓦、树脂瓦、彩图瓦）	按工程设计
		2. 持钉层	按工程设计
		3. GR 聚合物水泥抗裂砂浆保护层	3～5mm 厚
		4. WT 硬泡聚氨酯（Ⅱ型）保温层	厚度≥30mm 或按工程设计
		5. 涂膜防水层	1.5mm 厚 DFZ 高分子涂膜防水层
		6. 屋面结构混凝土板	按工程设计

8.6.3 施工技术

1. 工艺流程

基层清理→喷涂 DFZ 高分子防水涂料或铺设高分子自粘卷材防水层→喷涂 WT 硬泡聚氨酯防水保温层→浇筑 WKT 泡沫混凝土保温找坡层→聚合物水泥抗裂砂浆层→保护层。

2. DFZ 高分子防水涂料的施工

1) 施工准备

(1) 技术准备

防水施工前应对图纸进行会审,掌握工程施工图中防水细部构造及技术要求。防水专业队应按设计要求及工程具体情况,编制施工方案,经施工总包单位及监理(建设)单位审核后实施。施工前应对操作人员进行安全与技术交底,主要施工人员或设备操作人员应经过专业培训并考核合格。

(2) 材料准备

主材、配套材料、辅助材料应根据设计要求、工程量和施工进度准备。主要材料进场后应按规定抽样复验,复验合格后方可用于工程。

(3) 工具及防护用品

主要施工机具应按表 8.6-5 准备,施工前检查、调试喷涂机,准确计量并进行试喷,确保喷涂机正常工作。

DFZ 高分子防水涂料专用喷涂设备及常用机具　　　　　表 8.6-5

序号	机具	单位	数量	用途
1	喷涂设备、高压软管和喷枪	套	2	喷涂专用
2	搅拌器、配料桶、过滤网、高压泵及水枪、温湿度计、电源线			
3	风力清扫机、锤子、毛刷、腻子刀、铁锹、扫帚	件	满足使用	清理机具
4	剪刀、铲刀、料桶、卷尺、毛刷、工具箱及备件等	件	满足使用	常用工具
5	安全帽、防护服、安全带、乳胶手套、风镜、口罩、工作靴等	件	满足使用	防护用品

2) 工艺流程

基层清理→现场围挡保护→细部处理→喷涂施工。

3) 施工要点

(1) 防水基层处理

① 基层为结构混凝土板,混凝土屋面板应坚实、平整,面层应无浮浆、孔洞、裂缝、尖锐棱角和凹凸不平现象;

② 基层的阴角宜抹成圆弧形或 45°倒角,不应有死弯;

③ 穿透防水层的管道、预埋件、预留洞口等应在防水层施工前完成;

④ 基层应干净、无灰尘、油污、碎屑等杂物。

(2) 大面喷涂施工前应进行试喷

通过试喷调整喷涂距离,观察喷涂质量,检查喷涂厚度及成膜情况,确定喷枪移动速度,提出施工参数和预调方案。

(3) 细部附加层施工

阴、阳角及穿透防水层的管道、预埋件、设备基座、预留洞口等部位应进行附加层的施工,附加层宜用涂刷法施工,宽度 300～500mm,内夹胎体增强材料。

(4) 喷涂 DFZ 高分子防水涂料

① 喷涂作业前,应对材料进行缓慢、充分搅拌。

② 应按照先细部构造后大面喷涂的顺序连续作业,一次多遍、交叉喷涂达到厚度要求。

③ 喷枪宜垂直于喷涂基层,距离喷涂面为 700mm 左右。操作人员由前向后倒退施工、均匀移动。

基层清理、喷涂基层处理剂及喷涂防水涂料后的效果见图 8.6-1～图 8.6-4。

图 8.6-1　屋面基层清理干净　　　　图 8.6-2　喷涂基层处理剂

图 8.6-3　平屋面喷涂 DFZ 防水涂料后效果　　图 8.6-4　坡屋面喷涂 DFZ 防水涂料后效果

5）施工注意事项

（1）防水基层应涂布基层处理剂；

（2）喷涂 DFZ 高分子防水涂料施工环境温度宜为 10～35℃；严禁在雨天、雾天、五级风及其以上的天气进行露天作业；

（3）涂膜固化后应及时做好保护措施。

6）质量要求

（1）DFZ 高分子防水涂料及配套材料的质量应符合设计要求。

（2）涂膜应连续、多遍、一次性喷涂完成。

（3）喷涂 DFZ 高分子涂料防水层的平均厚度应符合设计要求，最小厚度不得小于设计厚度的 90%。

（4）涂膜防水层应与基层粘结牢固，涂布均匀，不得有鼓泡、露槎现象；喷涂 DFZ 高分子涂料防水层及其细部做法均应符合设计要求。

（5）喷涂 DFZ 高分子涂料防水层雨后观察或淋水 2h、蓄水 24h 试验不得有渗漏现象。

3. 喷涂 WT 硬泡聚氨酯防水保温层施工

1）施工准备

喷涂 WT 硬泡聚氨酯防水保温层施工技术准备与本章 DFZ 高分子防水涂料技术准备相应的内容基本相同。

2）材料准备

根据工程进度及工程量，组织材料进场后，应按规定进行见证取样复验，复验合格后方可使用。施工前应进行试样喷涂，喷涂 WT 聚氨酯硬泡体试块两块，经检测合格后方可大面积施工，施工时应根据已调试的工艺参数喷涂，严格把关。

3）机具准备

喷涂机、空压机、扫帚、手锤、料桶、搅拌器、打磨机、卷尺、靠尺、探针等。设备进场后，应及时检查和调试，保证设备的正常使用。

4）工艺流程

喷涂 WT 聚氨酯硬泡体→隐蔽验收。

5）喷涂 WT 聚氨酯硬泡体

（1）对喷涂机、空压机及其他设备进行检查和校验，对 A、B 料的配比应调整准确，并进行试喷。

（2）料液混合均匀、热反应充分后，开始正式喷涂施工。喷涂时喷枪移动速度要连续、均匀，喷嘴与施工基面的间距应适中（图 8.6-5、图 8.6-6）。

图 8.6-5　平屋面防水保温层施工　　　　图 8.6-6　坡屋面防水保温层施工

（3）一个施工作业面的聚氨酯硬泡体应分多遍喷涂完成，每遍喷涂厚度宜为 15mm 左右。当日施工的作业面应当日喷涂完毕。

（4）屋面细部构造与大面的硬泡聚氨酯均应连续喷涂完成。

6）施工注意事项

（1）聚氨酯硬泡体施工基层应干燥，环境温度宜为 15～35℃，空气相对湿度宜小于85%，四级风及其以上不宜施工，不得在雨天露天作业。

（2）喷涂施工现场周围应进行遮挡，施工现场禁止烟火。

（3）聚氨酯硬泡体喷涂施工后 20min 内，严禁人员踩踏。

（4）施工操作人员必须穿防护服及软胶底鞋。

（5）聚氨酯硬泡体不宜长时间外露，喷涂施工完成、验收合格后应及时进行保护层施工，保护层施工不得损坏聚氨酯硬泡体涂层。

7）质量要求

（1）喷涂硬泡聚氨酯材料及配合比应符合设计要求，材料进场后应进行抽样复验。

（2）喷涂硬泡聚氨酯应分遍喷涂，层层搭接紧密，粘结牢固，表面应平整，不得有破损、脱层、起鼓、孔洞及裂缝现象。

（3）喷涂硬泡聚氨酯的厚度应符合设计要求，不得有负偏差。

（4）喷涂硬泡聚氨酯的防水保温层构造，应符合设计要求。

4. WKT泡沫混凝土保温找坡层施工

1）施工准备

（1）技术准备，WKT泡沫混凝土施工技术准备与本章DFZ高分子防水涂料技术准备相应的内容基本相同。

（2）材料准备

WKT泡沫混凝土主要材料包括水泥、发泡剂及细砂、粉煤灰或保温骨料等，根据工程进度及工程量，组织材料进场。

（3）机具准备

主要施工机具应按表8.6-6准备。

WKT泡沫混凝土施工主要机具 表8.6-6

序号	机具	单位	数量	用途
1	水泥发泡机、发泡混凝土一体机（液压泵送）	套	1	泡沫混凝土拌合专用设备
2	抹尺、灰刀、钢丝刷、抹子、滚刷、量具、台称、铁桶及其配套的施工机具	件	满足使用	常用机具
3	防尘罩、水靴等防火、防毒、通风器材及劳保用具	件	满足使用	防护用具
4	100mm×100mm×100mm钢制模及300mm×300mm×30mm或200mm×200mm×50mm特制模具	件	各1	现场取样试模用具

2）工艺流程

基层清理→材料配制→浇注泡沫混凝土→表面找平处理→养护→验收。

3）施工要点

（1）基层应清理干净，不得有油污、浮尘和积水，用水泥砂浆按设计的厚度设定浇筑面标高线。

（2）按设计配合比要求配制水泥、发泡剂、特种骨料、各种外加剂或泡沫混凝土专用干粉料的用量，计量准确，搅拌均匀。

（3）泡沫混凝土的浆料排放到施工的工作面上，用2m刮尺将泡沫混凝土浆料快速摊铺抹平。

4）施工注意事项与质量要求

（1）发泡混凝土所用原材料的质量及配合比，应符合设计要求。

（2）现浇发泡混凝土应分层施工，粘结应牢固，表面应平整，表面平整度的允许偏差为5mm；不得有贯通性裂缝及疏松、起砂、起皮现象（图8.6-7、图8.6-8）。

图8.6-7 现场浇筑泡沫混凝土保温找平层

图8.6-8 泡沫混凝土保温找平层屋面效果

（3）浇筑发泡混凝土保温层的厚度应符合设计要求，找坡应正确。

（4）施工环境温度宜为 5～35℃。

（5）泡沫混凝土浇筑终凝后应进行保湿养护，养护时间不得少于 7d。

5. GR 聚合物水泥抗裂砂浆保护层施工

1）施工准备

（1）技术准备

GR 聚合物水泥抗裂砂浆施工技术准备与本章 DFZ 高分子防水涂料技术准备相应的内容基本相同。

（2）材料准备

根据设计要求选用聚合物、外加剂及水泥品种，按照工程进度及工程量组织进场。

（3）施工主要机具

砂浆搅拌机、喷浆机、水泵、灰板、铁抹子、阴阳角抹子、大桶、钢丝刷、软毛刷、八字靠尺、尖凿子、捻錾子、铁锹、扫把、木抹、刮杠等。

2）工艺流程

基层清理→洒水湿润→喷涂聚合物水泥抗裂砂浆→养护→验收。

3）施工要点

（1）基层应平整、干净、湿润、无积水。

（2）喷涂聚合物水泥抗裂砂浆层厚度应均匀，表面应平整（图 8.6-9～图 8.6-12）。

图 8.6-9 平屋面聚合物水泥抗裂砂浆施工

图 8.6-10 坡屋面聚合物水泥抗裂砂浆施工

图 8.6-11 平屋面聚合物水泥抗裂砂浆施工后效果图

图 8.6-12 坡屋面聚合物水泥抗裂砂浆施工后效果图

（3）聚合物水泥抗裂砂浆层设置分格缝时，分格缝纵横间距宜为 3m。

（4）聚合物水泥抗裂砂浆终凝后应进行保湿养护，养护时间不宜少于 7d。

4）质量要求

（1）聚合物水泥抗裂砂浆材料及配合比应符合设计要求，水泥宜采用硅酸盐水泥、普通硅酸盐水泥或复合硅酸盐水泥，其强度等级不得低于 32.5R，不得使用过期或受潮结块的水泥，不得将不同品种或不同强度等级的水泥混用；砂宜用粒径 3mm 左右的中砂，硫化物和硫酸盐及含泥量应符合相关标准的规定；水应采用不含有害物质的洁净水。

（2）聚合物水泥抗裂砂浆层与基层应结合牢固，无空鼓现象；表面应密实、平整，不得有裂纹、起砂、麻面等缺陷，阴阳角处应抹成圆弧形。

（3）聚合物水泥抗裂砂浆层的平均厚度应符合设计要求，最小厚度不得小于设计值的 90%。

8.6.4 DFZ屋面防水保温系统的主要特点

1. 整体防水效果好

屋面基面、防水层、保温层、保护层形成一个整体的防水保温体系，解决了防水层窜水、渗水、异形部位施工难度大等难题，解决了防水层因紫外线照射给有机防水材料造成的老化、龟裂等难题。保温层无缝隙，保护了防水层，使防水材料更稳定，寿命更长久，性价比高。

2. 保温效果好

硬泡聚氨酯是高闭孔率的泡沫体，导热系数小于 0.024W/(m·k)，节能效果好。施工厚度 45mm 就可以达到节能 75% 的要求。采用该系统，夏季使室内温度可下降 4℃ 左右。冬季采暖期室内温度可上升 4~5℃。保温层无缝隙，克服了传统保温层空鼓、吸水以及膨胀造成的保护层开裂等一些质量通病。

3. 重量轻、抗压强度较高

40mm 硬泡聚氨酯重量约 2.4kg/m²，减少了原来保温层上混凝土的用量，因此该系统又被业内人士称为轻质屋面系统，对高层建筑减少楼体重量是最佳选择。硬泡聚氨酯具有较高的强度、良好的抗冲击性和不易开裂等优异性能。

4. 施工速度快

DFZ屋面防水保温系统完全采用机械化施工，工序衔接紧密，1000m² 左右屋面，若采用找平、找坡、防水、保温传统的施工方法，一般要近一个月时间才能完成，且质量隐患较多。采用防水保温一体化施工技术，防水层和保温层两道施工工序，仅需两三天时间即可完成，创造了屋面防水保温施工速度的奇迹。

5. 节能、环保

DFZ屋面防水保温系统优化了构造层次，节省大量建筑材料，减少环境污染，符合国家绿色、节能、环保政策。

8.7 昆泰嘉瑞项目屋面聚乙烯丙纶卷材复合防水施工技术

8.7.1 工程概况

由北京昆泰房地产开发有限公司建设、中国建筑技术集团有限公司设计、中国建筑一

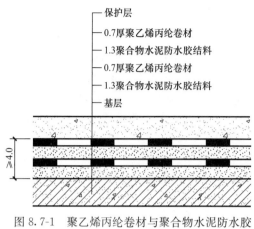

保护层
0.7厚聚乙烯丙纶卷材
1.3聚合物水泥防水胶结料
0.7厚聚乙烯丙纶卷材
1.3聚合物水泥防水胶结料
基层

≥4.0

图8.7-1　聚乙烯丙纶卷材与聚合物水泥防水胶
结料复合防水构造

局（集团）有限公司施工的昆泰嘉瑞项目，位于五环路与京密路交汇处西北角、毗邻大望京公园，总体规划近60万 m²。由五栋160～220m的超高层建筑及环形商业体组成，框架-核心筒结构，总建筑面积23万余平方米，屋面防水面积12500m²，采用聚乙烯丙纶卷材与聚合物水泥防水胶结料复合防水技术，防水构造为（0.7mm 厚聚乙烯丙纶防水卷材＋1.3mm 厚聚合物水泥防水胶结料）×2的做法，聚乙烯丙纶防水卷材与聚合物水泥防水胶结料复合防水层总厚度不应小于4.0mm，防水构造见图8.7-1。

8.7.2　材料要求

1）聚乙烯丙纶防水卷材的主要成分、构造及其性能指标应符合本书2.6的要求。

2）聚合物水泥防水胶结料采用水泥、粘结胶、适量水混合配制而成，具有良好的粘结性能和防水性能。胶结料为与聚乙烯丙纶防水卷材相配套的专用胶，水泥采用42.5R硅酸盐水泥或普通硅酸盐水泥，聚合物水泥防水胶结料的主要性能指标应符合表8.7-1的要求。

聚合物水泥防水胶结料的主要性能指标　　　　　表8.7-1

序号	项目			标准值
1	潮湿基面粘结强度	标准状态（7d）（MPa）	≥	0.4
		水泥标养状态（7d）（MPa）	≥	0.6
		浸水处理（7d）（MPa）	≥	0.3
2	剪切状态下的粘合性	卷材-卷材	标准状态（N/mm） ≥	3.0 或卷材破坏
		卷材-砂浆基层	标准状态（N/mm） ≥	3.0 或卷材破坏
			冻融循环后（N/mm） ≥	3.0 或卷材破坏
3	粘结层抗渗压力（MPa）		≥	0.3

8.7.3　施工准备

1. 技术准备

1）防水施工前，项目经理和技术负责人到施工现场了解工程情况和施工环境，查看图纸，掌握工程施工图中防水设计要求、防水构造和细部构造做法。按设计要求及工程特点编制施工方案，报施工总包单位及监理（建设）单位审核后实施。

2）施工前应对操作人员进行安全与技术交底。

2. 材料准备

1）聚乙烯丙纶防水卷材

聚乙烯丙纶防水卷材根据设计要求的规格、型号，按昆泰嘉瑞项目每栋楼工程量和施工进度，分批进场，材料进场后按规定见证抽样复验，复验合格后方可用于工程。

2）聚合物水泥防水胶结料

聚合物水泥防水胶结料既是聚乙烯丙纶防水卷材的粘结材料，又是一道刚性防水层，胶结料中使用的点牌胶是配套产品，材料进场时应有质量检验报告、环卫检测报告、合格证；胶结料中使用的水泥为 42.5R 硅酸盐水泥或普通硅酸盐水泥。材料进场后按规定见证抽样复验，复验合格后方可用于工程。

3. 机具准备

机具主要包括：

1）清理基层机具：笤帚、高压吹风机、吸尘器、铲刀、毛刷等；

2）施工机具：电动搅拌器、拌料桶、小桶、刮板、滚刷、毛刷、铲刀、剪刀、压辊；

3）计量工具：磅秤、计量桶；

4）检测工具：卡尺、小刀、测厚仪、卷尺。

4. 防水基层准备

防水施工前，应对防水基层进行检查，并通过专项验收。验收合格的防水基层应符合以下要求：

1）防水基层应坚实、平整，混凝土面层应无浮浆、孔洞、裂缝、尖锐棱角和凹凸不平现象；采用水泥砂浆找平层的基层，不得有酥松、起砂、起皮现象，水泥砂浆抹平收水后应进行二次压光处理和充分养护；

2）基层的阴角宜抹成圆弧形或 45° 倒角；

3）穿透防水层的管道、预埋件、预留洞口等应在施工前完成；

4）基层应干净，无灰尘、油污、碎屑等杂物；

5）基层应潮湿，但不得有明水。

8.7.4　施工技术

1. 工艺流程

清理基层→湿润基层→配制聚合物水泥防水胶结料→细部增强处理→弹线定位→涂刮聚合物水泥防水胶结料→铺贴第一层卷材→涂刮第二层聚合物水泥防水胶结料→铺贴第二层卷材→卷材接缝及收头密封处理→保护层施工。

2. 施工要点

1）基层清理

基层彻底清理干净，表面不得有突起物、砂浆疙瘩、尘土等影响聚合物水泥防水胶结料粘结的物质。

2）湿润基层

清理干净的基层上洒水湿透，但表面不得有明水。水泥砂浆找平层硬化后，可直接在潮湿基面上进行防水层施工，不必等到干透。

3）配制聚合物水泥防水胶结料。将专用配套胶、42.5R 硅酸盐水泥（或普通硅酸盐水泥）、水按规定的比例（点牌胶：水泥：水＝1：50：25）混合，用电动搅拌器充分搅拌均匀。

4）铺设卷材附加层。屋面的阴角、阳角和穿板（墙）管等易渗漏的薄弱部位，应用胶结料粘贴卷材附加层，卷材应紧贴阴角、阳角，满粘铺贴，不得出现空鼓现象。

阴阳角附加层宽度为500mm，立面、平面卷材上下各半（图8.7-2）。

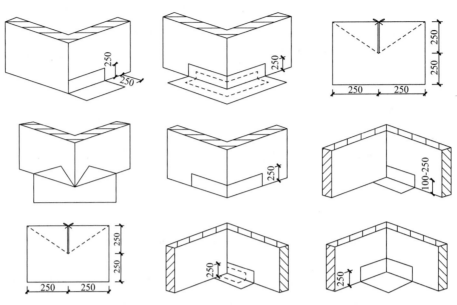

图8.7-2　阴阳角附加层示意图

5）弹线定位。按照卷材的宽度，用粉线弹出基准线。

6）涂刮聚合物水泥防水胶结料。将聚合物水泥防水胶结料用刮板或铁抹子均匀涂刮在基层表面，大面积施工聚合物水泥防水胶结料宜采用专用设备喷涂，胶结料厚度不应小于1.3mm。聚合物水泥防水胶结料应喷涂均匀，不露底，不堆积。

7）铺贴卷材。卷材采用满粘法铺贴。卷材沿基准线铺展，一边向前滚铺卷材，一边用刮板向两侧刮压，使卷材下面的气泡和多余的胶结料推赶出来，以彻底排除卷材与基层之间的空气，将卷材与聚合物水泥防水胶结料紧密粘结，再用刮板推压平整，使防水层平整、均匀、牢固。大面积卷材粘结率不得少于95%，搭接缝粘结率必须100%，不得出现空鼓、皱折现象。卷材搭接宽度：长、短边均不应小于100mm，相邻两行短边接缝应错开500mm以上。

第二道聚乙烯丙纶防水卷材复合防水层应在第一道聚乙烯丙纶防水卷材复合防水层铺贴完成并经隐检合格后进行，上下两层卷材接缝应错开1/2～1/3幅宽，短缝应错开500mm以上。

8）细部构造

（1）管根

按照管根直径的大小，剪裁出尺寸合适的卷材，用胶结料在管道根部粘结压实（图8.7-3）。

（2）女儿墙

女儿墙防水层应铺至压顶，见图8.7-4。

（3）卷材接缝部位

卷材长、短边搭接均不应小于100mm，用胶结料粘结紧密后，缝口再刷一层胶结料做密封处理。

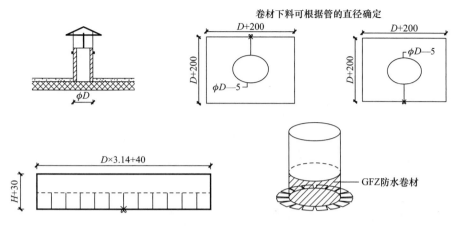

图 8.7-3 管根防水构造

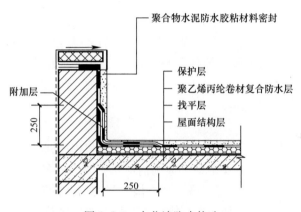

图 8.7-4 女儿墙防水构造

（4）卷材防水层收头部位应固定牢固，并用密封材料封闭严密。

9）保护层

聚乙烯丙纶卷材与聚合物水泥防水胶结料复合防水层铺设完成，经验收合格后，应按设计要求及时进行保护层施工。

8.7.5 施工注意事项与质量要求

1. 施工注意事项

1）施工操作人员应经过专业培训，主要操作人员应熟悉聚乙烯丙纶防水卷材与聚合物水泥防水胶结料的基本特点和复合防水构造，熟悉施工工艺、操作程序、技术要点、质量要求，在施工中应严格按照规范要求进行作业。严格施工过程中的质量控制，每道工序须经检查、验收合格后方可转序。

2）聚合物水泥防水胶结料的配制应按说明书要求进行，不得任意改变配合比。配制好的胶结料应在 2h 内用完。

3）施工环境温度宜为 5～35℃，环境温度低于 5℃时，施工现场应采取保温措施，环境温度高于 35℃时，施工现场应采取降温措施；下雨天不得进行露天作业；五级风及其以上不得进行露天作业。

2. 质量要求

1）聚乙烯丙纶防水卷材与配套胶的性能指标应符合设计要求和相关标准的规定。

2）聚合物水泥防水胶结料的配制应符合说明书要求。

3）聚合物水泥防水胶结料涂布应均匀，与基层应紧密粘结，覆盖率100%，涂层厚度应符合设计要求；卷材与聚合物水泥防水胶结料粘结率不得少于95%，搭接缝粘结率必须100%，不得出现空鼓、皱折现象；卷材防水层收头部位应固定牢固、封闭严密；细部构造防水做法应符合设计要求。

4）屋面的聚乙烯丙纶防水卷材复合防水工程质量应符合《屋面工程质量验收规范》GB 50207—2012 的相关规定。

8.7.6 质量保证措施

1. 基本项目

1）防水基层应牢固、平整、洁净，无起砂、起皮、空鼓、尖凸、凹陷和松动等现象。

2）胶结料涂刷应均匀，不得有漏刷和麻点等缺陷，厚度应符合设计要求。

3）卷材防水层应粘贴牢固，铺贴平整，各层之间结合紧密，无损伤、滑移、褶折、翘边、张口等现象；卷材的搭接、收头、泛水、阴阳角、管根、变形缝等细部构造防水应符合设计要求和施工规范的规定。

2. 保证项目

1）聚乙烯丙纶防水卷材及胶结料应符合设计要求和相关标准的规定。

2）施工操作人员应经过专业培训，进场前应进行安全、技术交底，施工中严格按有关规范标准和工艺程序操作，坚持严格的"三检"制度，具备条件的屋面应做蓄水试验。

3）积极配合总包与相关工种工作，使与防水相关的工序都能有效保证防水质量。

4）屋面聚乙烯丙纶卷材复合防水层不得有渗漏和积水现象。

8.7.7 应用效果

昆泰嘉瑞项目屋面防水采用两层"0.7mm 厚聚乙烯丙纶防水卷材＋1.3mm 厚聚合物水泥防水胶粘材料"的防水构造做法，2014 年施工完成，经过 4 年使用检验，未出现渗漏问题（图 8.7-5），建设单位、设计单位、使用单位都很满意。

图 8.7-5　昆泰嘉瑞工程

8.8 零缺陷超级贴必定防水系统施工技术

8.8.1 工程概况

"华数白马湖数字电视产业园建设项目"（图 8.8-1），位于浙江省杭州市滨江区白马湖文
化创意园区内。项目总建筑面积 16 万余平方米，
其中地上建筑面积为 10 万余平方米，地下建筑
面积为 6 万余平方米；地上部分由 6～11 层不等
的 7 幢办公生产楼（分别为 A 楼、B 楼、C 楼、
D 楼、E 楼、F 楼、G 楼）及 3 层的音频、视频
测试中心（H 楼）组成；地下 2 层。H 楼为钢
筋混凝土框架结构，其他楼为钢筋混凝土框剪
墙结构；该工程屋面防水主要分为地下室顶板、
裙楼、屋面三个部分，防水面积约 3.5 万 m^2。

图 8.8-1　华数白马湖数字电视产业园

8.8.2 防水设计方案及选材介绍

1. 防水设计

防水工程是影响建筑后期使用的一个功能性组成部分，为了确保防水万无一失，本工
程的种植屋面防水采用钢筋混凝土自防水和一道 2.0mm 厚涂必定橡胶沥青防水涂料加一
道 4.0mm 厚贴必定 BAC 耐根穿刺防水卷材，非种植屋面、女儿墙、天沟等节点部位采用
2.0 厚涂必定橡胶沥青防水涂料加一道 2.0mm 厚贴必定 BAC-P 防水卷材，本项目采用深
圳市卓宝科技集团推出的零缺陷系统施工工艺。

2. 主要防水材料介绍

针对此项目防水的重要性，结合我司多年防水设计经验，该防水材料采用"涂料＋卷
材"的防水组合。涂料选择的是高密封性、高渗透性、高蠕变性（自修复）的涂必定® 橡
胶沥青防水涂料；卷材选择的是贴必定® BAC 耐根穿刺自粘防水卷材及贴必定® BAC-P 双
面自粘防水卷材，两者之间有高度的相容性、互补性。

1）涂必定® 橡胶沥青防水涂料

涂必定® 橡胶沥青防水涂料是一种以橡胶、沥青和助剂混合制成的，在应用状态下始
终保持粘性膏状体的防水涂料。该产品通过现场加热成流态，刮涂于基层形成粘结力强、
具有蠕变和自愈功能的防水层。它既能作为独立的防水层，也可与卷材形成复合防水层。

（1）不固化。施工后始终保持粘性膏状，具有蠕变性，不固化，能抵御基层变形。

（2）持久粘结。材料施工后始终保持粘性，粘结效果经久不衰。

（3）持久密封。始终具有蠕变性，确保材料对基层的持久密封。

（4）粘结性强。能与各种基层和卷材实现粘结，粘结性能好。

（5）双重功能。不仅仅是一道防水层，也是一道优异的粘结层。

（6）自愈性强。施工时即使出现防水层破损也能自行修复，维持完整的防水层。

（7）适用范围广。常温和低温环境均可施工，瞬间便可达到粘结要求，能在下雨前施工。

(8) 施工方便。施工时可以选择涂刮或喷涂，可一次施工到设计厚度，方便快捷。

2) 贴必定®BAC-P 双面自粘防水卷材

该卷材是一种抗拉、延伸率和抗撕裂能力更强的无胎自粘防水卷材，具有优良的耐紫外线和稳定性。

(1) 具有优异的物理性能。尤其是高撕裂强度和尺寸稳定性，凸显材料对施工环境的适应性；

(2) 粘结可靠、便于检修。防水卷材与结构牢固粘结，卷材出现任何局部破坏，水都会被限定在很小的范围内不窜流，即使出现个别的渗漏，则渗漏点也会与破坏点一致，极易检修；

(3) 独特自愈性。具有独特的自愈性，能自动愈合较小的裂缝，挂瓦屋面更显神功。

3) 贴必定®BAC 耐根穿刺自粘防水卷材

贴必定 BAC 耐根穿刺自粘防水卷材，专门针对有种植要求的地下室顶板、屋面等部位而研发，是一款以长纤聚酯纤维毡为增强胎基，以添加进口化学阻根剂的自粘改性沥青为涂盖材料，两面再覆以隔离材料而制成的本体自粘类改性沥青卷材。该卷材既具有与 BAC 自粘防水卷材相同的防水性能，同时又具有阻止植物根系穿透的功能。

8.8.3 防水构造层次设计

1. 构造设计

地下室顶板、低跨屋面、裙房屋面为绿化屋面，屋面基本构造层次为：钢筋混凝土结构层＋2mm 厚涂必定非固化橡胶沥青涂料＋4.0mm 厚贴必定 BAC 耐根穿刺自粘防水卷材（图 8.8-2）。

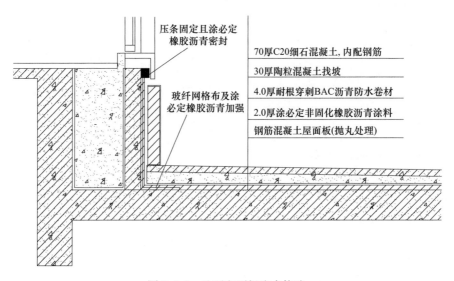

图 8.8-2 地下室顶板防水构造

裙房低跨小屋面、高层楼中部半叶状休息平台、主楼低跨地砖屋面、主楼屋面高跨的机房顶屋面的构造层次如下：钢筋混凝土结构层＋2mm 厚非固化橡胶沥青涂料＋2.0mm 厚贴必定 BAC-P 双面自粘沥青防水卷材（图 8.8-3）。

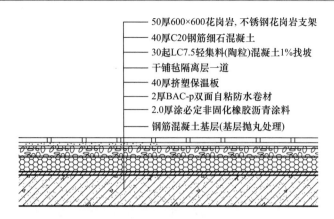

图 8.8-3　裙楼等非种植屋面构造

2. 风险区域划分

根据本项目的具体情况及甲方提供的建筑图纸，划分防水施工风险区域（图 8.8-4），对风险区域内部的节点进行编号，方便现场管理人员对项目的管理，使施工有条不紊。

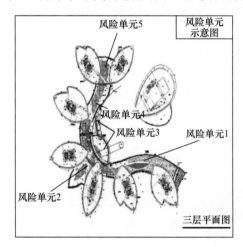

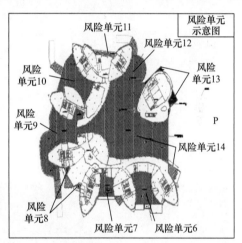

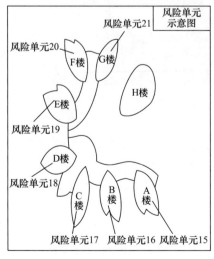

图 8.8-4　风险区域划分

8.8.4 施工工艺

1. 基层要求

1）清除基层表面杂物、油污、尘土等，清扫工作必须在施工中随时进行；

2）基层修补平整；

3）阴阳角抹成圆弧形；

4）基层若有明水，施工前需清理干净；

5）各种预埋件已预先安装固定牢固。

2. 工艺流程

加热涂必定橡胶沥青涂料→清理基层→基层处理→节点加强处理→定位弹线→试铺自粘卷材→施工涂必定橡胶沥青涂料→铺贴自粘卷材→卷材搭接→组织验收。

3. 施工要点

1）加热橡胶沥青涂料：把橡胶沥青涂料放入专用的加热器中进行加热（图 8.8-5），

图 8.8-5 沥青涂料加热器

加热温度不应超过 170℃。

2）抛丸处理基层（图 8.8-6），经过现场基层的勘查，基层有的地方有起砂现象，因此采取基层抛丸处理工作，使抛丸后的基面变得均匀、粗糙、清洁，裸露出混凝土结构的毛细孔，提升涂料的附着性能。而且经过抛丸后的基层更容易暴露出基层表面存在的缺陷，能够更好地在施工前进行修补和加强工作。

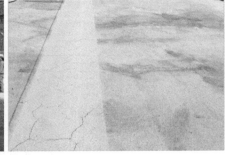

图 8.8-6 抛丸处理基层

3）清扫基层：用扫帚、铁铲、吹灰机等工具将基层表面的灰尘、杂物清理干净，基面保持基本平整，对于不平的部位需修补平整，或用手持打磨机进行打磨处理。对于后浇带部位基面不平整的部位，采用水磨机进行打磨处理（图 8.8-7）。

4）涂刷基层处理剂：在女儿墙及细部节点位置应均匀涂刷配套的基层处理剂，做到不漏涂、不露底。

5）节点加强处理及女儿墙附加层处理（图 8.8-8）：对节点部位（如：水落口、穿板管道、阴阳角等）采用橡胶沥青涂料加网格布进行加强处理后再铺贴一层贴必定 BAC 双面自粘卷材。

图 8.8-7　基层打磨处理

图 8.8-8　节点加强处理

6）大面卷材施工

（1）定位弹线：以分格的方式进行弹线（图 8.8-9），确定施工橡胶沥青涂料的范围，每个格子的宽度为 0.92m，长度为 5m，面积为 4.6m²。

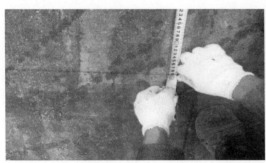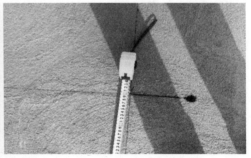

图 8.8-9　定位弹线

（2）试铺自粘卷材：将自粘卷材自然松弛的摊开，按控制线摆放好，然后把卷材从两端往中间收卷。

（3）大面涂料涂刮：把加热完毕的橡胶沥青涂料，装入带有刻度的专用桶内，每桶装入涂料的重量为 11.5kg，然后将 11.5kg 的涂料倒在 4.6m² 的格子内，确保涂料的用量为 2.5kg/m²，按照弹线的范围将橡胶沥青涂料涂刮在基面上，涂刮厚度应均匀，不露底。

（4）铺贴自粘卷材：在涂料冷却之前，揭除自粘卷材下表面的隔离膜，将卷材粘贴在涂层上。

171

图 8.8-10 女儿墙立面收头处理

（5）卷材搭接：将自粘卷材搭接边的隔离膜揭除，进行自粘搭接，卷材 T 形搭接口处再用涂必定®橡胶沥青防水涂料进行内外密封处理。卷材收头处，用涂必定®橡胶沥青防水涂料进行密封。

7）主要节点部位的处理

（1）屋面女儿墙收头处理（图 8.8-10～图 8.8-12）

① 女儿墙阴角处先涂刮第一遍橡胶沥青防水涂料并铺贴对应大小的玻纤网格布，再涂刮第二遍橡胶沥青涂料将网格布覆盖住，涂料平面和立面方向的宽度均为 250mm；

② 大面涂刮橡胶沥青涂料，涂料上返至女儿墙立面方向的高度不应小于平面完成面以上 250mm；

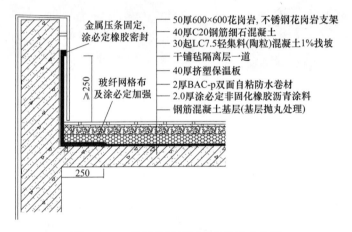

图 8.8-11 裙房低跨屋面女儿墙防水构造

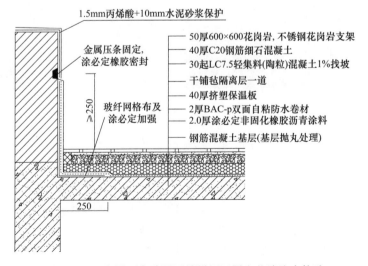

图 8.8-12 主屋面高跨屋面楼梯间四周女儿墙防水构造

③ 将自粘卷材铺贴在已涂刮橡胶沥青防水涂料的基面上，女儿墙立面卷材上返至平面完成面以上 250mm；

④ 卷材在女儿墙立面收头应采用压条钉牢，并用橡胶沥青涂料封严。

（2）主楼高跨屋面直式水落口（图 8.8-13）

① 水落口四周涂刮橡胶沥青防水涂料及玻纤网格布加强处理，涂料及玻纤网格布平面宽度为 250mm；

② 大面涂刮橡胶沥青涂料，铺贴自粘防水卷材。卷材收头采用橡胶涂料密封。

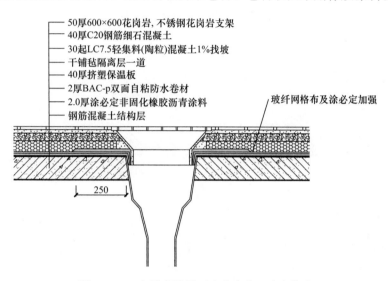

图 8.8-13 主楼高跨屋面直式水落口防水构造

（3）裙房屋面天沟防水构造（图 8.8-14）

① 在天沟内首先涂刷一层非固化沥青防水涂料，上面粘贴玻纤网格布；

② 再涂刷一遍非固化沥青橡胶涂料并同时把 BAC-P 自粘防水卷材粘贴到天沟内，再将大面的耐根穿刺 BAC 自粘卷材粘到 BAC-P 卷材上；

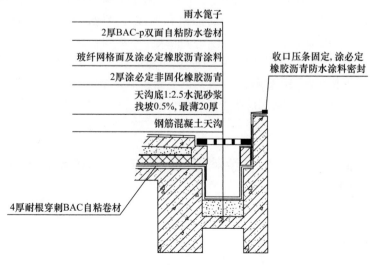

图 8.8-14 裙房屋面天沟防水构造

③ 最后用压条固定 BAC-P 双面自粘卷材的收头位置，并用涂必定橡胶沥青涂料进行密封处理。

（4）裙楼屋面后浇带防水构造（图 8.8-15）

① 首先，用磨光机把后浇带的四周打磨成圆弧状；然后，涂刷一层涂必定橡胶沥青涂料；

② 粘贴玻纤网格布；

③ 涂刷一层 2mm 厚的涂必定橡胶沥青涂料，上面粘贴 4mm 厚的耐根穿刺 BAC 自粘卷材。

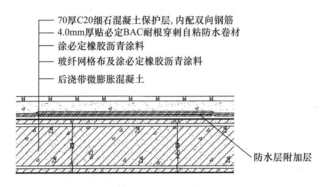

图 8.8-15　裙楼屋面后浇带防水构造

8.8.5　结语

本工程地下室顶板、裙楼、屋面防水部分已经完成，完成后地下室顶板，裙楼、主楼屋面均无渗漏，各个部位干燥，防水效果良好。

在防水工程中，防水卷材采用传统工艺进行施工，防水层与结构层之间难以实现满粘结，在防水层与结构层之间容易形成一层"窜水层"，一旦防水层出现破损点，水就会透过破损点进入窜水层并在"窜水层"中到处窜流，遇到结构裂缝就会渗入室内。进行维修时很难找到漏点，常常会出现堵了这里，其他地方又开始漏的情况，随即进入了一个"堵漏、堵漏、越堵越漏"的怪圈，不管怎么堵都还是不能彻底解决渗漏问题。

华数白马湖数字电视产业园区屋面防水工程，采用了深圳卓宝的零缺陷超级贴必定防水系统，该防水系统是该公司经过长期的探索和实践，吸收国内外先进的防水理念和技术，继推出被业界高度推崇、广泛模仿的"皮肤式"防水理念和"湿铺法"施工工艺之后的又一个业内创举，该系统采用"涂料＋卷材"的防水组合，涂料层与结构层紧密粘结，消除"窜水层"，即使防水层出现破损或瑕疵也不会影响整个防水系统的安全性。所以我们公司对采用卓宝零缺陷超级贴必定防水系统承担的任何防水工程，均由保险公司提供全面工程质量保险，每一个风险单元一旦渗漏，双倍赔偿，这在防水业内又将掀起新一轮革命。

8.9　非固化橡胶沥青防水涂料与自粘防水卷材复合防水在地下工程的应用

8.9.1　工程概况

山东省淄博高新区创新大厦，共由 3 栋高层建筑组成，建筑面积近 30000m²，其地下水位偏高，其中 1 号楼地下 2 层，底板防水面积近 $10000m^2$。

该地下工程的地下水位接近地表或在强降雨过程中地下水位上升至地表时，地下围护结构将面临相当大的静水压力。在强大的静水压力驱使下，水将穿透围护结构的薄弱部位，特别是围护结构间的收头和过渡等节点部位。因此，地下防水工程在设计防水系统时，不但要求外包防水，还要考虑在静水压力下防水系统的可靠性和耐久性。

8.9.2　防水设计基本原则

随着近年新材料、新工艺、新技术的迭代更新，通过在地下工程中大量的应用和标准化机械化施工作业，涂料与卷材复合应用技术表现出相对良好的防水效果、高性价比、工艺成熟等特点。

该地下工程的防水设计应遵循"定级准确、方案可靠、施工简便、耐久适用、经济合理"的基本原则，将保证工程质量和满足使用作为防水设计的出发点和落脚点。

1) 定级准确。考虑到该工程的特点、使用要求和工程的重要性，防水等级应按一级防水设防。

2) 方案可靠。本工程采用自粘聚合物改性沥青防水卷材和非固化橡胶沥青防水涂料复合防水做法，即集成发挥卷材和涂料各自的优势，共同达到设防目的，体现了方案的可靠性。

3) 施工简便。非固化橡胶沥青防水涂料采用专用机具加热，可大面积机械喷涂，也可细部手工刮涂。

4) 耐久适用。非固化橡胶沥青防水涂料和自粘聚合物改性沥青防水卷材的主要成分都是改性沥青，材质相容性好。

5) 经济合理。防水系统作为地下工程中一个不可更换的系统，须将其放到工程的全生命周期中考虑，建造期间适当提高造价不但大大降低渗漏风险，而且对建筑物寿命也有积极影响，本工程采用涂料和卷材的复合防水做法符合经济合理原则。

8.9.3　防水构造

1) 底板：结构自防水混凝土底板→混凝土保护层→1.5mm 厚自粘聚合物改性沥青防水卷材→2.0mm 厚非固化橡胶沥青防水涂料→找平层→混凝土垫层。

2) 桩头采用 1.0mm 厚水泥基渗透结晶型防水涂料全包裹。

3) 细部防水构造采用复合加强防水措施。

8.9.4　材料要求

1) 非固化橡胶沥青防水涂料的组成、特点及其性能指标见本书 2.7 的要求。

2) 自粘聚合物改性沥青防水卷材的组成、特点及其性能指标见本书 2.2 的要求。

8.9.5　施工技术

1. 工艺流程

基层处理→基层验收→细部加强层处理→大面积喷涂非固化橡胶沥青涂料→铺贴自粘卷材→搭接缝密封处理→检查→质量验收→保护层。

2. 施工要点

1）基层处理

（1）防水基层应坚实、平整、干净，不得有凹凸、松动、鼓包、起皮、裂缝、麻面等现象，当有明显裂缝等缺陷时应用水泥砂浆修补平整，混凝土垫层不得有明水。

（2）防水基层突出部位的阴角应抹成半径为≥50mm的圆弧或45°折角，阳角宜抹成半径10mm左右的圆弧。

2）细部构造防水增强处理

（1）桩头

① 桩头涂刷水泥基渗透结晶型防水涂料，涂层厚度不应小于1.0mm。

② 桩头施工前应剔凿至密实部位，桩身应基本平整，强度等级应符合设计要求。桩头上的受力钢筋应调整到位，桩头上暴露的箍筋须清理干净，涂刷水泥基渗透结晶型防水涂料后不得再对钢筋进行调整。

③ 水泥基渗透结晶型防水涂料应将整个桩头覆盖并自桩头根部向周边继续涂刷宽度不应小于150mm。

（2）承台

承台边及根部的转角部位应增设1mm厚、500mm宽、内夹玻纤网格布的非固化橡胶沥青防水涂料加强层，两侧各250mm（图8.9-1）。

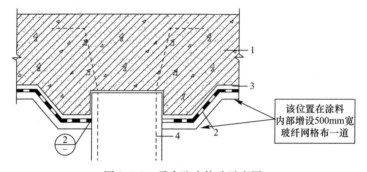

该位置在涂料内部增设500mm宽玻纤网格布一道

图8.9-1　承台防水构造示意图

1—防水混凝土底板；2—复合防水层；3—细石混凝土保护层；4—桩基受力钢筋

（3）后浇带

后浇带位置应增铺一层1.5mm厚自粘高聚物改性沥青防水卷材，两侧宽出后浇带侧边300mm（图8.9-2）。

（4）甩槎

① 侧墙与底板接槎部位是地下防水工程的关键点。底板与侧墙交接部位拐角处应增做一层1.5mm厚自粘高聚物改性沥青防水卷材加强层，加强层上下宽度均不应小于250mm。

② 非固化橡胶沥青防水涂料应涂刷上翻在永久性保护墙，从底面折向立面的卷材与永久性保护墙的接触部位应用非固化橡胶沥青满粘施工，与临时性保护墙接触部位应将卷材临时贴附在该墙上，并临时固定（图8.9-3），上翻的自粘卷材必须做好保护措施。

③ 临时保护墙做法应符合下列要求：

a. 粘结砂浆宜采用石灰砂浆，砌筑形式应按"两顺一丁"顺序砌筑；

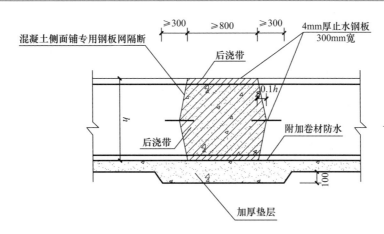

图 8.9-2　后浇带防水构造示意图

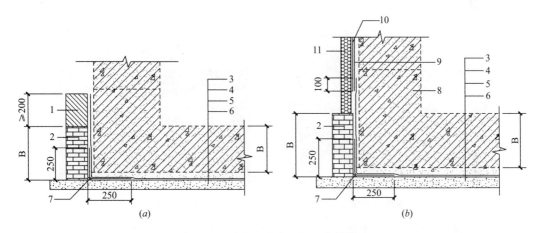

图 8.9-3　卷材防水层甩槎、接槎构造
(a) 甩槎；(b) 接槎

1—临时保护墙；2—永久保护墙；3—细石混凝土保护层；4—卷材防水层；
5—水泥砂浆找平层；6—混凝土垫层；7—卷材加强层；8—结构墙体；9—卷材加强层；
10—卷材防水层；11—卷材保护层

b. 卷材收口采用钢钉临时固定于丁砖砖缝，钉位距卷材末端 10～20mm，接槎前应拆除。

（5）集水井

集水井所有直角阴阳角位置，卷材和涂料均需做加强层；其他拐角处设置涂料内夹玻纤网格布的加强层。加强层宽度 500mm，上下各 250mm（图 8.9-4）。

3）大面非固化橡胶沥青防水涂料与自粘聚合物改性沥青防水卷材复合防水施工

在大面积喷涂非固化橡胶沥青防水涂料时，涂料的加热温度不应超过 170℃，并应在喷涂的涂层稍冷后再铺贴自粘聚合物改性沥青防水卷材，施工时应揭掉卷材下表面的隔离膜并将卷材铺贴在非固化橡胶沥青涂层上，要求铺贴顺直、平整、无折皱。卷材搭接宽度为 100mm，将非固化橡胶沥青防水涂料喷涂于搭接宽度内，无需表干，可直接进行自粘卷材搭接缝部位施工，并用压辊滚压，搭接缝表面再用非固化橡胶沥青防水涂料进行密封处理（图 8.9-5～图 8.9-7）。

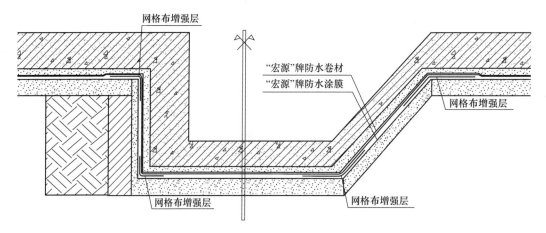

图 8.9-4 集水井防水构造示意图

图中标注：网格布增强层、"宏源"牌防水卷材、"宏源"牌防水涂膜、网格布增强层

图 8.9-5 涂布非固化橡胶沥青防水涂料

图 8.9-6 集水坑复合防水层

图 8.9-7 平面复合防水层

考虑到自粘卷材与加热的非固化橡胶沥青涂料马上复合会导致卷材大面积起皱和卷材搭接缝出现翘边等质量缺陷，实际作业时要求涂料喷涂与铺贴自粘卷材应错开一定时间进行，一般在涂料喷涂 5～7.5m 长度后，再进行铺贴自粘卷材，并有专人进行封边密封处理。卷材的铺贴方向：地下底板防水卷材应沿底板长方向铺贴。为保证外观质量和减少卷材搭接，卷材大面铺贴时应尽量沿同一方向施工，对承台坑、电梯井、集水坑等位置，应根据现场实际情况做相应调整。

8.9.6 施工注意事项

1. 施工环境要求

防水施工环境温度宜为 5～35℃，在雨天、雪天、4 级风以上环境中不得进行防水施工。

2. 自检与修补

1）防水施工完成后，应先进行自检，无质量问题才能进行报验；

2）大面积喷涂防水涂料施工完成后，应进行质量检查。检查细部构造、喷涂质量、涂层厚度、表观质量等，发现缺陷应及时修补；大面积修补涂膜缺陷宜采用喷涂法，细部构造及小面积修补时应先降低喷涂设备的压力后再进行修补性喷涂，也可采用人工刷涂方式。

8.9.7 应用效果

本地下工程采用非固化橡胶沥青防水涂料与自粘聚合物改性沥青防水卷材复合防水技术，防水工程面积近10000m²，由于构造合理，材料可靠，施工规范，于2015年7月竣工以来至现在，未发生渗漏问题，防水效果良好（图8.9-8）。

图 8.9-8　高新区创新大厦

8.10　北京望京昆泰大酒店地下室复合防水施工技术

8.10.1 工程概况

北京望京昆泰大酒店，位于朝阳区望京启阳路2号，地上21层，地下4层，建筑高度79.98m，占地面积24478.4m²，总建筑面积158723m²，总防水面积75000m²。防水设防等级一级，设防要求采用结构自防水混凝土，外加聚乙烯丙纶卷材复合防水层二道防水设防措施。建设单位为北京昆泰房地产开发有限公司，总包单位为中国建筑一局（集团）有限公司，北京圣洁防水材料有限公司承担防水施工。

8.10.2 材料简介

1）聚乙烯丙纶防水卷材的材料组成及其性能指标见本书2.6的内容。
2）聚合物水泥防水胶结料是与聚乙烯丙纶防水卷材相配套的专用胶，其主要性能指标应符合本章表8.7-1的要求。

8.10.3 防水设计方案

本地下工程防水等级为一级，采用结构自防水混凝土外加聚乙烯丙纶防水卷材与聚合物水泥防水胶结料复合防水做法，结构自防水混凝土抗渗等级为P10，并在迎水面采用0.7mm厚聚乙烯丙纶防水卷材＋1.3mm厚聚合物水泥防水胶结料＋0.7mm厚聚乙烯丙纶防水卷材＋1.3mm厚聚合物水泥防水胶结料的复合防水层，其防水构造见图8.10-1。

8.10.4 施工准备

1. 编制施工方案
根据工程的实际情况、设计要求和国家标准《地下工程防水技术规范》GB 50108—2008及中国工程建设标准化协会标准《聚乙烯丙纶卷材复合防水工程技术规程》CECS

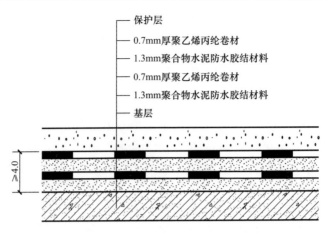

保护层
0.7mm厚聚乙烯丙纶卷材
1.3mm聚合物水泥防水胶结材料
0.7mm厚聚乙烯丙纶卷材
1.3mm聚合物水泥防水胶结材料
基层

≥4.0

图 8.10-1　复合防水层构造示意图

199：2006 的相关规定，在施工前期编制出 GFZ 聚乙烯丙纶卷材—聚合物水泥防水胶结料复合防水体系的施工方案。经主管部门及发包方讨论与审核后实施。

2. 资料准备

按工程设计选材要求，备齐符合本企业标准指标的聚乙烯丙纶防水卷材与防水胶结料的型式检测报告、合格证、公司营业执照、施工资质、生产许可证等各种报备资料。

3. 材料准备

聚乙烯丙纶防水卷材、配套粘结胶、42.5 级普通硅酸盐水泥（辅料）进入施工现场，进行抽样复验，复验合格后方可在工程中应用。

4. 机具准备

清扫工具、刮板、滚刷、毛刷、铲刀、压辊、剪刀、手提桶、卷尺、制胶容器、电动搅拌器等。

5. 基层准备

1) 基层应坚实、平整，水泥砂浆找平层须抹平压光、不起砂。干燥基层应喷水湿润，以利于粘结，但基层不得有明水；

2) 施工前应将基层表面灰尘、杂物清理干净。

6. 配制聚合物水泥防水胶结料

按材料说明书要求的比例（胶粉：水泥：水＝1：50：30 准确计量混合后，采用电动搅拌器搅拌均匀备用。

7. 按细部构造要求的粘贴尺寸，预先裁剪好相应的卷材。

8.10.5　施工工艺

1. 工艺流程

验收基层→清理基层→细部加强层处理→涂刷胶结料→卷材铺贴→搭接缝密封与卷材收头处理→防水层验收→成品保护。

2. 施工要点

1) 铺设卷材加强层

地下工程的阴阳角处、电梯坑、后浇带、穿墙（板）管根等易渗漏的薄弱部位应铺设卷材加强层,加强层卷材应紧贴阴、阳角,满粘铺贴,不得出现空鼓、翘边等现象。加强层做好后再大面积展开施工。

(1) 阳角加强层做法

① 剪裁 500mm 宽卷材(长度可根据实际要求定)做加强层,立面与平面各粘贴 250mm(图 8.10-2)。

② 将平面主防水层卷材向上翻至立面高度不应小于 500mm(图 8.10-3)。

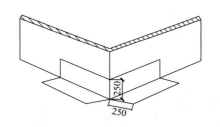
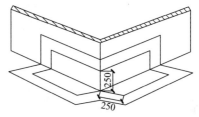

图 8.10-2　阳角里侧加强层图　　　图 8.10-3　主防水层上返立面

③ 剪裁一块 500mm 的正方形卷材,从任意一边的中点剪口直线至中心,剪开口朝上,粘贴在阳角主防水层上(图 8.10-4)。

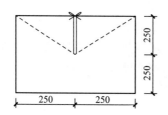
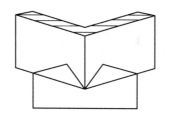

图 8.10-4　阳角主防水层外侧防水加强层示意图

④ 再剪裁与上述尺寸相同的卷材,剪口朝下,粘贴在阳角上。

(2) 阴角加强层做法

① 剪裁 500mm 宽卷材做加强层,立面与平面各粘贴 250mm(图 8.10-5)。

② 将平面主防水层卷材向上翻至立面高度不应小于 500mm(图 8.10-6)。

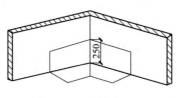

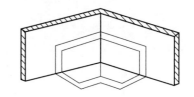

图 8.10-5　阴角加强层　　　　　图 8.10-6　主防水层

③ 将卷材用剪刀裁成 500mm 的正方形片材,从其中任意一边的中点剪至方片中心点;然后,将被剪开部位折合重叠,折叠口朝上,涂刷胶结料把卷材铺粘在阴角部位(图 8.10-7)。

④ 再剪裁与上述尺寸相同的卷材,剪口朝下,并用胶结料粘贴在阳角上。阴阳角施工模型见图 8.10-8。

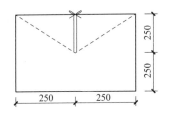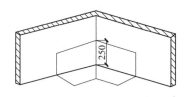

图 8.10-7　阴角主防水层外侧防水加强层示意图

图 8.10-8　阴阳角防水施工模型

2）主防水层施工

（1）弹线定位。按照卷材的宽度，用粉线弹出基准线。

（2）涂刮聚合物水泥防水胶结料。将聚合物水泥防水胶结料用刮板或铁抹子均匀刮涂在基层表面，厚度不应小于 1.3mm。胶结料应刮涂均匀，不露底，不堆积。

（3）铺贴卷材

① 底板

底板聚乙烯丙纶防水卷材采用满粘法施工（图 8.10-9）。将预先剪裁好的卷材沿基准线铺展，铺贴时不得用力拉伸卷材，一边向前滚铺卷材，一边用刮板向两侧刮压、推揉，排除多余的胶结料并彻底排除卷材与基层之间的空气，将卷材与聚合物水泥防水胶结料紧密粘结，大面积卷材粘结率不得少于 95%，搭接缝粘结率必须 100%，不得出现空鼓、皱折现象。

图 8.10-9　底板铺贴卷材示意图

卷材搭接宽度：长、短边均为 100mm。相邻两幅卷材短边接缝应错开 500mm 以上；第一层与第二层长边接缝应错开 1/2～1/3 幅宽。搭接部位用胶结料密封，宽度为 60mm，厚度≥5mm，做到搭接处无翘边、空鼓、平顺、整齐。

卷材上返至永久保护墙（挡土墙），在永久保护墙（挡土墙）上端头留出甩槎 250mm，卷材甩槎采用临时保护墙保护，防止甩槎在交叉施工中被破坏。

② 外墙

外立墙防水层施工时，将永久保护墙（挡土墙）上的临时保护墙拆除，卷材表面清理干净，用聚合物水泥防水胶结料铺贴至外墙面（图 8.10-10）。

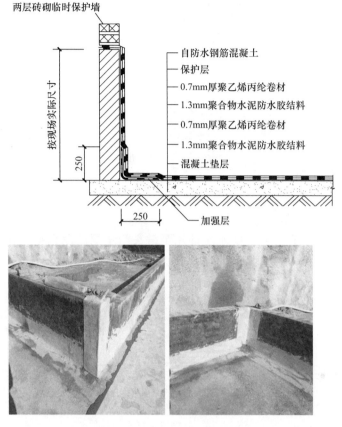

图 8.10-10　卷材甩槎在外墙面铺贴示意图

　　永久保护墙（挡土墙）上卷材接槎部位是防水薄弱环节，应采取加强防水措施。加强层可采用喷涂速凝橡胶沥青防水涂料，厚度≥2.0mm，宽度宜为 250mm（图 8.10-11）。

　　外墙卷材收头高出室外地坪 500mm，收头粘牢，采用聚合物水泥防水胶结料封边处理（图 8.10-12），外墙防水施工后照片（图 8.10-13）。

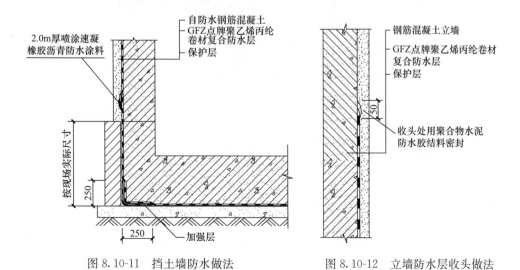

图 8.10-11　挡土墙防水做法　　　　　　图 8.10-12　立墙防水层收头做法

图 8.10-13　外墙防水施工后照片

3）细部构造防水层施工

（1）卷材搭接缝

卷材搭接缝应粘结牢固，并用聚合物水泥防水胶结料密封，防止翘边和开裂（图 8.10-14）。

（2）桩头

① 桩头钢筋周围剔凿成 20mm×20mm 凹槽；桩头平面、侧面及垫层 250mm 宽度范围内应清理干净，洒水湿润，涂刷 1.0mm 厚水泥基渗透结晶型防水涂料；桩头钢筋周围凹槽嵌填遇水膨胀止水胶；

② 聚乙烯丙纶防水卷材复合防水层铺贴至桩头与垫层的阴角部位，卷材不得在桩头上返，卷材收头应采用聚合物水泥防水胶结料密封。

桩头防水构造见图 8.10-15。

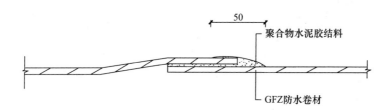

图 8.10-14　卷材搭接缝密封处理

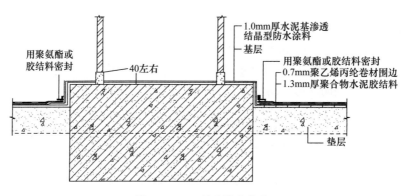

图 8.10-15　桩头防水构造

（3）后浇带

后浇带宽度根据设计而定，加强层应从后浇带两侧向外延伸 300～400mm，为保证后浇带防水质量，防水层需采用加强做法：

加强层可选用聚乙烯丙纶防水卷材复合防水层（图 8.10-16）；加强层也可选用非固化橡胶沥青防水涂料或喷涂速凝橡胶沥青防水涂料。选用非固化橡胶沥青防水涂料作加强层的防水构造做法由上至下依次为：结构自防水混凝土→保护层→0.7mm 厚聚乙烯丙纶防水卷材→3mm 厚非固化橡胶沥青涂层→1.0mm 厚聚合物水泥防水胶结料面层→

0.7mm厚聚乙烯丙纶防水卷材→1.3mm厚聚合物水泥防水胶结料→0.7mm厚聚乙烯丙纶防水卷材→1.3mm厚聚合物水泥防水胶结料→找平层→垫层（图8.10-17）。

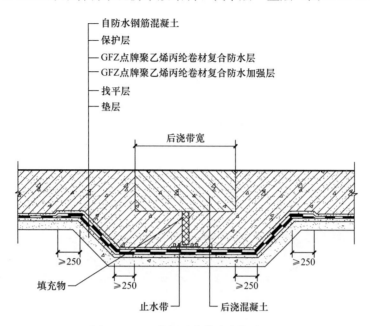

图 8.10-16　底板后浇带防水构造（1）

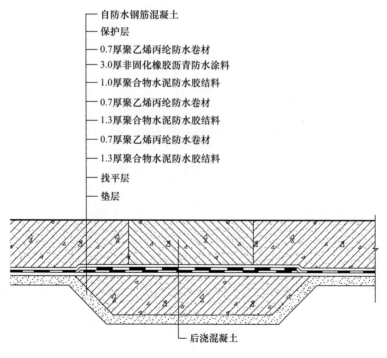

图 8.10-17　底板后浇带防水构造（2）

选用喷涂速凝橡胶沥青防水涂料作加强层的防水构造做法由上至下依次为：结构自防水混凝土→保护层→1.5mm厚喷涂速凝橡胶沥青防水涂层→0.7mm厚聚乙烯丙纶防水卷

材→1.3mm厚聚合物水泥防水胶结料→0.7mm厚聚乙烯丙纶防水卷材→1.3mm厚聚合物水泥防水胶结料→找平层→垫层（图8.10-18）。

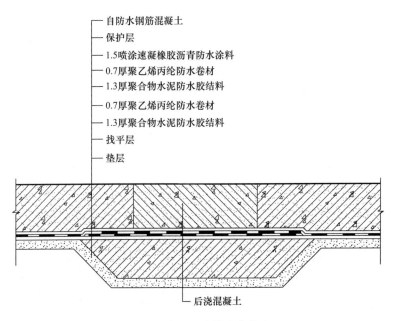

图 8.10-18　底板后浇带防水构造（3）

（4）穿墙管

主防水层做完后在管根部位做细部处理，首先涂刷聚合物防水涂料C型，宽度大于管根周边100mm；然后剪裁聚乙烯丙纶防水卷材呈扇形展开，粘牢铺实，在管根周围用密封材料封严（图8.10-19）。

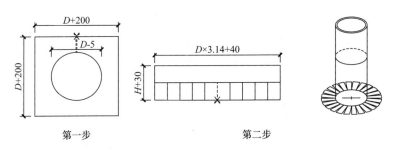

图 8.10-19　穿墙管根加强层做法

（5）柱基坑、电梯坑

柱基坑、电梯坑加强层可选用GFZ聚合物水泥防水涂料C型进行涂刷，或选用非固化橡胶沥青防水涂料涂刷（图8.10-20）。

北京望京昆泰大酒店防水工程，由于采用聚乙烯丙纶防水卷材与聚合物水泥防水胶结料复合防水，防水措施科学、合理，符合本工程特点，选用的防水材料可靠，施工精心、规范，管理到位，防水工程质量可靠，工程竣工至今已5年，未发生任何渗漏现象，受到建设单位、施工总包方和使用单位的一致好评。建成后的北京望京昆泰大酒店见图8.10-21。

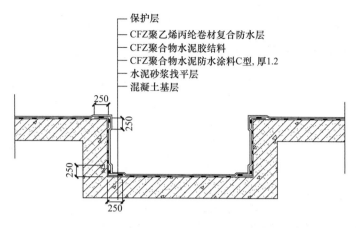

保护层
CFZ聚乙烯丙纶卷材复合防水层
CFZ聚合物水泥胶结料
CFZ聚合物水泥防水涂料C型, 厚1.2
水泥砂浆找平层
混凝土基层

图 8.10-20 柱基坑、电梯坑细部做法

图 8.10-21 望京昆泰大酒店

8.11 地下工程防水材料的选用与防水构造设计

8.11.1 工程概况

北京某大型住宅区位于有机化工厂的原址，根据专业机构关于该化工厂的原厂址场地环境评价报告，土中的主要污染物达 18 种，尤以挥发性二氯乙烷和汞、铜、镍、砷等重金属为主，污染重、面积广，深度大，最大污染深度达 18.5m，污染范围最大的为二氯乙烷，其次为氯仿和氯乙烯，重金属只在 0～2.5m 深度内发生污染。该场地建成居民小区分为 A、B 两个地块，地下防水面积为 30 万 m^2，A、B 地块地下水位－8m，处在地下室底板以上 1m 的位置。

根据地下水位，在施工现场地基的降水井中取水，同时对 SBS 改性沥青卷材、聚氨酯防水涂膜、TPO 卷材、HDPE 自粘胶膜防水卷材进行浸泡实验，实验结果如下：

在含有二氯乙烷的地下水中浸泡后卷材边缘部位沥青出现被溶解的迹象；聚氨酯涂料成膜片材在含二氯乙烷地下水浸泡 72h 后，角部出现变形，有溶胀现象；TPO 防水卷材在含二氯乙烷地下水中浸泡 72h 后，无明显变化；HDPE 自粘胶膜防水卷材在含二氯乙烷地下水中浸泡 72h 后，表面涂层出现褶皱现象，中间的自粘胶层出现溶解现象。

本文主要针对地下水被污染区域地下工程防水材料的选用与防水构造设计进行阐述。

8.11.2 水污染环境下地下工程柔性防水材料选用的重要性

随着中国城市化和工业化的高速发展，大量的工业企业迁出城区，搬迁后遗留的场地在再开发利用时存在较大的环境健康风险。主要的原因是这些企业都是 20 世纪 50 年代的老企业，已有几十年的生产历史。在生产运营过程中，可能导致场地土壤被重金属污染、地下水中含有有机溶剂。

2014 年 4 月 17 日，环境保护部和国土资源部联合发布的调查结果显示：国内工矿业迁出后场地土壤被重金属污染环境问题较突出。

尤其是化工企业、工厂、车间的场地，土壤、地下水、环境污染问题更不能小视。在后期的商业开发再利用时，为建造良好、安全的生活环境和自然环境，保障人们的身体健康，在对土壤进行修复、对地下水进行处理和对环境进行治理的同时，要防止残留化学溶剂对新建建筑使用寿命、使用安全的影响，因此，地下工程的防水、防腐蚀重要性就更为突出。

我国《地下工程防水技术规范》GB 50108 要求，地下工程迎水面主体结构应采用防水混凝土，并且在结构外侧设置柔性防水层，做到刚柔结合。柔性防水层材料分为防水卷材和防水涂料，主要包括高聚物改性沥青类防水卷材、合成高分子类防水卷材和聚氨酯防水涂料等。地下土壤和地下水污染后，水中的化学物质种类较多，对防水材料腐蚀程度不一样，具有多样性。而现行《地下工程防水技术规范》GB 50108—2008 没有考虑在地下水被重污染的特殊条件下，对防水材料应具有耐腐蚀方面的要求；并且在各类防水材料标准的物理性能中没有涉及耐腐蚀方面的指标，如《高分子防水材料 第 1 部分：片材》GB 18173.1—2012 物理性能项目中只有耐碱性一项指标，即饱和 $Ca(OH)_2$ 溶液/23℃/168h 条件下的拉断强度保持率和拉断伸长率的保持率，不能完整体现材料重污染环境下耐腐蚀方面的要求。

在中国地下防水工程中，当地下土壤和地下水被污染时，关注重点是土的修复和水的处理问题，被污染的土壤可以采用置换等多种处理方式。但是地下水位时常发生变化、深层的地下水中的有害物质不可能彻底的处理干净（如二氯乙烷存于水的下部，不易处理干净），对地下防水层产生损害将严重影响防水层的耐久性，防水层失效后造成工程渗漏水，渗漏水进入到地下工程使用空间，不但对结构产生严重的损害，而且水中有害物质可能挥发或有刺鼻气味（如二氯乙烷），严重影响环境的建康．因此针对地下水被污染条件下，对防水材料选用与防水构造设计开展研究，对完善我国防水材料标准、建立特殊地下水质环境下的防水系统、提高地下建（构）筑物防水层的耐久性具有积极的意义。

8.11.3 柔性防水材料在二氯乙烷溶液中的耐受性实验

在城市拆迁的化工厂场地土壤水中经常含有二氯乙烷和氯仿这类物质，选取二氯乙烷具有一定的代表性。二氯乙烷是卤代烃的一种，常用 DCE 表示［化学式：$C_2H_4Cl_2$；$Cl(CH_2)_2Cl$］，为无色或浅黄色透明液体，熔点 -35.7℃，沸点 83.5℃，密度 $1.235g/cm^3$，闪点 17℃；溶于多数有机溶剂，在水中沉底，基本不溶；在常温常压下具有类似氯仿气味和甜味的无色、透明、油状有毒液体。

分别选取高聚物改性沥青防水卷材、聚氨酯防水涂膜、热塑性聚烯烃（TPO）防水卷材、三元乙丙橡胶、（HDPE）自粘胶膜防水卷材作为本次实验的样品。

1. 几种防水材料的实验

1）SBS 改性沥青防水卷材（4mm 厚、聚酯胎基、Ⅱ型）

从实验中发现，SBS 改性沥青防水卷材在二氯乙烷饱和溶液状态下浸泡 48h 之后，防水卷材发生弯曲、变形、软化和出现明显的溶解现象（图 8.11-1～图 8.11-3），并且溶液表面出现油分现象。从实验现象中，可以证明 SBS 改性沥青类防水卷材可溶于二氯乙烷中。改性沥青主要分为石油沥青、改性剂、填料。而石油沥青的组分如下：油分、树脂、地沥青质。油分为淡黄色至红褐色的油状液体，其分子量为 $100\sim500$，密度为 $0.71\sim1.00g/cm^3$，能溶于大多数有机溶剂。在石油沥青中，油分的含量为 $40\%\sim60\%$，油分赋予沥青的流动性。树脂又称脂胶，为黄色至黑褐色半固体黏稠状物质，分子量为 $600\sim1000$，密度为 $1.0\sim1.1g/cm^3$。沥青脂胶中绝大部分属于中性树脂。中性树脂能溶于三氯甲烷、汽油和苯等有机溶剂。在石油沥青中，树脂的含量为 $15\%\sim30\%$，它使石油沥青具有良好的塑性和粘结性。地沥青质为深褐色至黑色固态无定性的超细颗粒固体粉末，分子量为 $2000\sim6000$，密度大于 $1.0g/cm^3$，不溶于汽油，但能溶于二硫化碳和四氯化碳中。地沥青质是决定石油沥青温度敏感性和黏性的重要组分。沥青中地沥青质含量在 $10\%\sim30\%$ 之间，其含量越多，则软化点越高，黏性越大，也越硬脆。可以看出石油沥青中的油分和树脂基本上都能溶解于常见化工厂土壤中残存的有机溶剂中。一旦出现溶解现象，材料完全丧失力学性能，出现固液两相的分离，将不再保持防水材料应有的性状。

图 8.11-1　浸泡前　　　　　　图 8.11-2　浸泡 48h 后　　　　图 8.11-3　浸泡 48h 后卷材效果

2）单组分聚氨酯防水涂膜

聚氨酯涂料成膜后片材在经过饱和二氯乙烷溶液浸泡后，外观出现明显变化。聚氨酯涂膜片出现溶胀现象，边缘扭曲变形，用镊子水平夹起出现明显的垂落现象，力学性能损失大（图 8.11-4～图 8.11-7）。

图 8.11-4　浸泡前　　　　　　　　　图 8.11-5　浸泡 48h 后

图 8.11-6　浸泡前涂膜效果　　　　　　　图 8.11-7　浸泡 48h 后涂膜效果

聚氨酯防水涂料分为单组分和双组分两类，其主要由异氰酸酯、聚醚等经加成聚合反应制成。无论是单组分还是双组分聚氨酯防水涂料，涂布后反应成涂膜防水层中含有部分未能实现交联反应的线性预聚体及部分单体，在与有机溶剂接触时，溶剂分子将聚氨酯涂膜中含有的芳烃油类溶剂溶出，并渗透入材料内部，使得聚氨酯产品膨胀。在上述的实验中，发现聚氨酯防水涂膜在二氯乙烷溶液中，浸泡 72h 后，材料体积增加约 100%。

3）热塑性聚烯烃（TPO）防水卷材

热塑性聚烯烃（TPO）均质防水卷材在饱和二氯乙烷溶液中浸泡后外观及表观力学性能基本无变化，表面层无溶胀现象（图 8.11-8～图 8.11-11）。

图 8.11-8　浸泡前　　　　　　　　　　　图 8.11-9　浸泡 48h 后

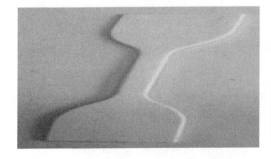

图 8.11-10　浸泡前 TPO 卷材效果　　　　图 8.11-11　浸泡 48h 后 TPO 卷材效果

热塑性聚烯烃防水卷材所用的树脂材料是一种部分结晶、非极性的热塑性弹性体材料。TPO 树脂的结构为饱和 α 烯烃类，空间结构中互相缠绕但结晶度较低，并且支链较多，整体柔顺度高。根据结构相似相容原则，一般来说非极性的脂肪烃类、脂环烃类、芳香烃类的溶剂会使材料表面发生一定的溶胀现象，但是主链段分子量较大，整体不易被溶解。

该材料对于普通有机溶剂具有较好的不溶解性能，但对一些小分子强极性溶剂，如氯仿溶剂分子会部分渗透进入材料内部，使原料内部未发生结晶的链段溶胀，造成材料体积略微变大。经实验，在氯仿中浸泡72h后，热塑性聚烯烃材料体积增加约30%，力学性能下降约15%。

4）HDPE 自粘胶膜防水卷材

HDPE 自粘胶膜防水卷材由 HDPE 片材和自粘胶膜层构成，自粘胶膜层在经过饱和二氯乙烷溶液浸泡后，胶膜涂层被溶解，而 HDPE 片材没有任何变化（图 8.11-12～图 8.11-16）。

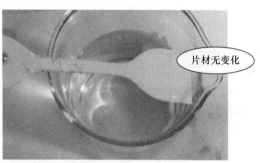

图 8.11-12　HDPE 片材浸泡前　　　　图 8.11-13　HDPE 片材浸泡48h后

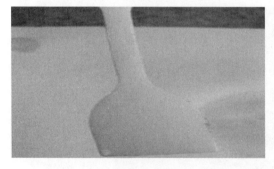
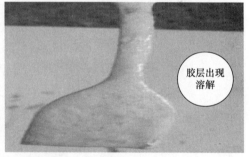

图 8.11-14　浸泡前 HDPE 自粘胶膜　　　图 8.11-15　浸泡 48h 后 HDPE 自粘胶膜
　　　　　　防水卷材效果　　　　　　　　　　　　防水卷材效果

图 8.11-16　带砂料面的 HDPE 自粘胶膜防水卷材效果（48h 后）

高密度聚乙烯（HDPE）是一种结晶度高、非极性的热塑性树脂。通常 HDPE 的结晶度为80%～90%，分子量在40000～300000。在与溶剂接触的过程中，由于材料的高结晶度和高分子量，小分子溶剂基本不能渗透到材料内部，无法对 HDPE 形成溶解或溶胀。其化学稳定性好，在室温条件下，不溶于任何有机溶剂。而高密度聚乙烯自粘胶膜防水卷材表面的热熔压敏胶层的主要成分中含有线性或星形的 SIS 弹性体，芳香烃类的溶剂可以将其溶解；同时热熔胶中的增粘树脂类材料中低分子量的聚异丁烯、环烷油类的软化剂都可以被有机溶剂溶解，而 HDPE 片材不受溶剂影响。

5）几种防水材料测试结论

以上实验测试结果表明：在二氯乙烷饱和溶液状态下改性沥青防水卷材、聚氨酯防水涂膜出现溶胀现象；HPDE 自粘胶膜卷材（表面为膜面或表面带砂料的）表面的胶层或砂粒都出现溶解和脱落的现象，而 TPO 高分子卷材、HPDE 自粘胶膜高分子卷材本体主材无变化，但是在二氯乙烷饱和溶液环境下这两种高分子卷材的搭接不能采用胶粘连接的方式，否则搭接部位的胶粘层会发生溶解现象。而目前实际的工程应用中，TPO 卷材采用热风焊接的方式，HDPE 自粘胶膜防水卷材的搭接边采用胶粘的方式较多。

2. 在二氯乙烷条件下卷材防水层的搭接实验与测试

搭接采用焊接方式的 TPO 卷材、HPDE 自粘胶膜卷材浸泡在二氯乙烷饱和溶液中，主材外观无明显变化（图 8.11-17），进而对其浸泡后的力学性能进行考查。将裁好的标准试件泡入纯二氯乙烷中，48h 后进行拉伸强度、伸长率测试、搭接边剥离强度性能测试（搭接采用焊接方式）。

图 8.11-17　TPO 卷材焊接缝试件浸泡在二氯乙烷中的实验

1）片材力学性能测试

TPO 防水卷材（均质）　　　　　　　　　　　　　表 8.11-1

浸泡前	拉伸强度	16MPa
	断裂伸长率	620%
浸泡后	拉伸强度	16MPa
	断裂伸长率	590%

HDPE 片材（均质）　　　　　　　　　　　　　　表 8.11-2

浸泡前	拉伸强度	31MPa
	断裂伸长率	930%
浸泡后	拉伸强度	29MPa
	断裂伸长率	910%

从表8.11-1、表8.11-2测试的数据，对比浸泡前后拉伸强度和断裂伸长率，无明显变化，因此可以认为 TPO（均质）片材及 HDPE 片材在二氯乙烷环境中耐受力强。

2）卷材的搭接部位剥离测试

TPO、HDPE 防水卷材焊接搭接区在纯二氯乙烷中浸泡 48h 后的剥离强度（表8.11-3、图8.11-18、图8.11-19）。

浸泡 48h 后的剥离强度　　　　　　　　　　　表 8.11-3

材料	TPO	HDPE
搭接方式	热空气焊接	双焊缝焊接
焊接样品宽度	50mm	12mm×2
拉伸速度	100mm/min	100mm/min
最大剥离力	440N/50mm	750N/50mm
剥离现象	搭接处以外片材破坏	在第一道焊缝处卷材破坏

图 8.11-18　TPO 片材剥离实验效果　　　　图 8.11-19　HDPE 片材剥离实验效果

通过表 8.11-3 测试数据说明，搭接缝采用焊接方式的 TPO 片材和 HDPE 片材均表现出在搭接区域以外的基材破坏，证明焊接区域经过纯二氯乙烷浸泡后对搭接效果无影响。

8.11.4　防水层材料的选用及搭接方式确定

地下水中含有二氯乙烷成分，对沥青类、带胶粘层类的防水卷材耐有机溶剂性能差。在施工现场地基施工降水井中取水，对各种防水材料进行浸泡实验，有可能对常规的防水材料无溶解的现象，因为二氯乙烷密度大于水的密度，二氯乙烷在水的下部，现场地下水二氯乙烷含量并不能代表地下水的真实的含量；地下水中二氯乙烷的含量多少，可能从现场的水质报告中能够体现，但是究竟多少的二氯乙烷含量对防水材料会产生损害，是没有数据、更无经验可参考的。因为存在不确定性，为了地下防水的长久性和防水体系的安全运行，因此考虑根据近似于纯二氯乙烷饱和溶液条件下和纯二氯乙烷对各种防水材料进行测试得出结果来选择合适而安全的防水体系更为可靠。通过本实验与测试方法可知，在地下水中含有二氯乙烷的条件下，地下防水工程中的防水材料采用焊接方法搭接的合成高分子类的防水卷材如 TPO 防水卷材和 HDPE 自粘胶膜防水卷材，更为安全可靠。

在地下水中含有对常规防水材料有溶胀作用的化学种类较多，如地下水中含有强极性溶剂如氯仿时，对于部分结晶、非极性的热塑性 TPO 防水材料可能具有溶胀作用，也需要采取浸泡实验方法，确定是否对防水材料有溶胀作用。

8.11.5 地下防水系统的设计与应用

在地下防水工程中，地下水中含有二氯乙烷等有害物质时，选用的柔性防水层应具有抗有机溶剂的溶胀性。先要从现场地下水的水质报告中分析地下水中含有几种化学物质和含量的高低，从防水材料的性能分析是否具备抵抗该种有机溶剂功能，采用浸泡实验方法，观察防水材料外形是否变化、力学性能指标是否发生改变。有的地下水中虽无腐蚀的化学物质，可能含有氯离子，选用防水材料应具备抵抗氯离子渗透的功能。

1. TPO防水卷材系统的构造设计

TPO为热塑性聚烯烃（Thermoplastic polyolefin）的简写，系由多种烯烃聚合而成、具有线形分子结构的热塑性材料。是采用聚合技术将乙丙橡胶与聚丙烯结合在一起的热塑性聚烯烃材料为基料，以聚酯纤维网格胎体增强材料组成，并采用先进加工工艺制成的片状可卷曲的防水材料。搭接部位采用热风焊接、属于母体材料之间的焊接，接缝强度高于母材，形成高强度的密封防水层，焊缝在二氯乙烷的条件下无任何变化，防水系统耐久可靠；由于材质塑性变形能力好，因此对于地下室底板的细部节点以及基坑复杂的工作面都能够适应。在抗浮锚杆部位直接用TPO卷材进行粘贴，不需要其他材料进行过渡。当地下水中含有二氯乙烷或氯仿等有机溶剂时，可采用TPO防水卷材系统并有以下三种防水构造设计：

1）1.2mm厚的TPO防水卷材＋1.2mm厚的TPO防水卷材。底板、侧墙、顶板的防水构造见图8.11-20～图8.11-22。

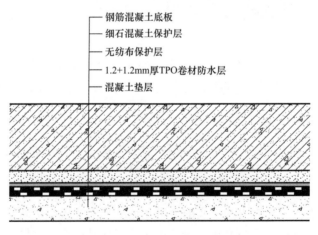

图8.11-20 基础底板防水构造

TPO卷材搭接缝采用热风焊接的方式，TPO卷材与TPO卷材之间采用高分子胶带满粘结。TPO卷材弯曲性好，适应异型的基面施工，与地下室桩基、锚杆连接可靠。

2）1.2mm厚的TPO防水卷材＋1.2mm厚的HDPE自粘胶膜防水卷材。底板、侧墙的防水构造见图8.11-23、图8.11-24。

TPO防水卷材设置在最外侧，因TPO卷材接缝采用热风焊接方式搭接严密而牢固，能有效地抵御污染水，并且能弯曲，适应异型的基面施工，与地下室桩基、锚杆连接可靠。HDPE高分子自粘胶膜防水卷材设置在内侧与结构粘结在一起，不但增强防水层的整

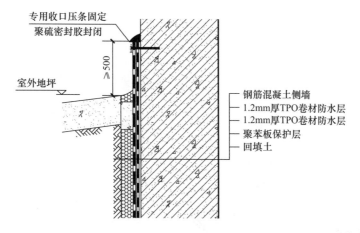

图 8.11-21 地下室侧墙防水层收口

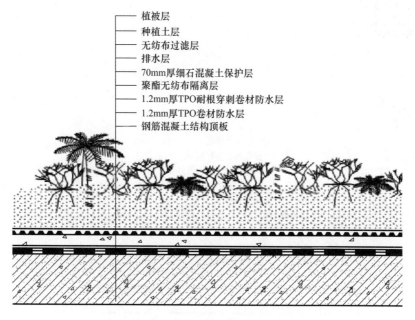

图 8.11-22 种植顶板防水构造

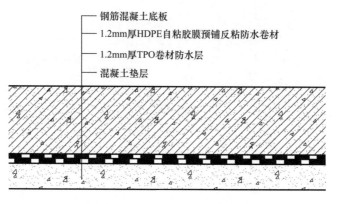

图 8.11-23 基础底板防水构造

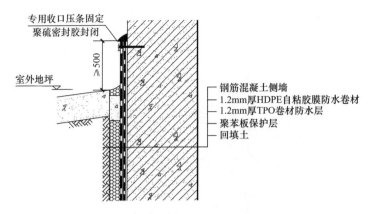

图 8.11-24 地下室侧墙防水收口

体厚度和强度，而且防水层与结构底板粘结在一起，能有效地防止因窜水而导致渗漏水现象的发生。

　　但是地下水中含有强极性溶剂如氯仿时，应将 HDPE 高分子自粘胶膜防水卷材设置在外侧，并且搭接缝采取焊接的方式，而 TPO 卷材设置在内侧。两种高分子卷材之间的粘结可采用高分子双面胶带进行满粘。

　　3）1.2mm 厚的 TPO 防水卷材＋3mm 厚自粘聚合物改性沥青卷材。底板、侧墙、顶板的防水构造见图 8.11-25～图 8.11-27。

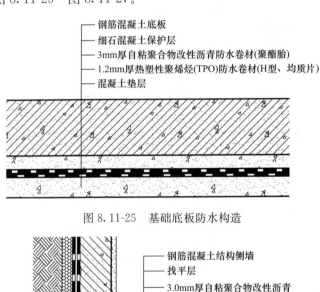

图 8.11-25　基础底板防水构造

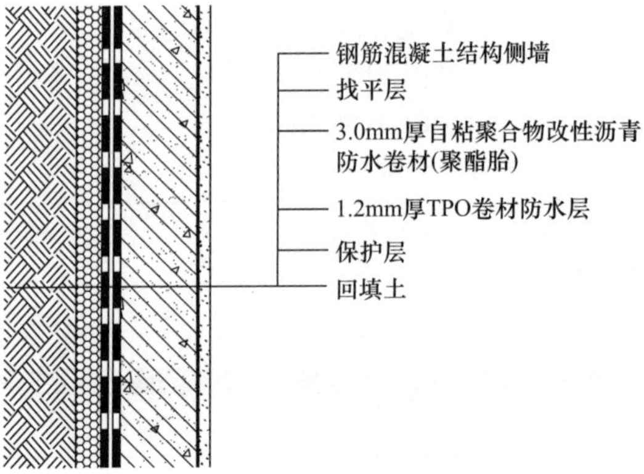

图 8.11-26　侧墙防水构造

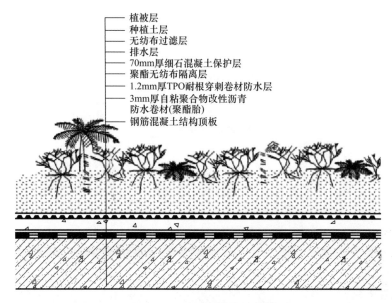

图 8.11-27　种植顶板防水构造

　　TPO 防水卷材设置在最外侧，因 TPO 卷材接缝采用热风焊接方式搭接严密而牢固，自粘聚合物改性沥青卷材设置在内侧，可以起到增强防水层的作用。本系统较经济，适应地下水中污染水含量较轻的区域。

　　2. HDPE 自粘胶膜卷材防水系统的构造设计

　　HDPE 自粘胶膜防水卷材是《建设事业十一五推广使用和禁止限制使用技术目录》大力推广的材料和技术。在《地下工程防水技术规范》GB 50108—2008 中对该产品的选用作出了规定，要求卷材的厚度≥1.2mm。当地下水中含有二氯乙烷或氯仿等有机溶剂时，选用 HDPE 自粘胶膜卷材作为防水层，其防水构造为：

　　1.2mm 厚的 HDPE 自粘胶膜防水卷材（最外侧）＋3mm 厚自粘聚合物改性沥青卷材。底板、侧墙、顶板的防水构造见图 8.11-28～图 8.11-30。

　　本系统中，HDPE 自粘胶膜防水卷材应设置在最外侧，卷材的接缝应采用焊接工艺。两种卷材之间的粘结采用高分子双面胶带。自粘聚合物改性沥青卷材设置在内侧可以起到增强防水层的作用。本系统较经济，适应地下水中污染水含量较低的区域。

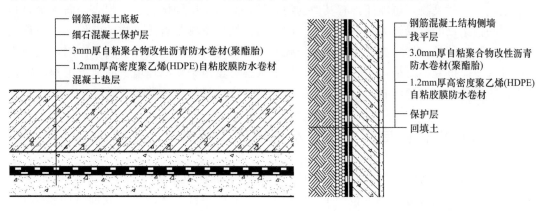

图 8.11-28　基础底板防水构造　　　　　　　　图 8.11-29　侧墙防水构造

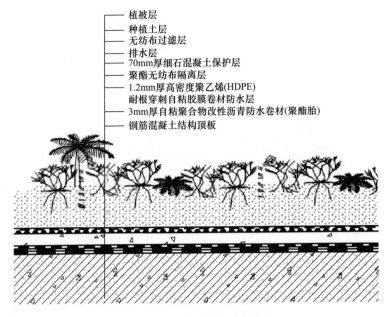

植被层
种植土层
无纺布过滤层
排水层
70mm厚细石混凝土保护层
聚酯无纺布隔离层
1.2mm厚高密度聚乙烯(HDPE)
耐根穿刺自粘胶膜卷材防水层
3mm厚自粘聚合物改性沥青防水卷材(聚酯胎)
钢筋混凝土结构顶板

图 8.11-30　种植顶板防水构造

8.11.6　应用效果

根据以上实验结果，北京某有机化工厂的原址新建大型住宅区地下工程的防水构造如下：A 地块的地下室底板、立面、顶板均采用 1.2mm 厚的 TPO 防水卷材（外侧）＋1.2mm 厚的 HDPE 自粘胶膜防水卷材（与结构面粘结）；B 地块（污染物含量较轻）的地下室底板、立面、顶板采用 1.2mm 厚的 TPO 防水卷材＋3mm 厚自粘聚合物改性沥青卷材（与结构粘结）。

本地下防水工程采用上述方案，已竣工 4 年，目前没有发生渗漏水现象，防水效果良好。

地下水污染环境下地下工程防水的构造与选材，是关系到建筑使用功能、使用质量和环境健康的大问题，本文介绍了场地土壤地下水中含有二氯乙烷的情况下，地下防水构造与防水材料选用的优化方案，是科学、合理、可靠的。但场地土壤地下水中不一定只含有二氯乙烷一种污染物，可能还含有其他的污染物，对防水层同样会产生损害，而防水材料对不同的污染物的抗受能力是不一样的，因此对待场地土壤含有污染物的条件下，应首先确定污染物的种类，然后做浸泡等实验，确定污染物是否对防水材料有破坏作用，从而筛选出具有适应抗受能力最佳的防水材料。地下水含有重污染物的环境下的地下工程，应在结构自防水的同时，还应有两道设防措施，选用的防水材料应具有耐腐蚀性能。

8.12　种植顶板同层防护防排水系统施工技术

河北省唐山市迁西县金桥国际工程项目，地下工程种植顶板约 2.8 万 m²，防水等级为一级，采用"塑料防护排水板＋TPO 自粘复合防水卷材＋非固化橡胶沥青防水涂料"同层防护防排水屋面系统，在保障建筑使用功能以及不增加顶板构造体系造价的前提下，增强了防水效果，降低了渗漏风险，节约了综合造价，缩短了施工工期。系统构造层次如图 8.12-1 所示：

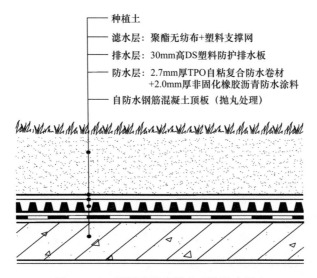

种植土
滤水层：聚酯无纺布+塑料支撑网
排水层：30mm高DS塑料防护排水板
防水层：2.7mm厚TPO自粘复合防水卷材
　　　　+2.0mm厚非固化橡胶沥青防水涂料
自防水钢筋混凝土顶板（抛丸处理）

图 8.12-1　同层防护防排水系统构造层次

8.12.1 系统优势

1. 以简单有效的设计降低渗漏风险和整体造价

在保证建筑使用功能的前提下，利用材料的优异性能以及先进的工法，优化了复杂的构造层次，比如减少传统顶板中的找坡层、找平层、优化防水层上方的保护层，降低了顶板系统的整体造价。

2. 解决了窜水难题

顶板经过抛丸处理，露出坚实的基面，增强了非固化橡胶沥青防水涂料与基层的粘结能力；该涂料具有优异的蠕变性和自愈性，与基层粘结在一起，能够充分填补基层裂缝和毛细孔道，并与基层粘贴紧密，使防水层在使用过程中不会产生窜水现象，彻底解决窜水隐患。

3. 解决了建筑变形引起防水层拉裂的问题

非固化橡胶沥青防水涂料与基层直接接触，具有消除基层对防水层产生不利影响的能力，能够消除或减少基层热胀冷缩对防水层带来的拉伸或压缩应力，能够减少基层裂缝拉断防水层的可能性，以保证防水层在使用周期内的完整性。

非固化橡胶沥青防水涂料可以弥补建筑结构轻微裂缝，TPO 自粘卷材的自粘层可以缓解和释放裂缝形成的内应力，加上 TPO 自粘复合防水卷材 600% 的高延伸率，没有"零延伸"带来的卷材拉裂问题。

4. 防水层具有优异的耐根穿刺性能

利用耐根穿刺型 TPO 自粘复合防水卷材优异的双重阻根性能（TPO 层物理抗根，自粘层化学阻根），使防水层的耐根穿刺性能更优异。

5. 防水层更耐久

TPO 卷材是国际公认的耐老化性好的材料，外露使用寿命在 30 年以上，在地下工程使用能与建筑同寿命；耐根穿刺型 TPO 自粘复合防水卷材具有优异的耐低温性能和耐霉菌性能，相比传统耐根穿刺卷材耐久性更好。

6. 塑料防护排水板对防水层形成软保护

防水层上面设置高强高弹的塑料防护排水板，对 TPO 自粘复合防水卷材形成软质保护层，可取消传统设计中的隔离层以及混凝土保护层。

排水板高度达 30mm，高于国标要求；生产采用高密度聚乙烯（HDPE）作为原材料，使用年限与建筑同寿命。

7. 外排水方案

大部分雨水经外排水系统排泄，渗入土壤的少量雨水再经强排水系统排泄。外排水系统（地表水排放系统）——设置通向消防通道地表的排水通道，如明沟或暗沟，排放大雨、暴雨在种植顶板形成的地表集水。

8. 土壤渗透水排放系统

在种植顶板卷材防水层上面设置 30 高 DS 塑料防护排水板、土工布滤水层，结合强排系统，排放顶板上土层中多余的水分。

防水层上面的排水板铺设完成后，在顶板边缘下方 500mm 设置排水盲沟（图 8.12-2），连接按顶板面积、当地降雨量设计的集水井，集水井内置自动离心泵（按当地条件设计）。

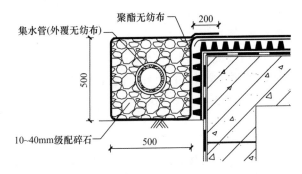

图 8.12-2 顶板边部盲沟构造示意图

使用时，顶板土壤渗透水经过滤至排水板，因顶板与盲沟存在落差，排水板的水将汇集到盲沟，然后至集水井，通过启动集水井里的离心泵完成集水强排。

9. 渗透水回收利用

汇集到集水井中的渗透水可通过强排将水输送到储水池中，收集好的渗透水在各方面进行利用，如绿化灌溉、景观用水、洗车用水等，减少对自来水的需求，缓解用水压力，这也是符合新一代城市——"海绵城市"雨洪管理理念。

雨洪是城市水资源的主要来源之一，科学合理的利用雨洪资源，可以有效解决城市水资源短缺，改善城市环境，保持城市的水循环系统及生态平衡，促进城市的可持续发展，具有极高的社会、经济和生态效益。

8.12.2 主要防水材料介绍

1. DSFA 耐根穿刺型热塑性聚烯烃（TPO）自粘复合防水卷材

将具有物理抗根功能的 TPO 卷材层与添加德国朗盛化学阻根剂的自粘胶层，通过公司专利技术，采用先进生产设备复合而成的新型防水卷材（图 8.12-3），具备一次施工、两道防水、双层阻根的能力。DSFA 耐根穿刺型热塑性聚烯烃（TPO）自粘复合防水卷材执行 Q/RDSC 05—2012 标准，其性能指标应符合表 8.12-1 的要求。

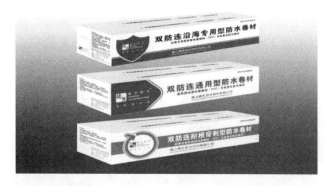

图 8.12-3　TPO 自粘复合防水卷材不同类型

DSFA 耐根穿刺型热塑性聚烯烃（TPO）自粘复合防水卷材性能指标　　表 8.12-1

序号	试验项目		技术指标	
			H	P
1	耐根穿刺性		通过	
2	拉力（N/5cm）≥		600	1250
3	断裂伸长率（%）≥		600	200
4	低温柔性（℃）	自粘层	−25，无裂纹	
		TPO 层	−50，无裂纹	
5	不透水性		0.4MPa 120min 不透水	
6	自粘面剥离强度，卷材与铝板（N/mm）≥		1.5	
7	撕裂强度（N）≥		40	70
8	自粘面耐热性（℃）		70℃，滑动不超过 2mm	
9	持粘性（min）≥		15	
10	渗油性，张数≤		2	
11	耐化学性	外观	溶液颜色、试件表层无变化	
		最大拉力保持率（%）≥	90	
		最大拉力时伸长率保持率（%）≥	90	
		低温柔性（℃）	−20	
12	耐霉菌性	防霉等级	1 级	
		拉力保持率（%）≥	80	
13	热老化（70℃，168h）	外观	TPO 层距边缘 10mm 向内表面平整，不泛黄，不起鼓	
		拉力保持率（%）≥	80	
		伸长率保持率（%）≥	80	
		低温柔性（℃）	−20 无裂纹	
14	尺寸变化率（%）≤		1.0	

2. DSTD 非固化橡胶沥青防水涂料

DSTD 非固化橡胶沥青防水涂料，其主要成分为优质石油沥青，辅以各种功能高分子改性剂及添加剂，并经过特殊生产工艺制成的。该产品经热熔后刮涂或喷涂于混凝土表面，能快速形成防水涂层，具有优良的蠕变性、自愈性、防窜水以及耐老化等综合性能（图 8.12-4～图 8.12-7）。DSTD 非固化橡胶沥青防水涂料可与防水卷材共同形成复合防水层，具有超强的防水能力。DSTD 非固化橡胶沥青防水涂料的性能指标应符合本书表 2.7-1 的要求。

图 8.12-4　涂层不固化

图 8.12-5　喷涂施工

图 8.12-6　与多种卷材复合使用

图 8.12-7　节点增强

3. DS 塑料防护排水板

由高密度聚乙烯（HDPE）树脂为主要原料制成，产品颜色为白色，不添加任何再生材料，具有抗压强度高、化学性能稳定、耐酸碱、耐久等特性，对防水层具有优异的防护性能；凸台高度达 30mm，排水能力优异，同时还具有辅助抗根、保温的作用。

8.12.3　施工技术

1. 施工准备

为避免施工管理中的盲目性、随意性，确保高速、优质、安全、低耗、圆满地完成施工任务，我公司根据本工程实际情况，做好施工前的人员、材料、技术等各项准备工作，做到科学组织，合理安排，计划在先。

1）材料准备

各种防、排水材料及辅料应按表 8.12-2、表 8.12-3 要求准备。

防水材料及辅料 表 8.12-2

序号	名称	规格	单位	用途
1	DSFA 耐根穿刺热塑性聚烯烃（TPO）自粘复合防水卷材（以下简称 TPO 自粘卷材）	2.7mm 厚、2000mm 宽	m²	防水主材
2	DSTD 非固化橡胶沥青防水涂料（以下简称非固化）	—	kg	防水主材
3	DSGC 热塑性聚烯烃（TPO）防水卷材（均质型）（以下简称均质 TPO）	1.2mm 厚、1000mm 宽	m²	防水辅材
4	DSLF 强力交叉层压膜自粘防水卷材（双面）（以下简称交叉膜自粘）	1.5mm 厚、1000mm 宽	m²	防水辅材
5	中性硅酮耐候密封胶	—	kg	收口密封
6	基层处理剂	油性（温度低或特殊条件）/水性	kg	防水辅材
7	铝制收口压条	FTⅢ型、25mm×2m	m	卷材收口固定
8	瓦斯射钉枪专用钉	25mm	个	卷材收口固定
9	清洁剂	乙醇等溶剂	瓶	TPO 卷材清洁
10	棉纱或棉线	—	块	TPO 卷材清洁

排水系统材料及辅料 表 8.12-3

序号	名称	规格	单位	用途
1	塑料防护排水板	30mm 高	m²	排水层材料
2	聚酯无纺布	200g/m²	m²	滤水层材料
3	塑料支撑网	300g/m²	m²	支撑
4	集水管	外径 150mm	m	排水材料
5	排水管	外径 150mm	m	排水材料
6	级配碎石	粒径 10～40mm	m³	盲沟滤水层
7	自动离心泵	0.18～1.1kW	个	排水泵
8	砖	240mm×115mm×53mm	块	集水井砌筑材料
9	水泥	42.5R	t	集水井砌筑材料
10	砂	中粗砂	t	集水井砌筑材料
11	井盖	混凝土材质	个	集水井井盖

2）机具准备

各种防排水施工机具应按表 8.12-4、表 8.12-5 要求做准备。

防水施工机具 表 8.12-4

序号	工具或设备名称	用途
1	基层处理剂喷涂机	喷涂基层处理剂
2	平铲	清理基层
3	扫把	清理基层
4	鼓风机	清理基面
5	墨斗	弹线
6	裁纸刀	切割卷材

序号	工具或设备名称	用途
7	剪刀	裁剪卷材
8	长柄压辊	辊压卷材
9	自动热风焊接机	TPO卷材热风焊接
10	手动热风焊枪	TPO卷材热风焊接
11	电源稳压器	电源稳压
12	4～6mm² 铜芯电线	连接焊接设备
13	橡胶刮板	刮涂非固化
14	非固化专用机械设备	热熔、喷涂非固化
15	抛丸机	抛丸基面
16	瓦斯射钉枪（含钉）	收口固定

排水板施工机具　　　　　　　　　　　　　　　　表 8.12-5

序号	工具或设备名称	用途
1	双缝焊接机	排水板焊接
2	勾刀	排水板切割
3	手提电动缝包机	无纺布搭接缝合
4	手推车	运输碎石
5	铁锹	铲运碎石

2. 施工条件

1）基面要求

（1）基面应坚实、平整、清洁、干燥，不得有起皮、起砂现象。

（2）阴阳角处应抹成圆弧或 45°坡角，圆弧半径及坡角垂直面宜为 50mm。

（3）防水基层上的管道、预埋件、设备基座等应在防水层施工前埋设和安装完毕。

2）环境条件

（1）防水层严禁在雨天、雪天、五级及其以上大风中施工。

（2）施工环境气温宜为 5～35℃。

3. 工艺流程

基面验收→基面抛丸→涂刷基层处理剂→弹线定位→铺贴防水加强层→防水层施工→铺设排水板→铺设排水板宽条→铺设塑料支撑网→安装排水管→铺设聚酯无纺布→回填盲沟碎石并安装盲沟集水管→砌筑集水井、安装自动离心泵（井位距离盲沟过近时需在回填盲沟碎石之前砌筑）→回填土。

4. 施工要点

1）基面验收

基面验收应达到上述基面条件要求，若不符合，应将其进行处理合格后再进行下一道工序施工。

2）基面抛丸

防水层施工前，用抛丸机对顶板平面进行抛丸处理，清理混凝土顶板表面的浮浆、杂质，同时对混凝土表面进行打毛处理，使其形成均匀、粗糙的表面，如图 8.12-8、图 8.12-9 所示。

图 8.12-8 基面抛丸

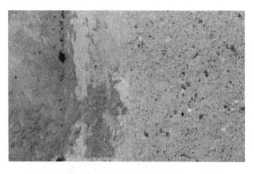

图 8.12-9 抛丸前后对比

3）涂刷基层处理剂

将基层处理剂均匀的涂刷在基面上，涂刷应均匀，不得有空白、麻点，施工时应遵循先立面后平面、先远后近的原则，基层处理剂干燥后应及时进行下道工序施工。

4）弹线定位

根据防水层施工顺序和卷材长边搭接宽度（80mm）、立面收口高度、加强层处理宽度等尺寸要求在基面上弹线，该线作为防水层施工的依据。

5）铺设防水加强层

（1）后浇带加强层由非固化涂料和交叉膜自粘卷材共同组成，非固化涂层厚度2.0mm，加强层宽度为"后浇带宽度＋600mm（两边各300mm）"，加强层施工完毕应用压辊压实。

（2）阴阳角等部位采用非固化涂料和交叉膜自粘卷材复合作为加强层，非固化涂层厚度2.0mm，加强层宽度为500mm。

（3）穿墙管加强层采用交叉膜自粘卷材，在管壁和墙面的宽度均不应小于250mm，加强层施工完毕并用压辊压实。

6）防水层施工

（1）防水层铺贴

① 施工时，因卷材存在应力，在卷材铺设前15min将卷材开卷、平铺，以便于卷材应力得到释放。根据弹线进行试铺，确保卷材铺设顺直，将卷材沿中线反折掀开一半，切割隔离膜并揭除。然后以分区定量的原则将非固化涂料刮涂在施工区域内，再将TPO自粘卷材（TPO面朝上，自粘层朝向基层）粘贴在非固化涂层上并用压辊压实，使卷材与非固化涂层粘贴形成整体的复合防水层。

② 在非固化涂料施工时，其加热温度宜为150～170℃。每平方米非固化涂料的用量不应少于2.6kg，如图8.12-10所示。

③ TPO自粘卷材长边采用卯榫搭接方式，搭接宽度为80mm；短边采用对接的方式，下贴160mm宽交叉膜自粘卷材（与TPO自粘卷材同宽），上覆120mm宽均质TPO（与TPO自粘卷材同宽），均质TPO卷材应在长边焊接完后再焊接到短边对接缝上。相邻两幅TPO自粘卷材的短边接缝应至少错开500mm，如图8.12-11、图8.12-12所示。

（2）TPO卷材焊接

① 热风焊接施工时，应保持焊接部位清洁，若焊接面受到污染，应用清洁剂擦拭干净后再进行焊接，焊接部位的清洁程度直接影响焊接质量。

图 8.12-10　非固化涂料刮涂施工

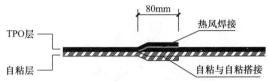

图 8.12-11　长边卯榫式搭接示意图

② TPO 自粘卷材焊接顺序应先焊长边后焊短边接缝。

③ 长边搭接缝采用自动热风焊接机焊接。因 TPO 自粘卷材在短边对接区域断开，焊接下一幅卷材时对接处未焊接，应采用手持热风焊枪焊接。焊接时使用钩针随时检查焊接质量，对存在焊接缺陷的部位应做出标记，并进行修补。长边搭接缝有效焊接宽度不应小于 30mm，如图 8.12-13 所示。

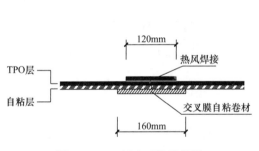

图 8.12-12　短边对接示意图

图 8.12-13　自动热风焊接机焊接

④ 短边接缝采用手持热风焊枪辅助自动热风焊接机焊接。短边接缝应覆盖均质 TPO 卷材条并与相邻卷材形成 T 形接缝，其宽度应不少于 40mm，并将均质 TPO 卷材四角裁剪成圆角。均质 TPO 卷材点焊在接缝上再采用自动热风焊接机焊接两侧，端部使用手持热风焊枪焊接，如图 8.12-14 所示。

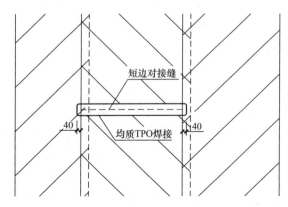

图 8.12-14　T 形搭接处做法示意图

⑤ 当天铺贴的卷材应当天焊接完成，保证该区域具备防水功能。焊接完后，应做好临时防护。

（3）防水层细部处理

① 后浇带处应刮涂 2.0mm 非固化涂料并铺贴交叉膜自粘卷材，刮涂和铺贴范围为"后浇带宽度＋600mm（两边各 300mm）"，施工完毕并用压辊压实，如图 8.12-15 所示。

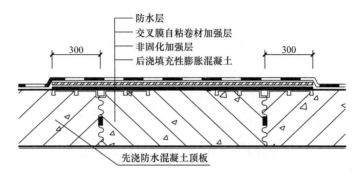

图 8.12-15　后浇带处理示意图

② 顶板防水层与地下侧墙防水层搭接处理。

铺设顶板与地下侧墙交接处卷材时，顶板边部卷材应横向铺设并向地下侧墙下翻 350mm。对侧墙卷材层进行加温处理，以确保搭接可靠。如图 8.12-16、图 8.12-17 所示。

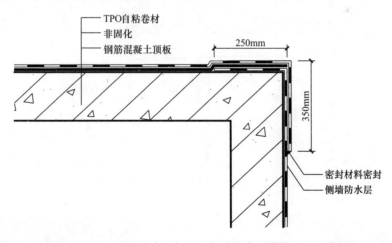

图 8.12-16　顶板防水层与地下侧墙防水层搭接处理示意图

③ 穿墙管处理

a. 穿墙管部位应采用交叉膜自粘卷材做加强处理，包裹管壁部分加强层的外表面隔离膜保留。TPO 自粘卷材铺至管根处用均质 TPO 卷材包裹并热风焊接，管道包管宽度 250mm，平面宽度比管道边缘大 80mm，热风焊接完成后在收口处采用金属管箍固定，密封材料封严，如图 8.12-18 所示。

b. 穿墙群管防水处理

采用膨胀混凝土对穿墙群管进行浇筑，露出 150mm 长穿墙管。对露出的穿墙管首先涂刷 2.0mm 非固化涂料，然后用交叉膜自粘卷材对穿墙管进行单独包裹处理，如图 8.12-19 所示。

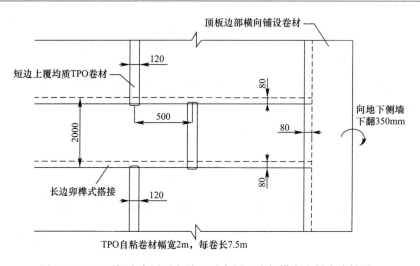

图 8.12-17　顶板防水层下翻处理示意图（边部横向卷材应先铺设）

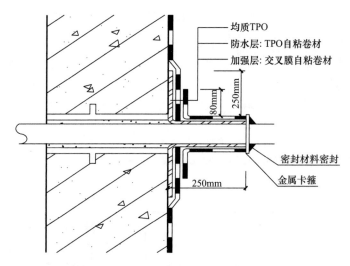

图 8.12-18　穿墙管处理示意图

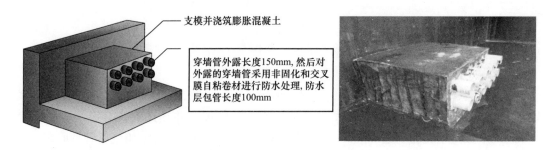

图 8.12-19　穿墙群管防水处理

④ 防水层收口处理

防水层收口高度应高出室外地坪 500mm 以上，卷材收口处采用收口压条和专用钉固定，密封材料密封，膨胀螺钉固定数量每米不低于 5 个，如图 8.12-20 所示。

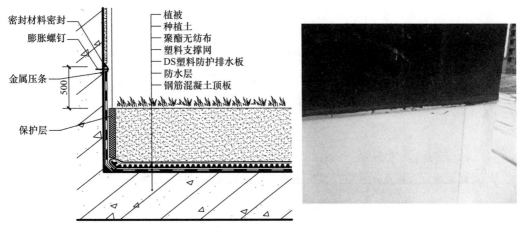

图 8.12-20   防水层收口处理示意图

7）铺设排水系统

（1）防水层验收合格后，进行铺贴塑料防护排水板，以免防水层受到损坏。铺设排水板时，排水板长边方向与排水方向一致，排水板长边搭接不应少于 100mm，采用双缝焊接机焊接，短边采用扣接（1～2 个凸台）。排水板铺设完后应大面平整，短边搭接处不宜翘曲，如图 8.12-21 所示。

图 8.12-21   排水板长边焊接施工

（2）排水板铺设到立面时断开，墙上用挤塑板或泡沫板作为防护材料，用聚合物水泥砂浆粘贴到防水层上。

（3）排水板铺设至顶板边缘时，首先将盲沟底部清理，并铲平、夯实。排水板向顶板下方延伸 500mm，如图 8.12-22 所示。

（4）铺设排水板宽条

将排水板沿长边方向裁出两个凸台宽度长条，设置在排水板长边搭接处，每放三幅排水板宽条预留一条搭接用于铺设排水管。排水板宽条铺设至顶板边部，与地下侧墙平齐，如图 8.12-23 所示。

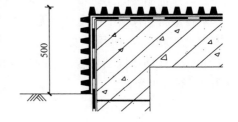

图 8.12-22   顶板边部盲沟处排水板
铺设示意图

（5）铺设塑料支撑网

在排水板上铺设塑料支撑网（300g/m²），长边、短边搭接均为 100mm，避免支撑网搭接处与排水板长边焊接处重合，铺设整体应平整，如图 8.12-24 所示。

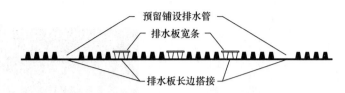

图 8.12-23　顶板上部排水板宽条安装示意图

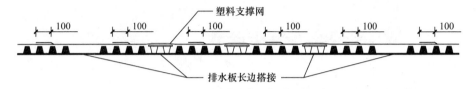

图 8.12-24　铺设塑料支撑网示意图

平立面交叉位置断开，立面不需铺设支撑网，如顶板与地下侧墙、主体立墙、通风口外墙等相交位置，断开即可。

（6）安装排水管

塑料支撑网铺设完成后安装排水管。排水管安装在排水板长边搭接处，间距为四幅排水板宽度，排水管间对接，并用铁丝连接，连接铁丝不少于 2 个。排水管安装至顶板边部，与地下侧墙平齐，如图 8.12-25、图 8.12-26 所示。

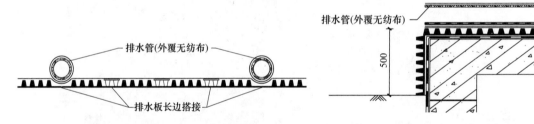

图 8.12-25　顶板上部排水管安装示意图　　　图 8.12-26　顶板边部排水管安装示意图

（7）铺贴聚酯无纺布

在塑料支撑网上铺设聚酯无纺布，其铺贴方向（长边）与排水板一致，无纺布缝合宽度宜为 100mm，使用手提电动缝包机缝合，其搭接缝与排水板搭接缝错开不应少于 300mm。无纺布铺贴自然、平顺，并保持干燥，无褶皱、卷曲、松弛现象，如图 8.12-27、图 8.12-28 所示。

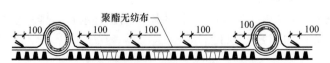

图 8.12-27　无纺布铺贴示意图

图 8.12-28　无纺布缝合施工

当无纺布铺贴至顶板边部时，应向外延伸 2.2m，以便后续工序施工。

（8）回填盲沟碎石并安装盲沟集水管

盲沟中反滤层为粒径 10～40mm 的级配碎石，用手推车将碎石回填至盲沟中，待碎石回填 150mm 厚时，开始安装盲沟集水管。集水管间对接，并用专用卡扣连接，连接卡扣不应少于 2 个。集水管安装完后继续回填碎石，回填完后将无纺布覆盖在碎石表面。如图 8.12-29、图 8.12-30 所示。

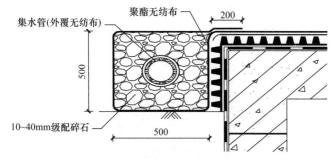

图 8.12-29　盲沟构造示意图

图 8.12-30　盲沟安装施工

（9）砌筑集水井、安装水泵

本项目共设置集水井 2 个，如图 8.12-31 所示。集水井 1 距离南侧顶板边沿 2m，距离东侧顶板边沿 4m；集水井 2 距离东侧顶板边沿 2m，距离南侧顶板边沿 11m；集水井图中均已标出位置，标注边界为顶板边沿和集水井中心。集水井位置根据施工现场实际情况可作适当调整。

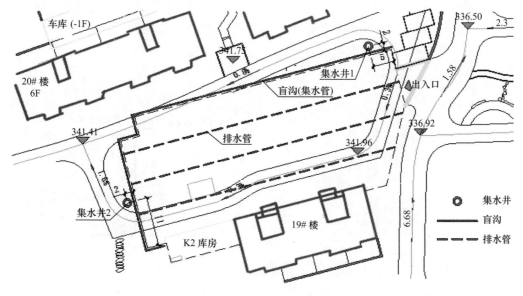

图 8.12-31　集水井设置示意图

集水井主要采用砖石砌筑，如图 8.12-32 所示。在砌筑集水井过程中横向预埋 ϕ20 钢筋，作为自动离心泵吊筋，设置在上部边侧，以便自动离心泵的后期检修。

收口段 $D \geqslant 840mm$，距室外地坪 400mm 下安装外排水管、自动离心泵，并将吊筋横架在此处平面，留砖缝固定吊筋，用钢丝绳（刷漆防腐处理）固定自动离心泵于吊筋挂钩

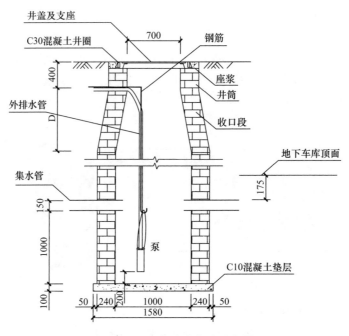

图 8.12-32　集水井构造示意图

上。砌井脖至相应高程（注意区分路面井和种植土中井，路面上的井盖与路面齐平，种植土中的井盖要高于土层 200mm 与市政同），水泥砂浆坐浆，安装井圈、井盖。

在集水井与顶板边部盲沟处设置过渡盲沟，盲沟用无纺布包裹，其中反滤层为粒径 10～40mm 的级配碎石，盲沟内置包覆无纺布的排水管，排水管与顶板边部的排水管处在同一水平标高上。如图 8.12-33、图 8.12-34 所示。

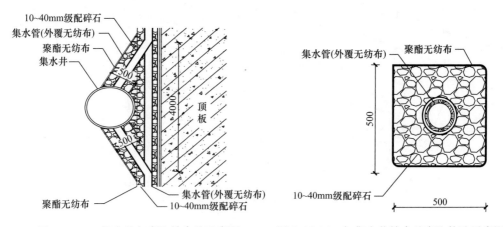

图 8.12-33　集水井与盲沟结合处示意图　　图 8.12-34　与集水井结合处盲沟构造示意图

8）回填土

回填土采用人工配合自卸车、装载机的方式回填，自卸车倒退法卸料，装载机摊平，待回填土达到 500mm 厚以上时方可上大型设备。回填土应分层回填，分层夯实。首次回填时，禁止用大型设备单方向碾压施工。

5. 施工注意事项

1）抛丸施工注意事项

（1）抛丸机对混凝土基面强度要求为 C30 以上，强度未达到时，不应进行抛丸施工，否则对混凝土结构产生影响。

（2）基面在抛丸施工时不应潮湿，否则影响抛丸质量，同时对抛丸机有损害。

（3）在抛丸施工时，顶板表面有脚印、坑洼区域，建议抛丸后再进行修补。

（4）抛丸应根据防水层施工安排顺序进行施工。

2）TPO 自粘卷材运输、贮存注意事项

（1）不同类型、规格的产品应分别存放、不应混杂。

（2）避免日晒雨淋，注意通风，贮存温度不应高于 45℃。

（3）卷材平放贮存时码放高度不应超过五层，且不得立放。

（4）运输时防止倾斜或侧压，必要时加盖苫布。

（5）在正常运输、贮存条件下，产品贮存期自生产之日起为一年。

3）非固化涂料运输、贮存注意事项

（1）禁止接近火源，避免日晒雨淋，防止碰撞，注意通风，贮存温度不宜超过 40℃。

（2）在正常运输、贮存条件下，产品贮存期自生产之日起为一年。

4）TPO 自粘卷材铺贴施工注意事项

（1）施工时，因卷材存在应力，在卷材铺设前 15min 应将卷材开卷、平铺，以便于卷材应力得到释放。

（2）进行卷材铺设操作时，用长柄压辊由卷材中间向搭接缝两边滚压，排尽卷材下面的空气使卷材与基层粘结牢固。

（3）当日铺设的卷材搭接缝应当日焊接完毕，焊接施工时，不得出现跳焊、漏焊、焊接不牢、焊焦等现象。

（4）TPO 卷材焊接部位应洁净，否则易出现虚焊现象，若焊接面受到污染应用清洁剂擦拭洁净方可施焊。

（5）焊接时应防止改性沥青胶或非固化涂料污染搭接边。若有污染应增补均质 TPO 卷材，再对搭接缝进行热风焊接。

（6）不得在卷材防水层上进行任何裁剪工作，如必须在卷材防水层上裁剪时，应在其上铺垫木板，以免破坏卷材防水层。

（7）工程竣工验收后，应有专人负责维护管理，严禁验收后破坏防水层。

5）非固化涂料施工注意事项

（1）非固化涂料加热温度宜为 150～170℃，当温度超过 170℃时，该涂料容易碳化变质和引发火灾，温度太低不利于施工。非固化涂层应达到设计厚度，每 m² 用料量不应少于 2.6kg。

（2）非固化涂料一次性刮涂或喷涂到设计厚度；卷材及搭接部位需用压辊压实，以提高粘结质量。

（3）非固化涂料喷涂或刮涂不应超出弹线范围，以免影响卷材铺设质量。

（4）现场施工注意安全，避免发生烫伤事故。

6）排水层、过滤层施工注意事项

（1）排水板宜平铺运输，15 张左右下垫 3 根方木，以方便卸车；打卷运输的在现场铺设时，较容易出现翘边，对无纺布的铺设质量有影响。

（2）排水板在焊接前，应将排水板搭接边清理干净、擦拭干燥，以免影响焊接质量。

（3）排水板焊接时，焊接机预热完毕后再放置排水板；不宜在排水板上进行焊机预热，可能烧坏排水板搭接边。

（4）在铺设无纺布过滤层时，无纺布应自然、平顺，无褶皱、卷曲，否则回填土后影响排水效果；特别是在排水板的短边搭接处，排水板应平顺，无纺布应紧绷并粘结牢固。

7）盲沟施工注意事项

（1）盲沟中集水管在铺设前，应将排水板下方沟底铲平，并夯实，以防止盲沟在使用过程中局部沉降，造成排水不畅。

（2）回填盲沟中碎石时，粒径（10～40mm）应级配均匀，不宜过大或过小。

8.12.4　应用效果

河北省唐山市迁西县金桥国际工程项目（图 8.12-35）2.8 万 m² 地下工程种植顶板，采用"塑料防护排水板＋TPO 自粘复合防水卷材＋非固化橡胶沥青防水涂料"同层防护防排水屋面系统，自 2015 年竣工至今，未发现有渗漏现象，防排水效果良好，受到建设单位和用户的一致好评。

图 8.12-35　金桥国际外貌

8.13　北京地铁 15 号线安立路站复合防水施工技术

8.13.1　工程概况

北京地铁 15 号线安立路站，位于朝阳区望京启阳路 2 号，总防水面积 2.5 万 m²。防水设防等级一级，设防要求采用结构自防水，外加聚乙烯丙纶卷材与非固化橡胶沥青涂料复合防水设防措施。建设单位为北京快轨公司，施工总包单位为北京建工集团，北京圣洁防水材料有限公司承担防水施工。

8.13.2　材料简介

1. GFZ 点牌聚乙烯丙纶防水卷材

GFZ 点牌聚乙烯丙纶防水卷材的组成、特点及其性能指标见本书 2.6 的要求。

2. 非固化橡胶沥青防水涂料

圣洁（SJ）非固化橡胶沥青防水涂料的组成、特点及其性能指标见本书 2.7 的要求。

8.13.3 防水设计方案

本地下工程防水等级为一级，采用结构自防水混凝土外加非固化橡胶沥青防水涂料与聚乙烯丙纶卷材复合防水做法，结构自防水混凝土抗渗等级为 P8，聚乙烯丙纶防水卷材厚度为 0.8mm，非固化橡胶沥青防水涂料厚度设计分为两种类型：当聚乙烯丙纶防水卷材与非固化橡胶沥青防水涂料为一道复合防水层时，非固化橡胶沥青防水涂层厚度不应小于 2.0mm（图 8.13-1），当聚乙烯丙纶防水卷材与非固化橡胶沥青防水涂料为二道复合防水层时，每道非固化橡胶沥青防水涂料厚度不应小于 1.5mm（图 8.13-2）。

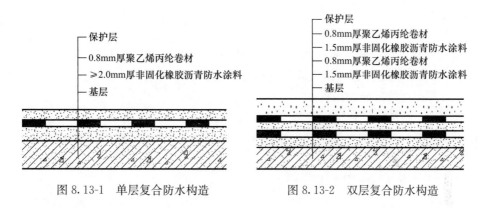

图 8.13-1 单层复合防水构造　　　图 8.13-2 双层复合防水构造

8.13.4 施工准备

1. 编制施工方案

根据工程情况、设计要求和国家标准《地下工程防水技术规范》GB 50108—2008 及中国工程建设标准化协会标准《聚乙烯丙纶卷材复合防水工程技术规程》（CECS 199：2006）相关规定，在施工前期编制出 GFZ 聚乙烯丙纶卷材-非固化橡胶沥青防水涂料复合防水工程施工方案。经主管部门及发包方讨论与审核后实施。

2. 资料准备

按工程设计选材要求，备齐符合标准要求的聚乙烯丙纶防水卷材与非固化橡胶沥青防水涂料的型式检测报告、合格证、公司营业执照、施工资质、生产许可证等各种报备资料。

3. 材料准备

聚乙烯丙纶防水卷材和非固化橡胶沥青防水涂料进入施工现场后，应进行见证抽样复验，复验合格的材料，方可在工程中应用。

4. 机具准备

扫帚（用于清理基层）、冲子、铲刀，（清除基层凸出附着物）、毛刷、剪刀、卷尺、刮板、加热桶（罐）、热熔器、托桶、非固化橡胶沥青防水涂料喷涂机具等。

5. 涂料加热准备

将非固化橡胶沥青防水涂料倒入加热罐中加温，待涂料的均衡温度上升至170℃时，停止加热并保持该温度待用。

6. 基层准备

1) 基层表面应坚实、平整，混凝土表面不得有蜂窝、孔洞、突出的钢筋头等；水泥砂浆找平层须抹平压光、不起砂。

2) 应将基层表面的灰尘、油污、杂物等清理干净。

8.13.5　施工技术

1. 工艺流程

验收基层→清理基层→细部加强层处理→涂布非固化橡胶沥青涂料→铺贴聚乙烯丙纶防水卷材→涂布非固化橡胶沥青涂料→铺贴聚乙烯丙纶防水卷材→搭接缝密封与卷材收头处理→防水层验收→成品保护。

2. 施工要点

1) 处理后的防水基层应符合防水施工要求，并经验收合格。

2) 摆放材料：根据施工面积和卷材及涂料用量，做好放线规划和就近分散摆放材料，按细部构造要求的粘贴尺寸，预先裁剪好相应的卷材，以提高作业效率。

3. 涂布非固化橡胶沥青涂料

应根据施工现场的实际情况，确定采用喷涂或刮涂方式进行施工。一般情况下对地铁车站底板、顶板等平面可采用刮涂法施工；对立墙、地梁立面以及阴阳角可采用喷涂法施工。

1) 刮涂施工方法（见图 8.13-3）

刮涂非固化橡胶沥青防水涂料并铺贴卷材。对地铁车站的底板、顶板等平面，均匀刮涂 1.5mm 厚的非固化橡胶沥青防水涂料并铺贴聚乙烯丙纶卷材。对双层防水设计要求的工程，还应在第一层复合防水层上再叠加一层相同厚度的复合防水层，以确保防水层达到一级设防标准的要求。

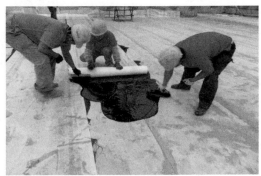

图 8.13-3　平面刮涂非固化橡胶沥青防水涂料并铺贴卷材

2) 喷涂施工方法

喷涂非固化橡胶沥青防水涂料并铺贴卷材。对立墙、地梁立面以及阴阳角均可采用喷涂非固化橡胶沥青防水涂料的方法进行施工。喷涂前约 2h 打开加热喷涂设备，预先将非固化橡胶沥青料倒入料灌中加热，待涂料整体温度达到 160～170℃时，用专用喷涂机（见图 8.13-4～图 8.13-6）均匀地喷涂在基面上。喷涂时可根据设计厚度调换不同喷枪枪嘴，喷枪喷嘴大小要适中，喷涂速度要均匀，喷涂厚度应均匀一致，一遍喷涂过后不能出现露底或薄厚不均现象。对局部厚度不足或漏喷的部位，应进行二遍喷涂或补喷，直至达到设计要求厚度为止。

图 8.13-4　非固化喷涂机

图 8.13-5　立墙喷涂非固化橡胶沥青防水涂料

4. 铺贴聚乙烯丙纶防水卷材

涂布非固化橡胶沥青防水涂料后，应及时铺贴聚乙烯丙纶防水卷材。采用单层聚乙烯丙纶防水卷材施工时，卷材光面应朝下；采用双层聚乙烯丙纶卷材施工时，第一层卷材的光面应朝上，第二层卷材的光面应朝下。滚铺卷材时应轻刮卷材表面，排除内部的空气，使卷材与非固化橡胶沥青防水涂料紧密地粘结在基层上。

图 8.13-6　平面喷涂非固化橡胶沥青防水涂料

施工人员在展开 20～30m 长的卷材时，对卷材两边的用力力度要均衡，否则，会出现卷材的边缘跑偏现象。当出现这种情况时，必须采用剪断法纠正偏差，然后再严格按卷材接缝粘结的相关规定粘贴卷材。

卷材长、短边搭接宽度为 100mm，上下两层卷材长边搭接缝应错开 1/2 幅宽；卷材末端收头应粘结牢固，防止翘边和开裂；搭接边缘应用刮板推平压实，保证搭接密实。

地下工程种植顶板防水层施工时，采用两种构造方式，在防水卷材上面直接做保护层时，卷材搭接缝可不另做盖条；在防水卷材上面不做保护层时，卷材搭接缝部位应覆盖 100mm 宽的盖条，并采用非固化橡胶沥青防水涂料做好粘结密封处理。卷材搭接缝封盖条的构造见图 8.13-7。

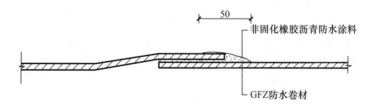

图 8.13-7　卷材搭接缝封盖压条构造示意图

5. 节点增强处理的方法

对各细部节点应做不同的防水增强处理，以确保各个节点防水的可靠性。

1）后浇带

底板后浇带应增设非固化橡胶沥青涂料夹铺胎体增强材料加强层，加强层应从后浇带两侧向外延伸 300～400mm，其防水构造见图 8.13-8。

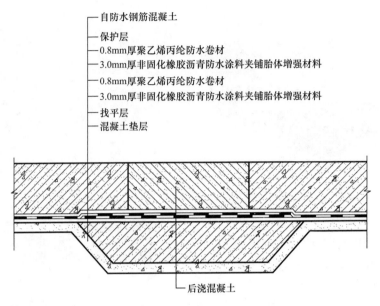

- 自防水钢筋混凝土
- 保护层
- 0.8mm厚聚乙烯丙纶防水卷材
- 3.0mm厚非固化橡胶沥青防水涂料夹铺胎体增强材料
- 0.8mm厚聚乙烯丙纶防水卷材
- 3.0mm厚非固化橡胶沥青防水涂料夹铺胎体增强材料
- 找平层
- 混凝土垫层

- 后浇混凝土

图 8.13-8　后浇带防水构造示意图

2）底板与侧墙防水层甩槎与接槎

地下工程聚乙烯丙纶防水卷材与非固化橡胶沥青涂料复合防水层，应采用外防外贴法施工，底板与立墙复合防水层连接部位甩槎与接槎的防水构造见图 8.13-9。

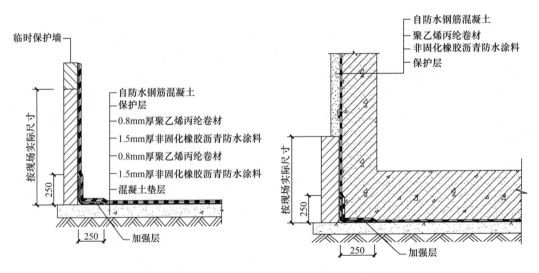

临时保护墙

- 自防水钢筋混凝土
- 保护层
- 0.8mm厚聚乙烯丙纶卷材
- 1.5mm厚非固化橡胶沥青防水涂料
- 0.8mm厚聚乙烯丙纶卷材
- 1.5mm厚非固化橡胶沥青防水涂料
- 混凝土垫层

按现场实际尺寸
250
250
加强层

- 自防水钢筋混凝土
- 聚乙烯丙纶卷材
- 非固化橡胶沥青防水涂料
- 保护层

按现场实际尺寸
250
250
加强层

图 8.13-9　底板与立墙外防外贴法防水构造

3）穿墙管

外墙穿墙管收头处的复合防水层应用卡套箍紧，并做好密封处理，防水构造见图 8.13-10。

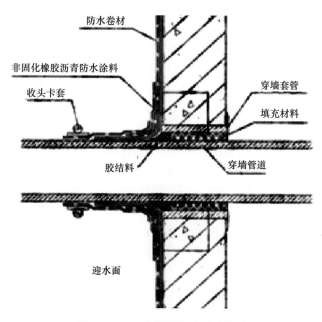

图 8.13-10　穿墙管复合防水构造

8.13.6　质量要求

1）防水材料质量应符合相关标准规定。

2）防水基层应坚实、平整、洁净，无起砂、起皮、空鼓、尖凸、凹陷、松动及开裂等现象。

3）非固化橡胶沥青防水涂料应涂布均匀，与基层结合紧密，涂层厚度应符合设计要求。

4）聚乙烯丙纶卷材与非固化橡胶沥青防水涂料应粘贴紧密。

5）卷材搭接缝应封闭严密，无损伤、滑移、翘边、褶折等缺陷。

6）细部构造应符合设计要求和施工规范规定。

7）防水工程施工应有成品保护措施，不得损坏已完工的防水层，防水层完成后，严禁在防水层上凿孔、打洞。防水工程验收合格后应及时施工保护层。

8.13.7　结论

北京地铁 15 号线安立路站，采用聚乙烯丙纶卷材与非固化橡胶沥青涂料复合防水做法，有效保证了工程防水质量，工程自 2014 年竣工交付使用以来，未出现渗漏现象，防水效果良好。

聚乙烯丙纶卷材具有抗渗能力强、抗拉强度高、表面粗糙均匀易粘结、低温柔性好、摩擦系数大、线胀系数小、尺寸稳定性好，适应变形能力强、使用寿命长等特点。

非固化橡胶沥青防水涂料是在应用状态下长期保持黏性膏状体并具有蠕变性的一种新型防水材料，该涂料能封闭基层裂缝和毛细孔，能适应复杂的施工作业面，长期不固化、自愈能力强、碰触即粘、难以剥离，在−20℃状态下仍具有良好的粘结性能。

聚乙烯丙纶卷材与非固化橡胶沥青涂料组成的复合防水层，使卷材与涂料优势互补，有效提高了防水工程的质量。

1）聚乙烯丙纶卷材上下表面覆有无纺布，增强了卷材的抗拉强度，增大了表面的粗糙度和摩擦系数，增加了芯层的抗冲击和抗机械损伤的能力，同时提供了粘结用的立体网状结构，可以与非固化橡胶沥青防水涂料实现持久的粘结；非固化橡胶沥青防水涂料与基层又能很好地粘结，优异的蠕变性能、自愈合性能，解决了因基层开裂应力造成的防水层断裂、挠曲疲劳及老化等问题，同时，解决了防水层的窜水难题，使防水可靠性得到大幅度提高。

2）将聚乙烯丙纶卷材与非固化橡胶沥青防水涂料复合使用，使防水层既具有卷材厚薄均匀、质量稳定、耐久性能好的优点，又具有涂膜防水整体性好的优点，相互取长补短；同时解决了防水卷材和防水涂料复合使用时的相容性问题，有利于提高防水工程质量。

3）该体系采用粘结法施工，不需动用明火，没有火灾隐患，有利于消防安全。

8.14 世园会园区外围地下综合管廊项目预铺反粘防水技术

8.14.1 工程概况

世园会园区外围地下综合管廊位于北京市延庆区西南部，世园会园区外围地下综合管廊总长约 3.7km，百康路规划综合管廊从世园路以西至汇川街，干线管廊长约 2.5km，全线均采用三舱形式（天然气舱、综合舱、电力舱），断面尺寸为（2.0＋3.4＋2.0）×3.2m。延康路综合管廊从菜园南街至百康路，干线管廊长约 1.2km，在规划菜园南街～百康路段断面尺寸为（3.4＋2.0）×3.2m。在百康路以南段断面尺寸为（3.4＋1.6）×3.2m。布局呈"斜倒 T"形。本工程为"明挖现浇"地下结构（图 8.14-1）。

图 8.14-1　管廊现场实景

8.14.2 防水设计与材料介绍

1. 管廊防水构造示意图（图 8.14-2）

综合管廊应根据气候条件、水文地质状况、结构特点、施工方法和使用条件等因素进行防水设计，遵循"防、排、截、堵相结合，刚柔相济，因地制宜，综合治理"的原则。

本工程底板和侧墙采用 1.2mm 厚高分子（非沥青基）自粘胶膜防水卷材，采用预铺反粘法施工，卷材自粘层与现浇混凝土粘结牢固，使防水层与混凝土结构的无间隙结合，杜绝层间窜水隐患，从而有效提高防水系统的可靠性。

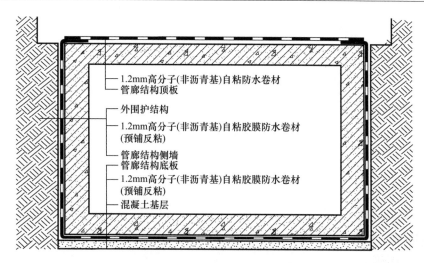

图 8.14-2 管廊防水构造示意图

管廊顶板采用同材质胶面无隔离砂 1.2mm 厚高分子（非沥青基）自粘防水卷材，基层涂刷配套基层处理剂，满粘于顶板基层表面，与侧墙防水卷材同材质无差异化搭接。

2. 材料介绍

宏源预铺高分子自粘胶膜防水卷材是专为地下与隧道工程研究开发的一种"采用预铺施工工艺，能与后浇混凝土结构形成牢固粘结"的高分子防水卷材（图 8.14-3～图 8.14-5）。

图 8.14-3 宏源 NPS-H
预铺卷材

图 8.14-4 宏源 NPS-H
预铺卷材

图 8.14-5 与后浇混凝土
粘结效果

3. 产品特点

（1）高分子自粘胶膜防水卷材单层 1.2mm 厚即可满足《地下工程防水技术规范》GB 50108—2008 一级防水设防要求。

（2）卷材同时具备高分子卷材与自粘卷材的优点，底板及侧墙采用预铺反粘工艺施工，卷材空铺于基面，对基面干湿程度及平整度要求较低，节约工期。

（3）卷材与基层互不粘结而与后浇的混凝土结构满粘，可降低基层变形对卷材的影响，避免窜水现象，有利于提高防水工程质量。

（4）卷材具有较高的剥离强度，抗撕裂性好，耐水解能力强，低温柔性好。

（5）施工过程无需溶剂和燃料，绿色、安全、环保。

8.14.3　管廊底板和侧墙防水层的施工

1. 工艺流程

基面准备→卷材弹线定位→试铺卷材→卷材预铺固定→卷材搭接→细部处理→验收→成品保护→绑扎钢筋→浇筑混凝土。

2. 操作要点及技术要求

1) 基面准备

(1) 底板基面：混凝土垫层应随浇随抹并压光，要求平整无尖锐凸起，无明水。

(2) 侧墙基面：外围护砖墙，用水泥砂浆找平。

(3) 底板与侧墙交接部位阴角应采用 1:3 水泥砂浆抹成圆弧或 45°坡角，圆弧半径 $R \geqslant 50$mm，坡角边长 $L \geqslant 50$mm；阳角应打磨处理，圆弧过渡。

2) 弹线、定位

根据基面形状确定卷材整体铺贴方向，依次向外平行弹线。保证卷材搭接宽度不应小于 80mm。

3) 铺设防水卷材及局部加强处理

(1) 底板卷材砂面朝上，侧墙卷材砂面朝向管廊结构（图 8.14-6），在基层表面展铺卷材，释放卷材内部应力；

(2) 侧墙顶部卷材在维护结构顶端压条临时固定（图 8.14-7）；

图 8.14-6　侧墙铺贴卷材　　　　　　　图 8.14-7　侧墙顶部卷材临时固定

(3) 根据短边错缝搭接原则，按弹线位置对卷材进行定位和裁切，相邻两幅卷材短边错开长度不应小于 500mm（图 8.14-8）；

(4) 变形缝、施工缝应按相应要求做加强处理。本工程侧墙横向施工缝处采用 500mm 宽卷材进行加强处理（图 8.14-9），卷材应用无砂自粘胶膜防水卷材，自粘胶层朝向外侧，胶带固定，此做法同时起到对大面卷材的固定作用。

4) 卷材搭接：相邻卷材长边采用本体预留搭接边自粘搭接；卷材短边铲除搭接宽度范围内隔离砂后，采用丁基胶带进行搭接（图 8.14-10），或采用光面无砂自粘卷材进行拼接，卷材与卷材搭接宽度为 80mm；

5) 卷材整体铺贴及密封完毕，应对卷材整体表观质量、搭接质量、局部节点处理、收口处理等项目进行检查，如发现有质量缺陷，应立即修补。

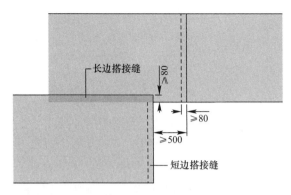

图 8.14-8　错缝搭接

图 8.14-9　侧墙施工缝处卷材加强处理

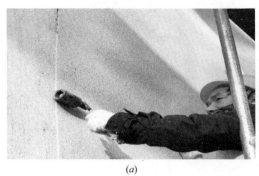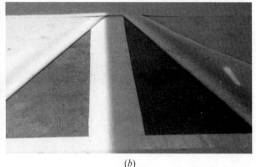

(a) (b)

图 8.14-10　卷材搭接

(a) 长边自粘搭接；(b) 短边拼接

8.14.4　管廊顶板防水施工

1. 工艺流程

喷涂配套基层处理剂→细部节点加强处理→弹线定位→试铺防水卷材→铺贴防水卷材→收口处理→质量检查、修补→验收→成品保护。

2. 操作要点与技术要求

1）基面准备

（1）顶板宜采用随浇随抹随压光的混凝土表面作为基层，当基层存在贯通裂缝或超过 0.2mm 的一般裂缝时，防水施工前应进行修复处理；基层凹陷处应采用聚合物水泥砂浆修补平整、凸起处应使用凿子修平。

（2）经必要的修复处理后，基层应达到坚实、干净、平整的要求，不得有空鼓、松动、起砂、裂缝和凹凸不平等现象。

（3）基层应干燥，现场测定含水率的方法：将 $1m^2$ 卷材平坦的放置在基层上，静置 2h 后掀开检查，如测试卷材背面无水印，即表示基层含水率可满足施工要求。

2）喷涂配套基层处理剂

将配套基层处理剂喷涂在已处理好的基层表面，喷涂应均匀不露底，表干不粘手方可进行下道工序施工。

3）弹线、定位

根据顶板基面形状及侧墙卷材搭接位置确定卷材整体铺贴方向，依次向外平行弹线。保证卷材搭接宽度不小于 80mm。

4）试铺及铺贴防水卷材

（1）在顶板表面试铺卷材释放卷材应力，回卷以待铺贴。

（2）卷材铺贴由两位操作人员协作完成，推滚卷材、撕隔离膜、搭接处理。

（3）卷材长边及短边搭接边采用本体自粘搭接，如短边搭接边受污染，可采用焊接。

（4）压实排气：与基层初步粘贴的卷材应进行压实、排气，以保证卷材与顶板基层紧密粘结，防止空鼓。

（5）收口处理：大面卷材铺贴完毕后，应对卷材端头进行收口密封处理。

（6）整体施工完毕后，应对卷材防水层整体表观质量、搭接质量、局部节点处理等项目进行检查（图 8.14-11），如发现有质量缺陷，应立即修补。确认合格并通过验收后，及时隐蔽，做好成品保护。

图 8.14-11　顶板卷材防水层整体铺设效果

8.14.5　细部节点处理

1. 侧墙施工缝（图 8.14-12）

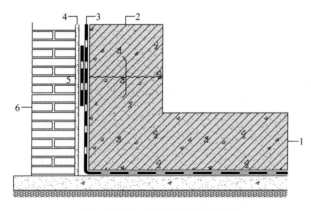

图 8.14-12　底板侧墙接槎甩槎

1—管廊底板（后浇）；2—管廊侧墙（后浇）；3—卷材（预铺反粘）；4—找平层；
5—卷材加强层（光面）；6—砖墙维护

2. 侧墙顶板卷材搭接（图 8.14-13）

1）拆除砖墙顶部侧墙卷材临时固定；

2）清理顶板防水基面；侧墙卷材翻折后用水泥砂浆铺设于顶板表面；

3）顶板卷材与侧墙卷材顶面自粘搭接。顶板卷材与侧墙卷材搭接前，须用抹布清理，确保侧墙卷材折面无污染。

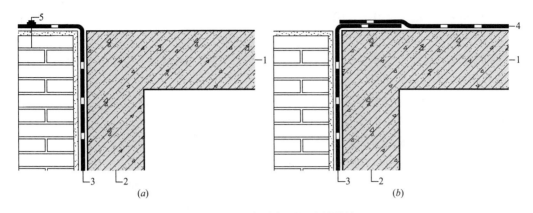

图 8.14-13　侧墙与顶板卷材搭接

(a) 顶板卷材施工前；(b) 顶板卷材搭接

1—管廊顶板；2—管廊侧墙；3—侧墙卷材（预铺反粘）；4—顶板卷材；5—侧墙卷材临时固定

8.14.6　结语

综合管廊工程的结构设计使用年限为 100 年，作为一个百年的地下工程对我国基本建设具有深远的意义，而管廊防水工程是满足结构安全、耐久和使用的重要条件，因此应成为综合管廊建设的重中之重。

高分子自粘胶膜防水卷材采用预铺反粘法施工，与结构粘贴，形成防水层与混凝土结构的无间隙结合，杜绝层间窜水隐患，也特别适用于本工程明挖支护的土建施工形式。

8.15　和混凝土同寿命的 XYPEX（赛柏斯）防水系统

8.15.1　工程概况

北京英蓝国际金融中心工程，地上 19 层，地下 4 层，总建筑面积 $102680m^2$，地下室建筑面积 $36800m^2$。该地区地下静滞水头 15～16m，底板厚度 800mm，立墙混凝土厚度 600mm，地下工程底板及侧墙防水面积 $28900m^2$，后浇带 700 多 m，地下结构顶板等部位约 $8900m^2$。

该工程因场地受到限制，不能采用放坡开挖基坑，只能沿地下室周边采用护坡桩支护。在结构外侧施做防水层时受空间限制，只适于在结构内侧（背水面）涂刷 XYPEX 水泥基渗透结晶型防水材料。

8.15.2　防水设计方案

该工程属大型重要构筑物，地下室长期受地下水的渗透作用，防水、防腐问题能否有效的解决不仅影响工程本身的坚固性和耐久性，而且直接影响到地下室的正常使用。因此，防水需要按一级标准设防，不允许渗水，结构表面无湿渍；做法采用内涂三道 XYPEX "浓缩剂" 灰浆，每道用量为 $0.5kg/m^2$（包含局部加强修补在内），材料总用量 $1.5kg/m^2$（包含局部加强修补在内）。

1. 地下室主体结构采用 XYPEX 水泥基渗透结晶型防水材料的部位

1）结构底板、底板反梁，柱从反梁向上 300mm；

2）周边墙（靠近土壤部位的围护承重墙）内侧全部及边墙拐向内隔墙和楼板各 300mm 均为施作防水范围；

3）回填土部位的地下结构顶板需从板的背水面施作防水处理，做法与要求同底板结构防水。

2. 混凝土结构细部构造防水技术与要求

1）后浇带混凝土增加外掺剂用量以补偿收缩。缝的背水面 150mm 宽应加涂刷二道 XYPEX "浓缩剂" 灰浆。另外，在 "U" 形槽内嵌填 XYPEX "浓缩剂" 半干料团，施工缝内涂刷三道 XYPEX "浓缩剂" 灰浆，用量不应少于 $1.5kg/m^2$。

2）浇筑侧墙混凝土时，固定模板用螺栓必须穿过混凝土结构时，螺栓上应加套遇水膨胀止水圈（或加焊止水环）。对混凝土面上的凹槽应进行嵌缝，在迎水面封头处用聚合物水泥防水砂浆进行密封处理。

8.15.3 材料简介

1. XYPEX 材料性能

XYPEX 水泥基渗透结晶型防水材料是一种用于水泥混凝土的刚性防水材料，其材料中含有的活性化学物质以水为载体在混凝土中渗透，催化水泥水化产物与水生成不溶于水的枝蔓状结晶体，填塞毛细孔道。水泥基渗透结晶型防水材料按使用方法分为水泥基渗透结晶型防水涂料和水泥基渗透结晶型防水剂。XYPEX 是水泥基渗透结晶型防水材料中的杰出代表。XYPEX 的性能指标见表 8.15-1。

XYPEX 水泥基渗透结晶型防水材料的性能指标 表 8.15-1

检测项目	标准要求	检验结果
氯离子含量	≤0.10%	0.012%
抗压强度（28d）	≥15.0MPa	19.2MPa
带涂层混凝土的抗渗压力（28d）	—	1.2MPa
带涂层抗渗压力比（28d）	≥250%	300%
去除涂层混凝土的抗渗压力（28d）	—	1.0MPa
去除涂层抗渗压力比（28d）	≥175%	250%
带涂层混凝土的第二次抗渗压力（28d）	≥0.8MPa	0.9MPa

2. XYPEX 水泥基渗透结晶型防水材料的技术特点

1）能耐受强水压。

2）其渗透结晶深度是超凡的，时间越长，结晶增长的越深。

3）涂层对于混凝土结构出现的 0.4～1mm 的裂缝遇水后有自我修复的能力。

4）属无机物，与结构同寿命。

5）施工完养护期后不怕穿刺及磕碰，而且膨胀系数与混凝土基本一致。

6）抗化学侵蚀，抗酸碱 pH 可达 2～12，还抗辐射。

7）抗氧化、抗碳化、抗氯离子的侵害。

8）可抑制碱骨料反应（AAR）。

9）可抗高低温，抗冻融循环 300～430 次。

10）能有效提高混凝土强度达 20％～29％。

11）可保护钢筋及金属埋件。

12）无毒、无公害。

13）它可用在迎水面，也可用在背水面；其应用领域广泛；它可在潮湿面上施工，也可和混凝土浇筑同步，故可缩短工期；涂层表面可以接受别的涂层；施工方法简便，混凝土基面上勿须用界面剂、不需找平层、不需搭接、施工后也无需保护层，故省工、省料。

3. 适用范围

XYPEX 水泥基渗透结晶型防水材料适用于工业及民用建筑的地下工程、地下铁道及涵洞的防水工程，适用于桥梁路面、饮用水厂、污水处理厂、水电站、核电站、水利设施等以混凝土为基层的防水工程。可涂布在混凝土结构迎水面或背水面，可单独作为一道防水层，也可与卷材或其他涂膜防水层复合使用。地下防水工程中在不易作卷材和涂膜防水层的部位，XYPEX 可作为外加剂掺入混凝土中，配制成防水混凝土。

8.15.4 施工技术

1. 工艺流程

清理基面→特殊部位加强处理→基面润湿→配料→涂刷 XYPEX（浓缩剂）灰浆层→养护。

2. 施工要点

1）基面处理与清理：混凝土作业基面要求坚实、平整，对混凝土表面应打毛，浮浆、反碱、尘土、油污以及表面涂层等杂物必须清除干净。

2）特殊部位加强处理：加强部位由工程设计人指定，裂缝、穿墙管、模板拉杆孔等薄弱部位应进行特殊嵌缝密封处理。对穿墙孔、结构裂缝（缝宽大于 0.4mm）、施工缝等缺陷均应凿成"U"形槽，槽宽 20mm、深度 25mm。用水刷干净并除去所有表面的水，再涂刷 XYPEX"浓缩剂"灰浆到 U 形槽内，待灰浆达到初凝后，用空气压紧机或锤子将 XYPEX"浓缩剂"的半干料团填满"U"形槽并捣实。如有蜂窝结构及疏松结构均应凿除，将所有松动的杂物用水冲洗干净，直至裸露出坚硬的混凝土基层，并在潮湿的基层上涂刷一层 XYPEX"浓缩剂"涂层，随后用防水砂浆或防水细石混凝土填补并捣固密实。在此部位再涂刷 XYPEX"浓缩剂"灰浆并养护。

3）基面湿润：基面清理后的混凝土结构要求用净水润湿润透。

4）配料：

（1）防水砂浆

42.5R 普硅水泥：粗中砂：水：XYPEX 掺合剂＝1：3：0.45：0.03（重量比）

（2）防水细石混凝土

42.5R 普硅水泥：粗中砂：细石：水：XYPEX 掺合剂＝1：2.5：2.7：0.4：0.02（重量比）

（3）XYPEX"浓缩剂"灰浆

XYPEX"浓缩剂"干粉与净水按 5：（2～2.5）（体积比）搅拌均匀，要求灰浆内无干粉团。使用过程中应不间断的搅拌，如果灰浆变稠可再次搅拌，严禁另外加水、加料。一次拌料使用时间不能超过 30min。

（4）XYPEX"浓缩剂"半干料团

XYPEX"浓缩剂"粉：水＝6：1（体积比）

5）大面积防水层施工，应先墙面后底板，施作前首先将表面清扫干净，并湿润，随后在潮湿的基面上涂刷首道 XYPEX"浓缩剂"灰浆，施工采用半硬棕毛刷用力往返涂刷。下道涂层应在上一道涂层终凝后（6～12h）进行施工，每道涂刷方向应相互垂直。并用相同方法涂刷三道，每道用量为 0.5kg/m²，材料总用量不应少于 1.5kg/m²，涂层总厚度不应小于 1.0mm。

6）养护：涂层终凝后（大约 5～6h）喷雾状水养护。养护十分重要，当 XYPEX 涂层终凝后即可开始喷雾状水养护，养护时间不应少于 72h。由于 XYPEX 涂层在养护期需要与空气直接接触来确保养护成功，故严禁采用不透气的塑料薄膜等材料直接铺在涂层上。

3. 防水构造

1）XYPEX 可采用外防外涂（图 8.15-1）、内防内涂（图 8.15-2）、内防转外防（图 8.15-3）和在配制混凝土过程中掺入 XYPEX 掺合剂的防水设计。

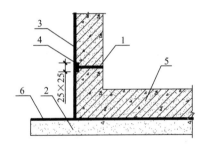

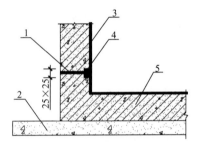

图 8.15-1　外防外涂

1—XYPEX 浓缩剂涂层或干撒层；2—垫层；
3—XYPEX 浓缩剂涂层；4—XYPEX 浓缩剂半
干料团；5—底板；6—XYPEX 浓缩剂干撒层

图 8.15-2　内防内涂

1—XYPEX 浓缩剂涂层或干撒层；
2—垫层；3—XYPEX 浓缩剂涂层；
4—XYPEX 浓缩剂半干料团；5—底板

2）桩头

XYPEX 材料宜用于桩头的防水处理（图 8.15-4），其渗透结晶的机理有利于混凝土对钢筋的握裹力，从而避免地下水顺钢筋侵入地下室内，同时也有利于桩头与底板新旧混凝土之间界面连接作用，避免夹层，形成天衣无缝的整体防水构造。

3）穿墙管

沿管根剔凿"U"槽，槽宽 20mm，槽深 20mm，槽内涂刷 XYPEX 灰浆，然后用 XYPEX 半干料团（XYPEX 干粉与水按体积比为 6：1）嵌填密实，表面再涂刷 XYPEX 灰浆层（图 8.15-5）。

4）变形缝

变形缝的宽度为 30～50mm，采用刚性材料和柔性材料相结合的防水构造（图 8.15-6）。

5）后浇带

后浇带浇筑前，两边侧壁需用 XYPEX 灰浆涂刷；浇筑时，两边新旧交接缝应预留 25mm×25mm 的沟槽，沟槽内嵌填 XYPEX 半干料团进行加强处理（图 8.15-7）。

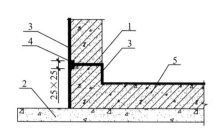

图 8.15-3 内防转外防

1—XYPEX 浓缩剂涂层或干撒层；2—垫层；3—XYPEX 浓缩
剂涂层；4—XYPEX 浓缩剂半干料团；5—底板

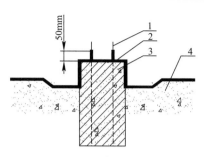

图 8.15-4 桩头防水构造

1—钢筋；2—XYPEX 涂层；
3—桩头；4—垫层

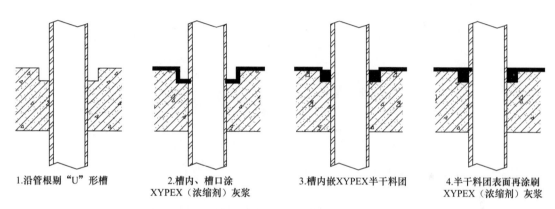

1.沿管根剔"U"形槽　　2.槽内、槽口涂XYPEX（浓缩剂）灰浆　　3.槽内嵌XYPEX半干料团　　4.半干料团表面再涂刷XYPEX（浓缩剂）灰浆

图 8.15-5 穿墙管根周边加强防水施工顺序构造示意图

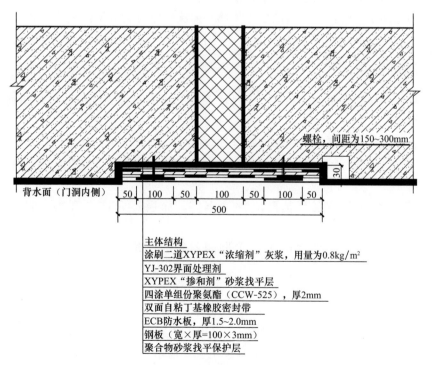

图 8.15-6 变形缝防水构造

6）窗井

窗井底板与窗井内墙要求全部涂刷 XYPEX 涂料，与主体结构的墙体防水结合，形成整体防水系统（图 8.15-8）。

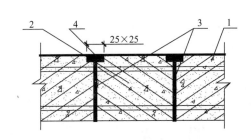

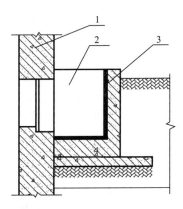

图 8.15-7　后浇带防水构造
1—先浇混凝土；2—后浇混凝土；3—XYPEX 浓缩剂涂层；
4—XYPEX 浓缩剂半干料团

图 8.15-8　窗井防水构造
1—主体结构；2—窗井；
3—XYPEX（浓缩剂）涂层

8.15.5　施工注意事项

1）混凝土作业基面必须毛糙、干净，并且施工前要求润湿润透。

2）配料严格按照配比，配好的浆料使用过程中严禁再加水加料。

3）多道涂层施工时，第二遍涂层要待第一遍涂层终凝后再进行施工。

4）在涂层终凝（5～6h）后应喷雾状水进行养护，养护期间注意涂层保护。

8.15.6　质量要求

1）应提供现场施工用的 XYPEX 涂料技术性能检测报告或其他可以证明材料质量的文件。

2）混合配料比及涂层施工操作应符合规定的要求。

3）XYPEX 浓缩剂涂层厚薄应均匀，不允许有漏涂和露底，涂层厚度和材料用量应符合设计要求。

4）XYPEX 浓缩剂涂层与基面应粘结牢固，涂层不允许有开裂、起皮、脱落等现象。

5）XYPEX 浓缩剂涂层在施工养护期间不得有砸坏、磕碰等现象，如有需进行修补。

8.15.7　应用效果

北京英蓝国际金融中心的防水工程完全采用了 XYPEX 防水系统，未使用其他防水材料。整个 4 层地下工程全部采用内防水施工工艺。防水工程于 2004 年初完工至今，防水效果良好，未发现任何渗漏现象，是背水面防水工程的典型案例。

客户反馈

证　明

北京英蓝国际金融中心工程地处西二环路东西城区金融街A7号地。地上十九层，地下四层，深-20米，建筑面积102680平方米，地下室建筑面积36800平方米。因建筑物外边线与红线相距很近，深基坑（约20米深）护壁距建筑物外边线距离仅0.8米左右，进行外墙外防水施工相当困难，为了确保施工安全和施工质量，经业主、设计及监理工程师和总包反复研讨，对比、考察，最后决定地下室采用XYPEX（赛柏斯）防水材料做内防水，即在地下室的内墙及底板进行防水施工，包括后浇带，且仅此一道防水层。

基于地下室的防水效果好，决定在屋面、汽车坡道等部位推广使用XYPEX（赛柏斯）防水。本工程应用XYPEX面积达38500平方米，即地下室防水面积28900平方米，后浇带700多延米，屋面8900平方米。

经过两年半的观察，各部位均未发现渗漏现象，防水效果较

为理想。通过采用XYPEX（赛柏斯）防水材料，解决了工程无法或较难进行外防水施工的难题，且XYPEX（赛柏斯）无毒、无味，不会给施工人员和施工区域造成污染，确保了工程进度和施工安全。良好的质量赢得了顾客的信赖，目前包括高盛、摩根、瑞士银行、加拿大皇家银行在内的国际知名公司均已入住该大厦。

中冶建设高新工程技术有限责任公司

二○○六年八月二日

8.16　威海东部滨海新城地下综合管廊复合防水施工技术

8.16.1　工程概况

威海市是15个国家综合管廊试点城市之一，为东部滨海新城地下综合管廊加速推进创造了前所未有的机遇。

威海东部滨海新城地下综合管廊，总规划长度59km。一期试点工程建设期为两年（2015～2017年），计划实施金鸡大道、松涧路干线管廊和其他支线管廊共11个路段34.33km，总投资31.59亿元。入廊管线包括电力、给水、污水、雨水、通信、热力、燃气、再生水8类，工程建成后，不仅可以有效解决"马路拉链"问题，更集约利用城市地下空间，提高城市整体管理水平。

我公司承接的标段管廊高度3.6m、宽度6m，为地下一层，结构为整体现浇闭合框架和圈梁，墙体厚度300mm，选用材料为2.0mm厚宏源非固化橡胶沥青防水涂料＋1.5mm厚宏源强力交叉膜自粘防水卷材。该工程自2016年9月施工，至今未出现任何渗漏质量问题。

8.16.2　施工工艺

1. 施工流程

基层处理→涂刷基层处理剂→细部节点加强处理→人工刮涂（或机械喷涂）NRC非

固化橡胶沥青防水涂料→铺贴强力交叉膜自粘防水卷材→自粘边本体搭接→防水层收口处理→质量检查、修补、验收→成品保护→后续工序施工。

2. 施工要点

1）基层应坚实，无空鼓、起砂、裂缝、松动和凹凸不平的现象，否则应采取相应的修复措施；以混凝土结构面作为基层而不做找平层时，应清除表面的疙瘩、磨掉棱角后再作涂膜施工。

2）涂刷基层处理剂，首先应进行细部节点涂刷，涂刷要求均匀一致，不得出现漏刷现象，待基层处理剂干燥后方可进行涂料施工。

3）节点加强处理：地下工程阴阳角、后浇带等部位应进行防水加强处理。加强层采用两涂一布法施工，加强层宽度为 500mm，先于加强层区域刷涂一道 0.6～0.8mm 厚 NRC 非固化橡胶沥青涂料，再铺贴聚酯无纺布增强层，最后再刷涂一道 0.6～0.8mm 厚 NRC 非固化橡胶沥青涂料，使聚酯无纺布完全浸透。后浇带部位应贯通加强，管根处卷材裁剪应符合要求。

4）热熔非固化橡胶沥青防水涂料：施工前，应将非固化橡胶沥青防水涂料放入加热罐中加热呈液体状态，达到规定的温度时方可施工，手工刮涂的加热温度以不高于 120℃ 为宜，机械喷涂温度以不高于 170℃ 为宜。

5）预铺防水卷材：在已处理好并干燥的基层表面，展铺防水卷材，以释放其内部应力。同时，按照不同类型卷材搭接宽度对卷材进行定位，定位完毕后，从一端向另一端收卷卷材，以待复合铺贴。其中卷材的搭接宽度不应小于 80mm。

6）刮涂非固化橡胶沥青防水涂料：将加热罐中的非固化橡胶沥青防水涂料倾倒于基层，使用橡胶刮板涂刮均匀，涂层厚度宜为 2.0mm，一遍刮涂应达到厚度要求，同时铺贴待复合的卷材。

7）铺贴防水卷材：自粘卷材可由一人于正面直接滚铺施工，另一人在其后进行压实、排气等工作。

8）卷材搭接和密封：相邻卷材搭接缝不得使用非固化涂料粘结。应使用其本体的自粘胶在接缝区域进行搭接和密封处理。

9）卷材铺贴完毕，应及时进行检查，如发现防水层有质量缺陷，应及时修补。自检完毕，应尽快申请防水工程验收，验收合格后，应及时施工保护层。

10）防水层施工不宜在雨雪天及 4 级以上大风环境下施工。

8.16.3 细部节点处理

1. 复合防水层的甩槎与接槎处理

管廊工程底板卷材防水层施工时，应甩槎至永久保护墙上方的临时保护墙上，待侧墙混凝土浇筑完毕、拆除临时保护墙清理干净，再进行侧墙防水层的施工，使其形成整体闭合的防水层（图 8.16-1）。

2. 后浇带防水处理

地下管廊后浇带为防止现浇钢筋混凝土结构由于自身收缩不均或沉降不均可能产生的有害裂缝而设置。因此需重点做好防水处理（图 8.16-2～图 8.16-4）。

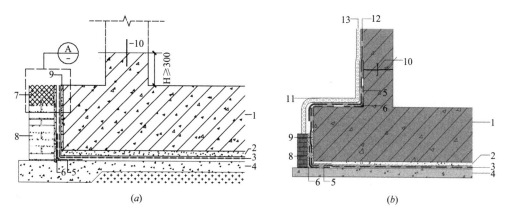

图 8.16-1　复合防水层甩槎、接槎防水构造

(a) 甩槎；(b) 接槎

1—结构底板；2—50厚细石混凝土保护层；3—复合防水层；4—C15混凝土垫层；5—附加防水层；6—倒角砂浆；
7—临时性保护墙；8—永久性保护墙；9—20厚水泥砂浆保护层；10—止水钢板；11—防水保护层；
12—侧墙复合防水层；13—保护层

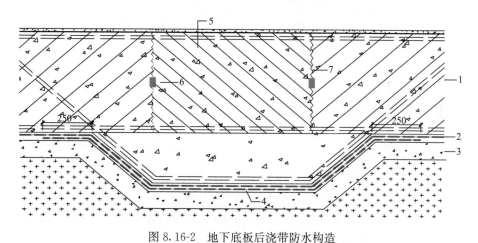

图 8.16-2　地下底板后浇带防水构造

1—结构底板；2—复合防水层；3—C15细石混凝土垫层；4—贯通防水加强层；
5—后浇补偿收缩混凝土；6—遇水膨胀止水条；7—施工缝

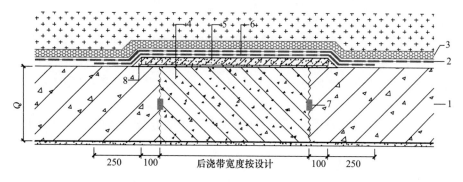

图 8.16-3　侧墙后浇带防水构

1—结构侧墙；2—复合防水层；3—保护层；4—后浇补偿收缩混凝土；5—预制外墙后浇带模板；
6—贯通防水加强层；7—遇水膨胀止水条或止水钢板；8—水泥砂浆（补角）

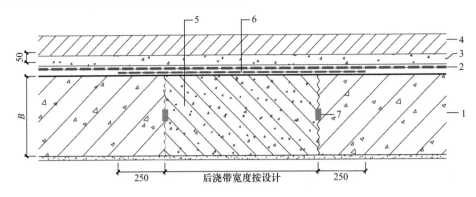

图 8.16-4 顶板后浇带防水构造

1—结构顶板；2—复合防水层；3—保护层；4—其他构造层；5—后浇补偿收缩混凝土；
6—贯通防水加强层；7—遇水膨胀止水条或止水钢板

3. 穿墙管防水处理（图 8.16-5）

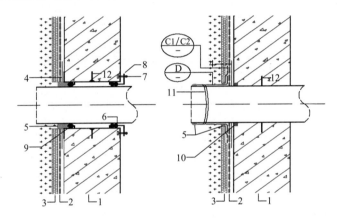

图 8.16-5 穿墙管防水构造

1—结构墙体；2—复合防水层；3—保护层；4—沥青基涂膜加强层；5—沥青基密封膏；6—橡胶密封圈；7—螺栓；
8—法兰盘；9—聚乙烯泡沫棒；10—预留凹槽（密封材料嵌填）；11—金属环箍或钢丝；12—止水翼环

8.16.4 主要防水材料的特点

1. 非固化橡胶沥青防水涂料

1) 粘结效果好，基层即便潮湿，同样可以实现满粘结。在地下管廊中，非固化橡胶沥青涂料均可与立墙和顶板形成满粘结，达到皮肤式防水的效果。

2) 施工温度区域广，−10～35℃均可施工，这就意味着有更广泛的区域可以得到应用。

3) 具备良好的自我修复能力，基层即使发生较小的开裂或变形，复合防水层仍能够继续发挥防水功能。

2. 强力交叉膜自粘防水卷材

1) 强度相对较高。选用强力交叉膜，较大的提升了自粘防水卷材的强度。

2) 质量轻，贴服方便。通常厚度为 1.5mm，便于铺贴复杂部位。同时减少了有胎自粘类卷材可能出现的 T 形搭接处理不到位而出现漏水问题。

3）通过卷材与涂料两种材料的复合，形成优势互补，非固化橡胶沥青防水涂料，可以有效弥补因人员施工不到位而出现的细小孔洞，复合防水层在地下空间可长久发挥防水功能。

8.16.5 结语

非固化橡胶沥青防水涂料与宏源强力交叉膜自粘防水卷材复合防水层在综合管廊中得到了较好的应用（图8.16-6），受到甲方及总包方的一致认可。相信未来还会有更多的优质工程。

图 8.16-6 已竣工的综合管廊工程

8.17 肖村保障性住房地下室复合防水施工技术

8.17.1 工程概况

肖村（配套商品房及公建）保障房项目，位于北京市朝阳区小红门乡，总防水面积12万 m²。防水设防等级为一级，设防要求采用结构自防水，外加聚乙烯丙纶卷材与聚合物水泥复合防水层＋喷涂速凝橡胶沥青防水涂料的防水设防措施。建设单位为北京首开集团，施工总包单位为北京住总集团，北京圣洁防水材料有限公司承担防水施工。

8.17.2 材料简介

1）聚乙烯丙纶防水卷材的组成、特点及其性能指标应符合本书2.6的要求。
2）聚合物水泥防水胶结料的主要性能指标，应符合本章表8.7-1的要求。
3）喷涂速凝橡胶沥青防水涂料的组成、特点及其性能指标应符合本书2.8的要求。

8.17.3 防水设计方案

本地下工程防水等级为一级，采用自防水混凝土结构，外加聚乙烯丙纶卷材＋聚合物水泥胶结料＋喷涂速凝橡胶沥青防水涂料的复合防水构造（图8.17-1、图8.17-2）。

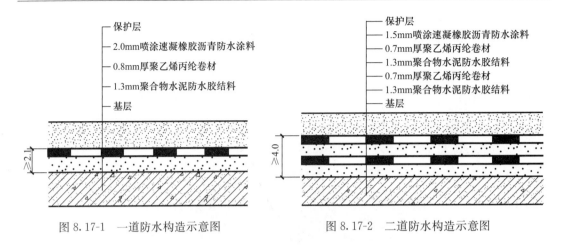

图 8.17-1 一道防水构造示意图　　　图 8.17-2 二道防水构造示意图

8.17.4 施工准备

1. 编制施工方案

根据国家标准《地下工程防水技术规范》GB 50108—2008、协会标准《聚乙烯丙纶卷材复合防水工程技术规程》CECS199：2006 和企业标准《SJ 喷涂速凝橡胶沥青防水涂料》Q/MY SJF 0001—2016 及本工程设计要求和特点，在施工前编制施工方案，经项目总包方、工程监理审核后实施。

2. 资料准备

按工程设计选材要求，备齐聚乙烯丙纶防水卷材、聚合物水泥防水胶结料、喷涂速凝橡胶沥青防水涂料的合格证、检测报告、营业执照、施工资质、生产许可证等各种报备资料。

3. 材料准备

聚乙烯丙纶防水卷材、聚合物水泥防水胶结料、喷涂速凝橡胶沥青防水涂料进入施工现场后，应见证抽样复验，复验合格后方可在工程中应用。

4. 机具准备

清扫工具、刮板、滚刷、毛刷、铲刀、压辊、剪刀、手提桶、卷尺、喷涂速凝橡胶沥青涂料专用喷涂设备（图 8.17-3）、制胶容器、电动搅拌器、耐碱胶皮手套等。

图 8.17-3 喷涂机

8.17.5 施工技术

1. 工艺流程

验收基层→清理基层→细部加强层处理→涂刷胶结料→卷材铺贴→喷涂速凝防水涂料→细部处理→防水层验收→成品保护。

2. 施工要点

1）基层处理

（1）基层表面应坚实、平整，混凝土表面不得有蜂窝、孔洞、突出的钢筋头等；水泥砂浆找平层的平整度应在允许的范围内平缓变化，须抹平压光、接槎平整，不允许有明显的尖凸、凹陷、起皮、起砂、开裂等现象。

（2）应将基层表面的灰尘、油污、杂物清理干净。

（3）基层可潮湿，但不得有明水，大雨过后，把雨水扫净后即可施工。

2）按比例现场配制好聚合物水泥防水胶结料，按粘贴尺寸裁剪相应卷材。

3）聚合物水泥防水胶结料应涂刮均匀，覆盖完全，涂层厚度应不小于1.3mm。

4）涂刮聚合物水泥防水胶结料，胶结料涂刮后随即铺贴聚乙烯丙纶防水卷材。卷材与聚合物水泥防水胶结料应紧密粘结，不空鼓，不翘边，表面平整；卷材搭接宽度长、短边均为100mm，同层相邻两幅卷材短边接缝应错开500mm以上，上下两层卷材长边接缝应错开1/2～1/3的幅宽，搭接缝应粘结牢固，防止翘边和开裂。

5）喷涂速凝橡胶沥青防水涂料施工

（1）卷材施工完成24h后可进行喷涂速凝橡胶沥青防水涂料施工，使其形成完整的复合防水层（图8.17-4）。

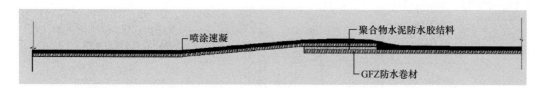

图8.17-4　防水卷材与喷涂速凝复合防水体系

（2）喷涂速凝橡胶沥青防水涂料应采用专用喷枪从一侧向另一侧、由低向高进行喷涂施工，施工时，喷枪距离基面宜为600～800mm，按（1/4～1/3）m/s的行枪速度，2mm厚的涂层可一次纵横5～6遍喷涂完成。喷涂应均匀，平整顺直，涂层不歪扭、无皱折，不起泡。喷涂速凝橡胶沥青涂料施工必须精心操作，在一部分或全部喷涂完成后，应及时认真检查涂层的质量，特别要对立墙、桩头、边角及重要部位进行仔细检查，不得有开口、翘边和粘结不牢等缺陷存在，否则应及时采取补喷等修复措施。

（3）外立墙施工时，将挡土墙的临时保护层拆除，把甩槎卷材清理干净（图8.17-5）。挡土墙部位的防水层应用喷涂速凝橡胶沥青防水涂料进行加强处理，涂层厚度≥2.0mm，宽为250mm（图8.17-6）。

6）细部构造做法

地下室阴阳角处、电梯坑、后浇带、穿墙管根、桩头等复杂部位应进行加强处理。加

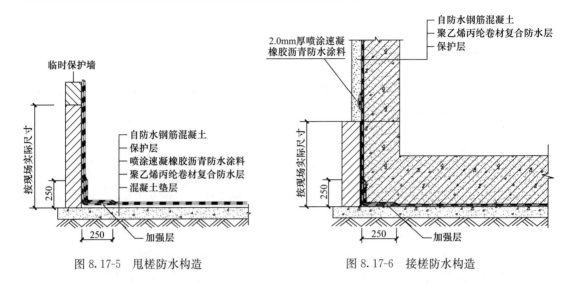

图 8.17-5 甩槎防水构造

图 8.17-6 接槎防水构造

强层卷材应紧贴阴、阳角满粘铺贴，不得出现空鼓、翘边现象。加强层做好后再大面积展开施工。

（1）桩头

① 桩头钢筋周围剔凿成 20mm×20mm 凹槽；桩头平面、侧面及垫层 250mm 宽度范围内应清理干净，洒水湿润，涂刷 1.0mm 厚水泥基渗透结晶型防水涂料；桩头钢筋周围凹槽嵌填遇水膨胀橡胶止水胶；

② 聚乙烯丙纶防水卷材复合防水层铺贴至桩头与垫层的阴角部位，卷材不得在桩头上返，卷材收头应采用聚合物水泥防水胶结料密封，再喷涂 2mm 厚速凝橡胶沥青涂料组成复合防水层（图 8.17-7）。

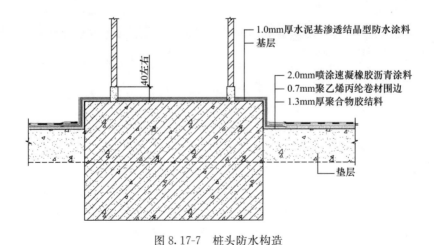

图 8.17-7 桩头防水构造

（2）穿墙管、阴角、阳角加强层做法与本章 8.10 中相应的内容相同。

（3）后浇带

后浇带宽度根据设计而定，加强层应从后浇带两侧向外延伸 300～400mm，为保证后浇带防水质量，防水层需进行加强处理（图 8.17-8）。

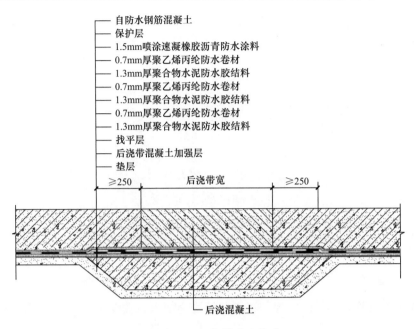

图 8.17-8 后浇带防水构造

8.17.7 成品保护

1）复合防水层完成 24h 内其他人员不得入内踩踏和来回走动，以免影响复合防水层的凝固，造成防水层空鼓。

2）保护层施工时，施工人员不得穿带钉子鞋进入，用小推车时要铺垫木板，不得用铁锹铲破防水层。

8.17.8 体会

1）聚乙烯丙纶防水卷材与聚合物水泥防水胶结料和喷涂速凝橡胶沥青防水涂料三层复合形成优势互补的整体柔性防水层，有利于提高防水工程质量。

2）喷涂速凝橡胶沥青防水涂料施工时使用喷枪将涂料喷到基层上，喷枪体积小，施工灵敏，能有效解决施工现场狭窄部位其他材料不能施工的问题。

3）聚乙烯丙纶卷材施工时，基层不需要找平层及压光处理，胶结料本身就可以起到找平层的作用，给上一道工序创造了便利的条件。

4）这种复合防水层的施工为无明火作业，可以避免火灾隐患，符合绿色安全环保要求。

8.18 上饶市城镇综合管廊工程防水施工技术

8.18.1 工程概况

上饶市城镇综合管廊工程（图 8.18-1）是连接上饶市城东片区、中心区、开发区、三江片区、空港片区、上饶县范围，是首个跨越城与镇的三舱管廊。是以混凝土自防水结构

239

为主体，采用湿铺高分子防水卷材为外包柔性防水层，细部节点采用防水密封膏加强处理。本文详细介绍底板空铺法施工，侧墙及顶板湿铺法施工具体施工工艺。以及后浇带、变形缝、阴阳角、底板接槎等防水做法。

图 8.18-1　上饶市城镇地下综合管廊工程施工现场

上饶地下综合管廊项目的修建，将各种管线全部入廊敷设，不仅解决城市交通拥堵问题，杜绝道路拉链及空中乱架设现象，有效利用了道路下的空间，节约了城市用地，还极大方便了电力、通信、燃气、给水排水等市政设施的维护和检修，大幅提高上饶城市品质，美化了城市的景观。管廊工程总长 22.15km，项目总投资 9.49 亿。其中 2017 年一期开工建设三条管廊，总长 7.3km，位于稼轩大道（站前南路～五三大道）、吴楚大道（站前一路～五三大道）、天佑大道（吴楚大道～紫阳大道）。三条管廊采取五个点同时开挖的方式进行，这样施工更快捷方便，可以节省工期。管廊主体为钢筋混凝土结构，管廊舱道分三个口，左边为燃气舱，中间为强电舱，右边为综合舱，包括弱电、自来水和污水等，管线安全水平和防灾抗灾能力也将明显提升。

8.18.2　防水设计与选材

1. 防水设计

上饶市城镇地下综合管廊工程为现浇钢筋混凝土结构，防水设计与施工遵循"确保质量、技术先进、经济合理、安全适用"的方针，和"以防为主、刚柔结合、因地制宜、综合治理"的原则。

1）现浇混凝土结构在温差、振动、干湿反复变化的情况下，容易出现裂缝；且裂缝随结构动态变化，水会顺着裂缝进入混凝土结构内部，容易导致钢筋锈蚀。

2）地下水及地表水的双重侵蚀不可避免。上饶市年平均降水量为 1600～1850mm，属降水较多的地区。常年处于 360°全方位泡水状态，地下水无法排放，细微缺陷易导致整个防水系统失败。

3）工期紧，整个管廊施工期间封锁道路，影响交通。所以要求所使用的防水材料能赶工期，防水工程不能影响项目总进度。

4）细部节点密封。变形缝、施工缝、穿墙管道、预埋件、接线盒等细部薄弱部位防水密封难，而且还要求能与各种材质有效粘结密封。

综合管廊应根据气候条件、水文地质状况、结构特点、施工方法和使用条件等因素进行防水设计，防水等级为二级，满足结构的安全、耐久性和使用要求。主体结构防水选用一道柔性防水材料设置在结构迎水面，选用的防水材料为抗拉强度高、耐久性好、适应现场环境可施工性强、能与混凝土主体结构牢固满粘的柔性密封防水材料。具体施工时，底板采用空铺，顶板及侧墙应满粘铺贴。除主体结构的外包柔性密封防水系统外，局部构造如变形缝选用止水带（图 8.18-2）、防水密封材料、卷材加强层等三种以上的防水措施，施工缝采用钢板止水带、遇水膨胀止水条、卷材加强层等两种以上的防水措施。

2. 选材思路

鉴于本管廊建设采用现浇混凝土结构，应选用能与混凝土结构粘结牢固、抗裂抗拉性能良好，能满足潮湿基面、雨期施工及赶工期，效率高的防水材料。大面积密封采用 1.5mm 厚 CPS 反应粘防水卷材，细部节点密封采用 CPS 节点防水密封膏，而大面积 CPS 反应粘卷材与细部节点的 CPS 节点防水密封膏相容粘结，做到大面积密封，细部节点密封，保证了防水层与混凝土结构形成"刚柔相济、粘结持久"的全密封防水系统（图 8.18-3）。

图 8.18-2 侧墙绑筋及施工缝橡胶止水带安装施工现场　　图 8.18-3 部分完成防水层施工现场

8.18.3 施工工艺

1. 大面积防水层的施工

1）管廊底板空铺施工工艺

基层清理→节点密封、加强层处理→定位、弹线→空铺卷材→长、短边粘贴搭接→质量验收→成品养护。施工要点如下：

（1）基层处理：基层表面采用铲刀和扫帚将突出物等异物清除，并将尘土杂物清理干净，基层表面应基本平整，其高低误差宜为 5～8mm。砂眼、孔洞应用聚合物水泥砂浆修补。基层应坚固、平整、洁净，无起沙、空鼓、开裂、浮浆等现象。

（2）定位、弹线：根据现场状况，确定卷材铺贴方向，在基层上弹出基准线，基准线之间的距离为一幅卷材宽度（即 1000mm），按照所选卷材的宽度留出不少于 80mm 搭接缝尺寸，依次弹出，以便按此基准线进行卷材铺贴施工。

（3）卷材铺贴：底板平面铺贴防水卷材，胶粘层同样朝上。先按基准线铺好第一幅卷材，再铺设第二幅，然后揭开两幅卷材搭接部位的隔离膜，使卷材搭接缝粘结牢固，封闭严密。铺贴卷材时，应随时注意与基准线对齐，以免出现偏差难以纠正。

（4）搭接、收边：卷材长、短边搭接采用本体自粘法施工。环境温度较低时可使用热风枪对搭接部位进行加温后粘结。卷材搭接宽度不应小于80mm，相邻两幅卷材短边搭接

缝应错开500mm以上。特别注意的是单面粘卷材在短边搭接时，应配备一定数量的双面粘卷材作为胶粘带，即在短边搭接时裁取长度1000mm，宽度不小于160mm的双面粘卷材作胶粘带。在两幅单面粘卷材短边处分别量取不小于80mm搭接边，撕去隔离膜后与胶粘带直接搭接（图8.18-4）。

图8.18-4　短边搭接施工现场

（5）成品养护：防水卷材铺贴完后，应及时做保护层，避免长时间暴露。浇筑保护层时，应撕净防水卷材表面的隔离膜（甩槎部分除外）（图8.18-5）。

2）管廊侧墙与顶板湿铺施工工艺（图8.18-6）

基面清理、湿润→定位、弹线、试铺→水泥素浆配制→节点密封、加强层处理→大面积铺贴→赶浆排气→卷材搭接，收头封边→检查验收→成品保护。

图8.18-5　管廊底板空铺施工现场　　　　　图8.18-6　防水卷材侧墙施工现场

2. 湿铺法施工要点

1）水泥素浆的配制：配制水泥素浆一般按水泥∶水＝2∶1（重量比），先按比例将水倒入原已备好的搅拌桶，再将水泥放入水中，浸泡15～20min并充分浸透后，用电动搅拌器搅拌均匀成腻子状即可使用，高温天气或较干燥基面可加入水泥用量1‰～4‰建筑胶粉作为保水剂，拌匀后使用。

2）刮涂水泥素浆：其厚度视基层平整情况而定，一般为1.5～2.5mm，刮涂时应注意压实、刮平。刮涂水泥素浆的宽度宜比卷材的长、短边各宽出100mm，并在刮涂过程中注意保证平整度。

3）防水卷材大面积铺贴：将涂满水泥素浆的卷材一端抬起回翻，铺贴于基层上，用刮板从中间向两边刮压排出空气，将刮压排出的水泥素浆回刮封边。卷材另一端按相同方法进行铺贴处理。

4）铺贴下一道卷材：将卷材对齐基准线，保证卷材搭接尺寸准确。卷材长短边搭接宽度不应小于80mm，相邻两幅卷材的短边搭接缝应错开500mm以上。铺贴方法与上一

幅相同，铺贴时应注意：

（1）长边搭接：把上下层防水卷材长边搭接处的隔离膜撕掉，刮涂水泥素浆铺贴接边；

（2）短边搭接：把上下层防水卷材短边搭接处的隔离膜撕掉，刮涂水泥素浆铺贴接边。

5）成品养护：防水层铺好后，晾放 24～48h，一般情况下，环境温度越高所需要时间越短。高温天气防水层暴晒时，可用遮阳布或其他物品遮盖。

8.18.4　细部节点施工工艺

1. 管廊细部节点之顶板侧墙交角

基面清理干净后，转角处湿铺第一道 500mm 宽的双面粘 CPS 反应粘卷材防水加强层。撕掉加强层卷材上表面的隔离膜，大面湿铺第二道双面粘的 CPS 反应粘防水卷材覆盖在加强层之上，并超出原加强层 100mm，再大面积粘贴第三道 CPS 反应粘防水卷材，同样需覆盖原防水层。顶板转角是最容易受破坏的部位，需及时采取保护措施，可在最外层浇筑细石混凝土或粘贴挤塑聚苯板做保护层。（图 8.18-7）。

2. 管廊阴角构造做法

对于管廊阴角防水构造，将阴角部位的垃圾、浮浆等清理干净，再沿阴角线两侧各 250mm 处，先做一道双面粘 CPS 反应粘防水卷材加强层，随后大面积铺贴二道双面粘的 CPS 反应粘防水卷材覆盖加强层，并超出加强层 100mm。最外层浇筑细石混凝土或粘贴挤塑聚苯板保护层。（图 8.18-8）。

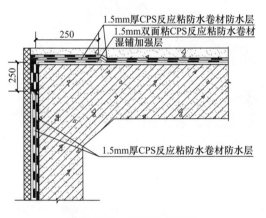
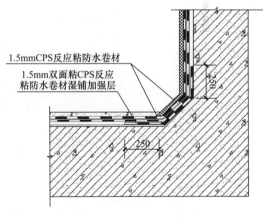

图 8.18-7　阳角防水构造　　　　图 8.18-8　阴角处防水构造

3. 底板处卷材接槎构造做法

对于管廊底板处卷材接槎防水构造，除施工缝需要做宽 300mm 厚度不小于 3mm 的止水钢板外，其角接处 500mm 范围内还应做 CPS 反应粘防水卷材加强层，随后大面积铺贴二道双面粘的 CPS 反应粘防水卷材覆盖加强层。然后最外层浇筑细石混凝土或粘贴挤塑聚苯板保护层。底板处接槎防水构造具体做法（图 8.18-9）。

4. 管廊出地面侧墙卷材收头构造做法

对于管廊出地面侧墙卷材收头处先采用 CPS 节点密封膏密封，然后在其收头处 300mm 范围内铺贴 CPS 反应粘防水卷材加强层，随后大面积铺贴二道双面粘的 CPS 反应粘防水卷材覆盖加强层，最外层铺抹水泥砂浆保护层（图 8.18-10）。

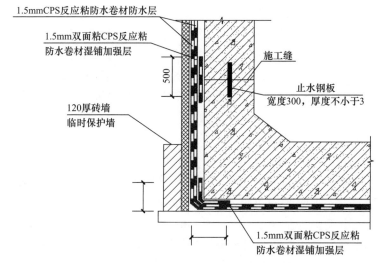

图 8.18-9　底板处卷材接槎防水构造

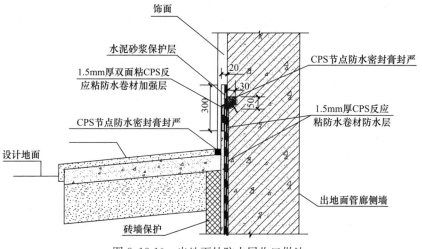

图 8.18-10　出地面处防水层收口做法

8.18.5　结语

　　针对工程地质特点，对上饶市城镇综合管廊工程，选用 1.5mm 厚反应粘防水卷材，底板采用空铺法、侧墙与顶板湿铺法施工，对各个细部节点加强处理，做到全密封防水，并做好保护措施，保证设计的使用年限。目前已顺利通过验收，无渗漏现象，达到了预期的防水效果。

8.19　预铺反粘防水施工技术

8.19.1　工程概况

　　1. 恒大海花岛项目
　　恒大海花岛位于海南省儋州市排浦港与洋浦港之间的海湾区域，南起排浦镇，北至白马井镇，距离海岸大约 600m，总跨度约 6.8km。填海面积 12000 亩，由 3 个单独的人工岛组成，总投资：1600 亿。该项目地下工程防水面积约 12 万 m^2。

该项目地下室防水等级为一级，要求防水材料耐盐碱、耐氯离子渗透，设计采用一道 1.2mm 厚 APF-C 预铺式高分子自粘胶膜防水卷材作防水层，采用预铺反粘法工艺铺设（图 8.19-1、图 8.19-2），混凝土浇筑过程中，未凝固的混凝土与卷材的耐候层和胶粘层接触，混凝土固化后卷材与混凝土之间形成牢固连续的粘结，可防止防水层局部破坏时外来水在防水层和结构混凝土之间窜流，能够大幅度降低可能发生的漏水维修难度和费用。卷材耐盐碱和耐氯离子渗透性能可以保护混凝土结构层不被海水侵蚀。

图 8.19-1　海花岛运动中心底板防水层　　　　图 8.19-2　海花岛欧式城堡酒店底板防水层

2. 青岛地铁 R3 线项目

青岛地铁 R3 线即青岛西海岸经济新区城际轨道交通。项目位于青岛市黄岛区（西海岸经济新区），线路起于开发区嘉陵江路站，终于董家口火车站。线路全长 70.27km，其中地下线 18.21km，高架线 47.96km，地面线 4.1km（含敞口段 0.3km），防水工程量约 45 万 m^2，项目投资 250 亿元。

本项目防水等级设计为二级，柔性防水层采用一道 1.5mmAPF-C 预铺式高分子自粘胶膜防水卷材，实际可达到一级防水标准（图 8.19-3）。

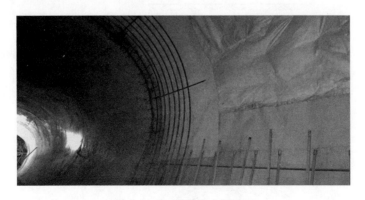

图 8.19-3　隧道防水层施工

西海岸城轨于 2014 年下半年开工建设，目前项目正在施工中。已完工的隧道，防水工程质量良好，受到相关方面的好评。一期工程将于 2018 年建成。

8.19.2 防水材料简介

地下工程预铺反粘防水施工技术所采用的材料是 APF-C 预铺式高分子自粘胶膜防水卷材。APF-C 是科顺防水公司专门针对地下工程需用预铺法施工的工程部位而研发的一种性能优越的多层复合防水材料，其主要由高密度聚乙烯（HDPE）片材、高分子自粘胶膜和有特殊性能要求的防粘层组成。

1. 材料主要特点

1）防海水腐蚀：耐海水浸泡，抗氯离子渗透，耐盐碱。

2）化学稳定性强：常见的无机、有机酸、碱、盐和有机溶剂对它都没有腐蚀性。

3）抗变形能力强：填海、不均匀沉降要求防水层强度大、延伸性好。

4）满粘不窜水：良好的断裂伸长率，预铺反粘法与结构主体形成皮肤式防水构造，一起变形，不受结构与基层变形之间的拉伸影响。

5）物理性能优异，根据地下工程防水技术规范，一道 1.2mm 厚高分子自粘胶膜防水卷材即可达到一级防水要求。

2. 性能指标

APF-C 预铺式高分子自粘胶膜防水卷材执行《预铺防水卷材》GB/T 23457—2017 标准，其物理力学性能指标应符合本书表 2.3-1 的要求。

8.19.3 防水构造

APF-C 预铺式高分子自粘胶膜防水卷材在地下工程防水构造见表 8.19-1。

地下工程 APF-C 高分子自粘胶膜卷材防水构造　　　　表 8.19-1

防水部位	构造简图	备注
地下工程底板 （一级防水）		1. 结构层：现浇防水钢筋混凝土 2. 防水层：APF-C 自粘胶膜防水卷材 3. 垫层：100mm 厚 C15 混凝土 4. 基层：地基土
地下工程侧墙 （外防内贴一级防水）		1. 结构层：现浇防水钢筋混凝土 2. 防水层：APF-C 自粘胶膜防水卷材 3. 找平层：20mm 厚水泥砂浆 4. 围护结构：混凝土围护结构
暗挖隧道		1. 支护层：初期支护（喷射混凝土，厚度由设计确定） 2. 缓冲层：垫衬土工布 3. 防水层：APF-C 自粘胶膜防水卷材 4. 结构层：防水钢筋混凝土（由设计确定）

8.19.4 施工技术

1. 施工准备

1) 材料准备

（1）主材：APF-C 高分子自粘胶膜防水卷材。防水材料须具有出厂合格证及相关资料，在施工前应进行见证抽样复验，复验合格后方可使用。

（2）其他配套材料详见表 8.19-2。

APF-C 配套材料   表 8.19-2

序号	图示	名称	适用范围
1		三面阴角、阳角顶点制品搭接边。	适用于三面阴角、阳角为直角
2		短边搭接胶条。 长：25m/卷。 宽：100mm。 总厚度：640μm	1. 适用于短边及所有卷材背面与砂面的搭接。 2. 破损修补
3		无砂 APF-C	适用于管根、非直角时的阴阳角点、短边对接、大面破损较大时修补
4		APF-C 专用密封胶	用于阴角、阳角、管口密封，破损修补以及所有无法用卷材完全密封部位
5	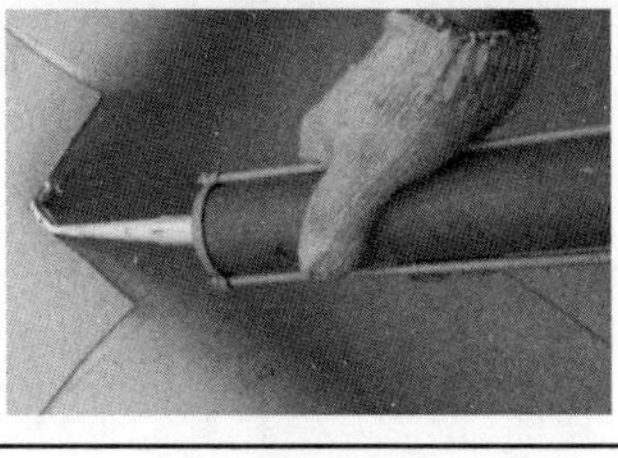	MS 密封胶	用于阴角、阳角、管口密封，破损修补以及所有无法用卷材完全密封部位

2）机具准备

点胶手套、直尺、卷尺、勾刀、美工刀、记号笔、墨斗、橡胶压辊、铁锤、螺丝刀、小毛刷、射钉枪。

3）人工准备

（1）防水工程必须由专业防水队伍进行施工；

（2）一般以 3~4 人为一个施工小组较为适宜，人员根据工程量和工程进度确定。

2. 施工流程

基层处理→卷材预铺弹线定位→自粘面（带砂面）面向结构空铺大面卷材（立面需要增加机械固定）→节点加强密封处理→质量验收→浇筑结构混凝土。

3. 施工要点

1）基层处理：水平基层表面应是密实度很好的垫层，垫层要避免使用松散骨料或棱角尖锐的骨料，可在潮湿面上施工，但表面不得有明水。

2）卷材预铺弹线定位：铺设高分子自粘胶膜防水卷材时，先将卷材按弹线定位空铺在垫层上，卷材自粘胶层（带砂面层）面向操作人员，细心校正卷材位置。第二幅卷材在长边方向与第一幅卷材的搭接按照搭接指导线进行，搭接宽度不应小于 80mm。

3）卷材铺贴：卷材搭接顺序为先节点，后大面；柱根桩基部位需要涂刷两道水泥基渗透结晶型防水涂料，卷材铺贴至桩根外围阴角部位后需机械固定，然后再沿着卷材边缘采用专用密封胶进行密封处理。

4. 恒大海花岛项目地下工程防水施工要点

1）卷材采用预铺反粘法进行铺设。卷材使用于平面时，将高密度聚乙烯面朝向混凝土垫层进行空铺；卷材使用于立面时，将卷材固定在支护结构面上，胶粘层朝向结构层，在搭接部位临时固定卷材。卷材施工后，不需铺设保护层，可以直接绑扎钢筋、支模板、浇筑混凝土等后续工序施工。

2）短边卷材搭接施工顺序如图 8.19-4 所示。

3）长边卷材搭接施工顺序如图 8.19-5 所示。

4）立面卷材施工顺序如图 8.19-6 所示。

5）管根部位卷材施工顺序如图 8.19-7 所示。

6）阴角部位卷材施工顺序如图 8.19-8 所示。

7）阳角部位卷材施工顺序如图 8.19-9 所示。

8）柱根、桩头部位施工顺序如图 8.19-10 所示。

9）卷材防水层破损修补施工顺序如图 8.19-11 所示。

5. 青岛地铁 R3 线项目防水施工技术要点

1）采用射钉固定的方法，将事先裁好 $400g/m^2$ 的土工布固定于拱面基层，做防水卷材的背面保护，固定点应分布均匀，铺设圆滑、平整、牢固，两幅土工布之间搭接宽度应不小于 100mm。沿拱面环向，每间隔 600mm 距离固定一道自粘垫片。

2）APF-C 高分子自粘胶膜防水卷材铺设前，在所有的施工缝、变形缝部位骑缝铺设加强层，施工缝加强层宽度 500mm，变形缝加强层宽度 1000mm；其中施工缝加强层与自粘卷材防水层满粘，变形缝两侧各 100mm 范围内加强层空铺，空铺部位加强层表面的隔离膜不应撕掉，（即此范围防水层与加强层不粘贴），其他部位满粘粘贴。防水层甩头采用

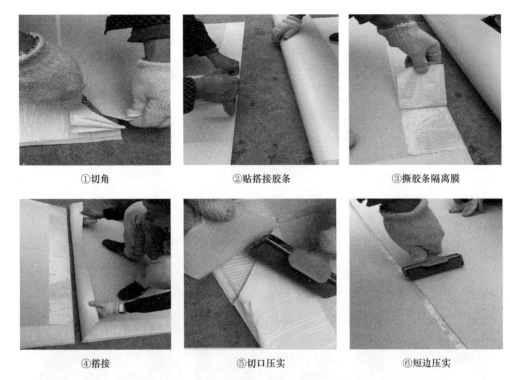

①切角　　②贴搭接胶条　　③撕胶条隔离膜

④搭接　　⑤切口压实　　⑥短边压实

图 8.19-4　APF-C 卷材短边搭接施工顺序图

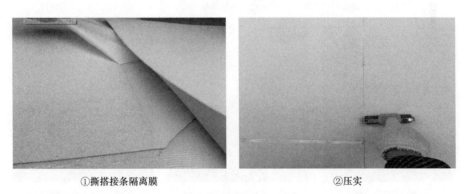

①撕搭接条隔离膜　　②压实

图 8.19-5　APF-C 卷材长边搭接施工顺序图

①铺贴卷材，水泥钢钉固定　　②贴搭接胶条　　③预铺第二卷立面卷材

图 8.19-6　APF-C 立面卷材施工顺序图（一）

④搭接，压实搭接边 ⑤使用压条固定收头 ⑥使用密封胶密封

图 8.19-6 APF-C 立面卷材施工顺序图（二）

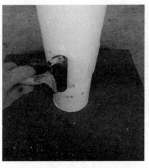

①裁样、贴裙边搭接胶条 ②管根贴搭接胶条 ③铺第一块立面卷材

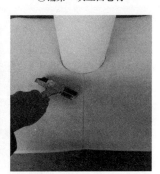

④铺平面无砂卷材 ⑤裙边与无砂卷材粘贴牢固 ⑥铺贴大面卷材

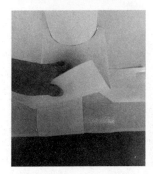

⑦大面开口处贴搭接胶条 ⑧铺贴补开口卷材 ⑨加管箍

图 8.19-7 APF-C 管根部位施工顺序图

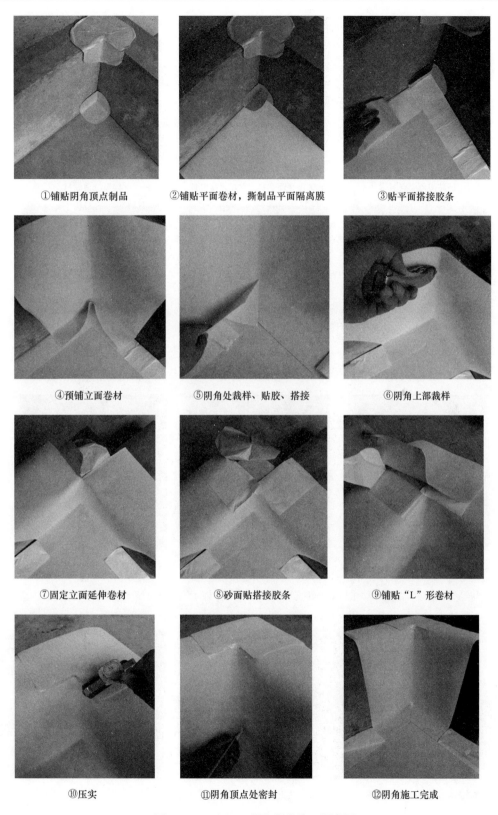

①铺贴阴角顶点制品　　　②铺贴平面卷材，撕制品平面隔离膜　　　③贴平面搭接胶条

④预铺立面卷材　　　⑤阴角处裁样、贴胶、搭接　　　⑥阴角上部裁样

⑦固定立面延伸卷材　　　⑧砂面贴搭接胶条　　　⑨铺贴"L"形卷材

⑩压实　　　⑪阴角顶点处密封　　　⑫阴角施工完成

图 8.19-8　APF-C 阴角部位施工顺序图

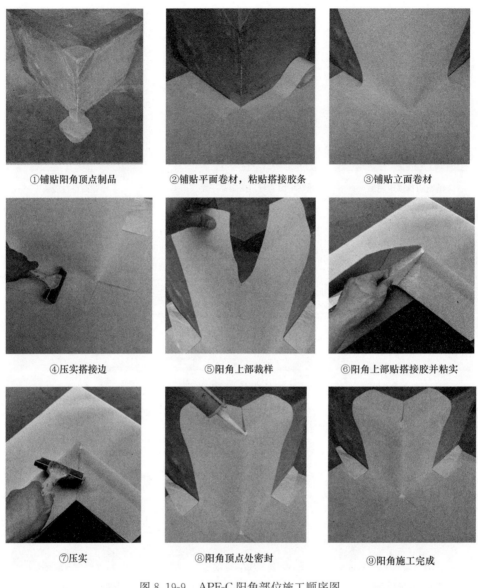

①铺贴阳角顶点制品　　②铺贴平面卷材，粘贴搭接胶条　　③铺贴立面卷材

④压实搭接边　　⑤阳角上部裁样　　⑥阳角上部贴搭接胶并粘实

⑦压实　　⑧阳角顶点处密封　　⑨阳角施工完成

图 8.19-9　APF-C 阳角部位施工顺序图

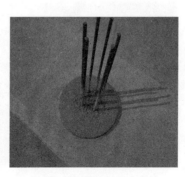

①涂刷水泥基渗透结晶型防水涂料　　②在桩头钢筋根部绑扎止水条　　③专用密封胶密封

图 8.19-10　APF-C 柱根、桩头施工顺序图

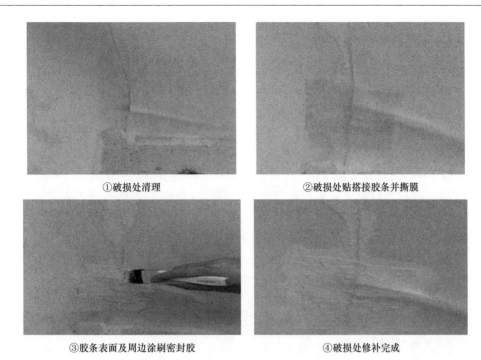

①破损处清理　　　②破损处贴搭接胶条并撕膜

③胶条表面及周边涂刷密封胶　　　④破损处修补完成

图 8.19-11　APF-C 破损修补施工顺序图

射钉法固定于初期支护的围护结构上，相邻两幅卷材的有效搭接宽度为 100mm。要求上幅压下幅进行搭接。搭接时，搭接缝范围内的隔离膜要求撕掉，粘合后人工压实、粘结牢固。短边搭接缝应错开 1m 以上。若防水层出现损坏，应及时安排防水施工人员采用同材质的材料进行修补，补丁满粘在破损部位，补丁周边距离破损边缘的最小距离不应小于 100mm，补丁胶粘层应面向现浇混凝土。

3）APF-C 高分子自粘胶膜防水卷材主要铺设顺序如图 8.19-12 所示。

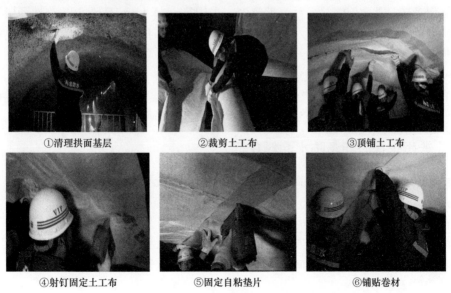

①清理拱面基层　　　②裁剪土工布　　　③顶铺土工布

④射钉固定土工布　　　⑤固定自粘垫片　　　⑥铺贴卷材

图 8.19-12　卷材防水层主要铺设顺序图

8.19.5 施工注意事项与质量要求

1) 相邻两幅卷材的短边搭接缝应相互错开 500mm 以上。

2) 立面施工时，每隔 400～600mm 将卷材进行机械固定，钉固位置距卷材外边缘 10～20mm，并确保所有钉固点被下幅卷材的搭接边覆盖。

3) 防水层的修补：在绑扎钢筋、支模板和浇筑混凝土前应仔细检查卷材防水层。发现破损，应及时修补，以免留下渗漏隐患。修补破损点时，取宽于破损点外围 100mm 的 APF-C 防水卷材，覆盖在破损部位上，并用配套密封胶把卷材的边缘封闭严密。

4) 成品保护：卷材铺设完成后，要注意后续施工的保护，钢筋要本着轻放的原则，不能在防水层上拖动；浇筑混凝土时，工具和人员走动不得破坏防水层；在卷材防水层上焊接钢筋时，应采取有效的保护措施，以避免因焊接损坏卷材防水层。

5) 施工环境温度宜为 5～35℃，雨天、5 级风及其以上天气不得施工。

6) 防水工程质量应符合设计要求和相关规范规定。

8.20 非固化橡胶沥青涂料与改性沥青防水卷材复合防水体系在地下防水工程中的应用

8.20.1 工程概况

郑东商业中心是目前郑东新区占地规模最大、建筑体量最大的新型综合体项目，该工程地下两层，局部为三层，埋置深度 9.7m，地下水位常年平均保持在 -7.8m；结构类型为框架结构，独立基础，筏板厚度 1m；地下防水面积约 18 万 m^2，防水等级为一级，采用三道防水设防，其中一道为结构自防水（自防水混凝土抗渗等级 P8），两道柔性材料防水。原设计为 3mm+4mm 双层 SBS 改性沥青防水卷材，在项目防水施工过程中，由于结构节点复杂多样，基础施工缝、后浇带较多，采用 3mm+4mm 双层 SBS 改性沥青防水卷材做法，难以达到节点密封及承受内聚破坏的要求。同时考虑到地下空间连通地铁三号线，后期结构震动较大等因素，经过专家论证，地下防水层重新设计为：

底板及外墙：2mm 厚非固化橡胶沥青防水涂料复合一层 4mm 厚改性沥青防水卷材；

种植顶板：2mm 厚非固化橡胶沥青防水涂料复合一层 4mm 厚改性沥青耐根穿刺防水卷材。

8.20.2 非固化橡胶沥青防水涂料介绍

非固化橡胶沥青防水涂料的物理力学性能指标应符合本书表 2.7-1 的要求，并具有以下特点：

1. 高度的相容性

非固化橡胶沥青防水涂料与改性沥青防水卷材因材性相近而具有高度的相容性，两种材料在工程中复合使用，相互之间不产生有害的物理与化学作用。

2. 杜绝防水层下窜水

混凝土内部约有 20% 的孔隙，这些孔隙形状各异、孔径大小不一，或联通或形成独立空间，联通的孔隙形成了渗水通道。非固化橡胶沥青防水涂料被涂布在混凝土或砂浆基层上，不仅与基层形成100%的满粘，而且始终保持粘连状态，杜绝了水在防水层与混凝土结构表面之间的窜流，这一特性不仅显著地降低了建筑物的渗漏率，而且即使渗漏，因水不在防水层下窜流，也很容易找到渗漏点，便于进行堵漏处理。

3. 可与多种材料粘结

在使用过程中，非固化橡胶沥青防水涂料始终处于粘连状态，依靠自身的自粘力，可以和混凝土、金属、塑料、玻璃等多种材料粘合在一起。这一特性使非固化橡胶沥青防水涂料不仅可以在材质不同的基面使用，而且可以和穿墙管等细部构造紧密地粘结在一起，共同形成具备整体性的防水层，从而杜绝了细部节点部位的渗漏现象。

4. 抵抗基层开裂

开裂是混凝土固有的属性，非固化橡胶沥青防水涂层在−20～65℃的温度范围内始终处于粘连状态，当基层开裂时，裂缝表面的非固化橡胶沥青防水涂层变薄，但并未拉断，这一过程吸收了混凝土开裂对防水层产生的应力，避免涂层和其表面的卷材防水层被拉断，消除了0延伸断裂现象，从而保证涂膜防水层和卷材的整体性（图8.20-1），避免了渗漏隐患。

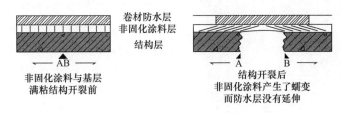

图8.20-1　结构开裂前后对防水层的影响示意图

5. 抵抗异物刺伤

由于非固化橡胶沥青防水涂层在−20～65℃的温度范围内始终处于粘连状态，并且非固化橡胶沥青防水涂层与几乎所有的材料能粘结在一起，当非固化橡胶沥青防水涂层被异物（如钉子）穿透时，非固化橡胶沥青防水涂层能立即与异物粘结在一起，从而确保被刺穿的防水层不渗漏。当异物取出时，因非固化橡胶沥青防水涂层具有蠕变性，可自行愈合，从而保证防水涂层的整体性。

6. 可在低温下施工

非固化橡胶沥青防水涂料是几乎不含挥发物的热熔型膏状涂料，固含量不小于99%，现场只需要加热至流动状态即可进行刮涂施工，冷却后形成粘连状的防水涂层。非固化橡胶沥青防水涂层具有−20℃耐低温性能，可以在−10℃的条件下施工。

7. 可在潮湿基面施工

由于非固化橡胶沥青防水涂料含有特殊添加剂，使该涂层与潮湿基面具有较好的粘结性，基层只要无明水即可施工。这一性能不仅大大缩短了工期，而且特别适合在地下工程中使用。

8. 施工方式灵活

非固化橡胶沥青防水涂料可以喷涂施工，也可以刮涂施工。单独采用非固化橡胶沥青防水涂料做涂膜防水层时，大面积可采用喷涂施工，可提高施工速度，当非固化橡胶沥青防水涂料与改性沥青防水卷材复合使用时，宜选用刮涂法施工，边刮涂边铺设卷材。

8.20.3 施工技术

1. 工艺流程

机具及材料准备→基层处理→备料→投料→加热→加强层施工（刮涂施工→细部修补→复合卷材）→整体喷涂或刮涂涂料→铺贴改性沥青卷材→卷材搭接缝密封处理→质量验收→保护层施工。

2. 机具准备

准备柴油燃烧器1个、储料罐1个、脱桶器1个、导热油泵1个、吸料泵1个、空压机1个、喷管25m及基层处理和铺贴卷材等常用机具。

3. 基层处理

1）砂浆或混凝土基层应抹平压光，表面应坚实，不得有凹凸、松动、起鼓、起皮、裂缝、麻面等现象。平面与立面交接处的阴角应抹成半径≥50mm的圆弧或钝角，阳角宜抹成半径≥10mm的圆弧。

图 8.20-2 顶板基层抛丸处理

2）车库顶板混凝土基层表面有一层水泥浮浆层，强度较低。涂布非固化橡胶沥青防水涂料前，应采用抛丸机进行抛丸处理（图8.20-2）。

3）基层应干净、无明水。

4. 加热非固化橡胶沥青防水涂料

施工前，将铁皮桶放入脱桶设备中加热，桶壁内侧的膏状涂料逐渐熔融，然后倒入专用加热设备中，温度控制在150～170℃之间，使其形成流动状态备用。

5. 加强层施工

地下室底板的集水坑、电梯井等阴阳角、穿墙管（盒）、管道根部及施工缝、后浇带、变形缝、预埋件、预留通道接口等薄弱部位应用非固化橡胶沥青防水涂料粘贴一层改性沥青防水卷材作为加强层，宽度不应小于500mm。施工时先对阴阳角、平面与立面的转角处等细节部位刮涂厚度宜为1～2mm，并及时粘贴裁剪好的卷材进行粘贴增强处理。

6. 防水层施工

1）铺设防水层应遵守《地下工程防水技术规范》GB 50108的要求，大面积施工时，应控制非固化橡胶沥青涂料的施工温度，防止温度过高而影响涂层质量。

2）基础底板防水卷材的短边搭接宽度为150mm，长边搭接宽度为100mm；顶板防水卷材短边和长边的搭接宽度均为100mm（图8.20-3），同一层相邻两幅卷材横向接缝应错开1500mm以上，在立面与平面的转角处，卷材的接缝应留在平面上，距立面不应小于600mm。

3）施工时，应边喷涂或刮涂防水涂料（图8.20-4、图8.20-5）边铺设改性沥青防水卷材，卷材与基层采用满粘法施工，卷材搭接缝采用喷枪热熔溢出沥青条密封（图8.20-6）。

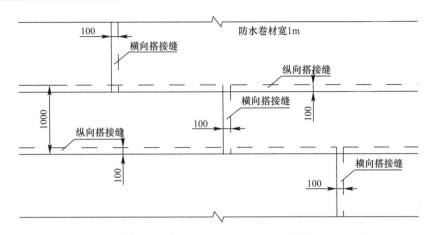

图 8.20-3　卷材长、短边搭接示意图

图 8.20-4　现场刮涂非固化橡胶沥青防水涂料

图 8.20-5　侧墙喷涂非固化橡胶沥青防水涂料

4）喷涂后应及时铺贴防水卷材，避免现场中过多的灰尘粘结于涂料表面而降低涂料与卷材的粘结性能。待铺贴完防水卷材后即可上人行走，无需等待。当采用涂刮法施工时，铺贴卷材的工人需小心，不得站在已涂刮好的涂层上或来回反复粘结卷材，导致涂料层厚度变薄。

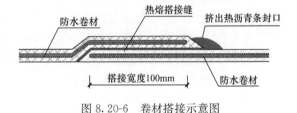

图 8.20-6　卷材搭接示意图

7. 收头处理

墙面卷材防水层的收头应采用金属压条钉压固定，上翻至管道上的卷材防水层收头应用管箍固定，并用密封材料进行封闭处理。

8. 自检与检修

1）防水层施工完毕后应先进行自检，无质量问题才能进行报验；

2）检查细部构造、喷涂质量、涂层厚度、表观质量等，发现缺陷应及时修补。

9. 成品保护

1）地下卷材防水层部位预埋的管道，在施工中不得碰损和被杂物堵塞。

2）涂料与卷材复合防水层施工完成后，应及时做好保护层，防止后道工序损伤防水层。

3）浇筑细石混凝土保护层时，手推车通行部位均要垫上竹胶合板；手推车的支脚均要用废车胎包裹，推车倾倒混凝土时，要在下部垫木板，防止其刮破防水层。

4）施工过程中，严防铁锹、灰铲等硬物刮碰防水层。

5）不得在防水层上放置材料、杂物。

6）地下室顶板浇筑保护层或绑扎钢筋时现场应有防水工看护，如有碰坏的防水层必须立即修复，修补时接缝宽度不得小于 150mm。

8.20.4 本工程技术特点

本工程采用非固化橡胶沥青涂料与改性沥青卷材复合施工技术，从根本上弥补了涂料和卷材单独使用容易出现的施工缺陷，在基层刮涂不小于 2mm 厚的非固化橡胶沥青涂料，对基层易活动和变形部位增加一道 1～2mm 厚的非固化橡胶沥青涂料加强层，形成一道不固化的、可滑移的密封防水层，然后将防水卷材粘贴在上面，从而形成复合防水层，提高了防水质量。非固化橡胶沥青涂层可以吸收来自基层开裂产生的拉应力，适应基层变形能力强，并可自愈合。虽然卷材是满粘，同时达到了既不窜水又能适应基层开裂变形的需求。

8.20.5 结语

随着我国城市化进程的推进与发展，城市地下空间的开发与利用正得到越来越多的关注，但由于地下空间结构的复杂，并设有较多的节点与结构缝，而地下空间是否具备实用功能，与其防水工程质量密不可分，为了使高层建筑对应的地下空间物尽其用，结构防水尤为重要。随着近年新材料、新工艺、新技术的更新，通过在地下工程中大量的应用和标准化、机械化施工作业，涂料与卷材的复合应用技术表现出相对良好的防水效果、高性价比、工艺成熟等特点。

北京蓝翎环科技术有限公司非固化橡胶沥青防水涂料与改性沥青防水卷材复合防水技术在郑东商业中心地下防水工程的成功应用，为地下防水工程的设计与施工提供了一种新的复合防水系统，从根本上实现了防水卷材与防水涂料之间优势互补的功能，有利于达到提高防水工程质量和降低渗漏率的目的。

郑东商业中心地下防水工程于 2015 年 6 月 27 日竣工（图 8.20-7），由于采用了非固化橡胶沥青涂料与改性沥青卷材复合的施工技术和标准化施工的方法，工程经 3 年多的实际应用检验，未出现渗漏现象，防水效果良好，受到了业主和总包方的一致好评。

图 8.20-7 郑东商业中心

8.21　潍坊鸢飞路综合管廊防水施工技术

8.21.1　工程概况

鸢飞路综合管廊工程（图 8.21-1）施工范围包括清溪街至中学街鸢飞路东侧主路，全长 3500m，管廊埋置深度为 6～10m，管廊尺寸为 3.2m×3.2m。纳入综合管廊的管线主要包括电力、自来水管道和通信等众多弱电线路。通过管廊建设，沿途现有的架空高压电缆、通信以及自来水管道等众多管线将"下地入廊"。防水工程面积约为 30000m²。

图 8.21-1　鸢飞路综合管廊工程

8.21.2　防水设计原则

1）管廊地下结构防水遵循"以防为主，刚柔结合，多道防线，因地制宜，综合治理"的原则。

2）防水根据不同的结构形式，水文地质条件、施工方法、施工环境、气候条件等，采取相适应的防水措施。

3）以钢筋混凝土结构自防水为根本，施工缝、变形缝、穿墙管、桩头等细部构造的防水为重点，并在结构迎水面设置柔性全外包防水层。

4）选用的柔性防水层应具有环保性能、经济实用、施工简便、对土建工法的适应性较好、能适应当地的天气和环境条件。成品保护简单等优点。

5）优先选用不易窜水的防水材料和防水体系，减少窜水对后期堵漏维修工作带来的不利影响。

8.21.3　防水设计方案

本工程地下防水等级为一级，三道防水设防，即一道结构自防水加二道外包柔性防水层，其中底板采用两道自粘防水卷材，侧墙及顶板采用非固化橡胶沥青涂料＋自粘改性沥青卷材复合的防水构造（如图 8.21-2）。

1. 混凝土结构自防水

综合管廊下部采用 C45 防水混凝土，混凝土中氯离子含量不得大于 0.06％，碱含量不得大于 3.0kg/m³，设计抗渗等级为 P10。混凝土净保护层厚度：内侧 40mm，外侧 50mm。管廊上部结构采用 C40 防水混凝土，设计抗渗等级为 P8。

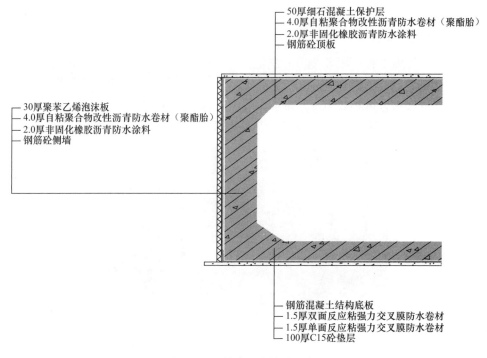

- 50厚细石混凝土保护层
- 4.0厚自粘聚合物改性沥青防水卷材（聚酯胎）
- 2.0厚非固化橡胶沥青防水涂料
- 钢筋砼顶板

- 30厚聚苯乙烯泡沫板
- 4.0厚自粘聚合物改性沥青防水卷材（聚酯胎）
- 2.0厚非固化橡胶沥青防水涂料
- 钢筋砼侧墙

- 钢筋混凝土结构底板
- 1.5厚双面反应粘强力交叉膜防水卷材
- 1.5厚单面反应粘强力交叉膜防水卷材
- 100厚C15砼垫层

图 8.21-2　管廊防水构造示意图

2. 底板防水层

1.5mmRAM 强力交叉膜快速反应粘防水卷材（P 类、单面）＋1.5mmRAM 强力交叉膜快速反应粘防水卷材（P 类、双面），如图 8.21-3 所示。

图 8.21-3　底板防水层施工现场

3. 外墙、顶板防水层

4.0mmSPM 自粘聚合物改性沥青防水卷材（Ⅰ型、聚酯胎）＋2.0mmNRC 非固化橡胶沥青防水涂料（Q/0783WHY003-2012），如图 8.21-4 所示。

4. 施工缝及变形缝防水处理

变形缝、施工缝为防水施工的重点控制部位，防水构造见表 8.21-1、表 8.21-2。

图 8.21-4 外墙、顶板防水层施工

变形缝防水构造   表 8.21-1

工程项目	防水等级	顶板变形缝	侧墙、底板变形缝
综合管廊	一级设防	50mm 遇水膨胀橡胶止水带 PE 衬垫板 50mm 双组分聚硫密封胶 中埋式钢边橡胶止水带 50mm 双组分聚硫密封胶 PE 衬垫板	50mm 遇水膨胀橡胶止水带 PE 衬垫板 50mm 双组分聚硫密封胶 中埋式钢边橡胶止水带 50mm 双组分聚硫密封胶 PE 衬垫板

施工缝防水构造   表 8.21-2

工程项目	防水等级	侧墙施工缝
综合管廊	一级设防	3mm×400mm 镀锌止水钢板

8.21.4 施工技术

1. 施工原则

1）确保安全原则，安全生产是企业永恒的主题，最好的效益，发展的基础，施工生产永远将安全生产放在第一位。

2）确保质量原则，严格按照施工设计图及相关规范、规程进行施工。

3）确保工期原则，根据本标段的工期要求，编制科学、合理、周密的施工方案，合理安排进度，实行网络控制，搞好工序衔接，实施进度监控，以满足工期要求。

4）文明施工原则，严格按照建设部《建设工程施工现场管理规定》和文明施工管理规定组织施工。

5）职业健康及环境保护的原则，重视环境的保护，控制大气、水和噪声等污染以及职业健康、安全和卫生。

6）严格遵守规范、标准的原则，施工过程中应贯彻执行国家和地方相关的标准、规范和方针政策。

2. 施工准备

1）技术准备

（1）在工程开工前组织现场施工人员熟悉图纸，明确本工程的内容，分析工程特点及重要环节，核对本工程各种材料的种类、规格、数量。材料是否齐全，规定是否明确。

（2）防水材料进场时必须有产品合格证和产品检验报告，进场后在监理工程师的见证下取样复验，复验合格后方可在工程中使用。

（3）卷材防水层所用的基层处理剂、密封材料等配套材料，均应与铺贴的卷材材性相容。

2）施工现场准备

（1）场地平整、表面坡度应符合设计和施工要求。

（2）做好现场卫生、文明的宣传、管理，各种材料、设备进出场需轻放、轻堆。

3）材料、工具准备

（1）主材：1.5mmRAM 强力交叉膜快速反应粘防水卷材（P 类、单面粘）；

1.5mmRAM 强力交叉膜快速反应粘防水卷材（P 类、双面粘）；

NRC 非固化橡胶沥青防水涂料（Q/0783WHY003-2012）；

4.0mmSPM 自粘聚合物改性沥青防水卷材（Ⅰ型、聚酯胎）。

（2）辅材：基层处理剂等。

（3）工具：非固化橡胶沥青防水涂料专用加热设备、喷涂设备，扫帚、拖布、毛刷、料桶、刮板、灰刀、滚筒等。

4）人员准备

（1）施工现场负责人、技术负责人做到全盘考虑，认真研究各施工阶段所需投入的人力，做到心中有数，以减少盲目性，避免造成人力的不足或浪费。

（2）工程收尾阶段，要特别重视合理安排工序，交叉作业及成品保护，防止已完工的项目被损坏。

（3）劳动力实施

为确保施工质量，防水工程必须由专业防水队伍进行施工（图 8.21-5）。实际人数可根据现场施工需求调整。

3. 施工工艺

1）工艺流程

（1）底板防水

清理基层→定位、弹基准线→铺贴
1.5mm 单面反应粘防水卷材（自粘面朝上，
交叉膜朝下）+1.5mm 双面反应粘防水卷材→
辊压、排气→铺贴卷材加强层→组织验收→
保护层施工。

（2）侧墙及顶板

图 8.21-5　技术安全交底

基层清理→涂刷基层处理剂→喷涂或刮涂 2.0mm 非固化橡胶沥青防水涂料同时铺贴
4.0mm 自粘聚合物改性沥青防水卷材（聚酯毡胎体）→辊压、排气→收头处理及搭接→组织验收→保护层施工。

2）施工要点

（1）施工环境温度宜为 5～35℃，不宜在特别潮湿且不通风的环境中施工。施工现场应有良好的通风条件。

（2）施工前必须将基层表面的尘土、砂砾、碎石、杂物、油污和砂浆突起物清除干净（图 8.21-6）。

图 8.21-6 清理基层

（3）防水基层必须平整牢固，不得有突出的尖角、凹坑和表面起砂现象，表面应清洁干燥，转角处应根据要求抹成半径为 50mm 的圆弧。

（4）立面涂刷基层处理剂：基层表面清理干净验收合格后，将专用基层处理剂均匀涂刷在基层表面，涂刷时应沿一个方向进行，厚薄均匀，不漏底、不堆积，晾放至指触不粘。

（5）搭接要求：卷材的长边和短边搭接宽度均不应小于 100mm。

（6）接头位置：相邻两幅卷材的短边接缝应相互错开 500mm 以上，如图 8.21-7。

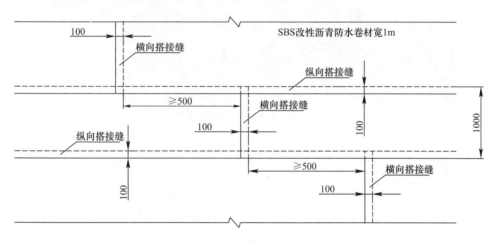

图 8.21-7 卷材铺贴搭接示意图

3）底板防水层施工

（1）基层要求

垫层厚 100mm，采用 C15 混凝土浇筑，随浇随抹平、压光，达到防水基层要求，浇筑完成的混凝土及时进行养护。

（2）底板大面积铺贴卷材

① 弹线、试铺：按实际搭接面积弹出铺设卷材控制线，严格按控制线试铺及实际空铺卷材，以确保卷材搭接宽度在 100mm 以上（卷材上有标志）。根据现场特点，确定弹线密度，以便确保卷材铺设顺直，不会因累积误差而出现歪斜的现象。卷材应先试铺就位，按需要形状正确剪裁后，方可开始实际铺设。

② 首层铺设 1.5mm 单面反应粘防水卷材与基层空铺，即卷材自粘面朝上，交叉膜朝下。长、短边搭接宽度均为 100mm。

③ 第二层铺设 1.5mm 双面自粘层压交叉膜防水卷材，卷材与卷材之间为满粘方式铺设，掀剥隔离纸与铺贴卷材同时进行。

④ 铺设方式：施工时打开整卷卷材，先把卷材展开，调整好铺贴位置，将卷材的末端先粘贴固定在基层上，然后从卷材的一边均匀地撕去隔离膜（纸），边去除隔离膜边向前缓慢地滚铺、排除空气、粘结紧密。滚铺时不能太松弛；铺完一幅卷材后，用长柄滚刷，由起端开始，彻底排除卷材下面的空气，然后再用大压辊或手持式轻便振动器将卷材压实，粘贴牢固（见图 8.21-8）。

⑤ 上层卷材纵横接缝与下层卷材接缝宜相互错开 1/3～1/2 幅宽，且两层卷材不得相互垂直铺贴（图 8.21-9）。

图 8.21-8　处理搭接缝

图 8.21-9　底板防水层施工完毕现场

（3）铺贴附加层

第二层双面自粘卷材铺设完毕后，在平立面交接的阴阳角部位加铺一层同材质卷材加强层，宽度为 300～500mm。加强层施工必须粘贴牢固，施工要细心。项目质检员对此部位专门做隐蔽工程检查。

（4）在进行侧墙结构施工时，严禁有尖锐物穿透防水层。

4）侧墙及顶板防水层施工

（1）基层处理

基层应平整坚实，如有空洞、浮灰、钢筋头等应进行处理，顶板应随浇随抹平、压光，侧墙与顶板结构相连的阳角应抹成圆弧；基层宜干燥。

（2）涂刷基层处理剂

把基层处理剂均匀地喷涂在干净干燥的基层表面，复杂部位用油漆刷刷涂，基层处理剂干燥 4h 以上至不粘脚后方可进行下道工序施工（图 8.21-10）。

（3）附加层施工

在顶板与立面交接的阳角部位、立面墙与平面交接处做加强层处理，加强层宽度为 300～500mm（图 8.21-11）。

（4）待加强层施工完后，即可喷涂或刮涂已加热熔融的非固化橡胶沥青防水涂料

（图 8.21-12），一次成型，涂层厚度为 2.0mm。

图 8.21-10　基层处理剂　　　图 8.21-11　现场防水　　　图 8.21-12　非固化涂料加热及
　　喷涂完毕　　　　　　　　　　加强层　　　　　　　　　　　喷涂设备

（5）防水层施工方式

非固化橡胶沥青作为自粘防水卷材的胶粘剂，每次喷涂宽度应比自粘防水卷材宽度稍宽。一边喷涂防水涂料，一边滚铺防水卷材（图 8.21-13），铺贴卷材从一头按住自粘卷材并揭掉隔离膜，均匀向前铺贴，刮平，赶出气泡，长短边搭接宽度均不得小于 100mm。

图 8.21-13　喷涂非固化涂料，铺贴卷材

（6）大面积卷材排气、压实后，再用手持小压辊对卷材搭接部位进行滚压，从搭接内边缘向外进行滚压，排出空气，使卷材接缝粘贴牢固（图 8.21-14）。

图 8.21-14　施工完毕、检查验收

粘贴后受阳光曝晒，可能会出现轻微表面皱褶、鼓泡，这是正常现象，不会影响其防水性能，并且一经隐蔽即会消失。

防水层应尽快隐蔽，不宜长时间暴晒，要尽快施工保护层。

5）接缝防水材料施工技术要求

接缝防水材料包括中埋式钢边橡胶止水带、遇水膨胀止水胶、聚硫密封胶、衬垫板材等。

（1）中埋式钢边橡胶止水带施工技术要求

中埋式钢边橡胶止水带宽度为350mm，厚度为10mm钢边镀锌钢板。

① 止水带采用铁丝固定在结构钢筋上，固定间距400mm。要求固定牢固，避免浇筑和振捣混凝土时固定点脱落导致止水带倒伏、扭曲影响止水效果。

② 水平设置的止水带应采用盆式安装，盆式开孔向上，保证浇筑混凝土时止水带下部的气泡顺利排出。

③ 止水带的现场接头不得设置在距结构转角两侧各500mm范围内，现场接头应尽可能少，现场接头应采用热硫化方法连接。

④ 止水带任意一侧混凝土的厚度均不得小于150mm，止水带的纵向中心线应与接缝中心对齐，两者距离误差不得大于10mm。止水带与接缝表面应垂直，误差不得大于15°。

⑤ 浇筑和振捣止水带周围的混凝土时，应注意边浇筑边用手将止水带扶正。

⑥ 止水带部位的模板应安装定位准确、牢固，避免跑模、胀模等影响止水带定位的准确性。

⑦ 止水带周边的混凝土必须振捣充分，保证止水带与混凝土咬合密实，振捣时严禁振捣棒触及止水带。

（2）遇水膨胀止水胶

遇水膨胀止水胶指缓膨型聚氨酯遇水膨胀止水胶，为非定型产品，采用专用注胶枪挤出后粘贴在施工缝中心线的表面，固化成型后的断面尺寸为（8～10）mm×（18～20）mm。

① 施工缝表面必须坚实、相对平整，不得有蜂窝、起砂等缺陷，否则应予以清除。

② 止水胶任意一侧混凝土的厚度不得小于50mm。

③ 止水胶挤出应连续、均匀、饱满、无气泡和孔洞。

④ 挤出成形后，固化期内应采取临时保护措施，止水胶固化前不得浇筑混凝土。

⑤ 止水胶与施工缝基面应密贴，中间不得有空鼓、脱离等现象。

⑥ 止水胶接头部位应采用对接法连接，不得出现脱开现象。

⑦ 在止水胶附近进行焊接作业时，应对止水胶进行覆盖保护。

（3）聚硫密封胶

综合管廊顶板变形缝迎水面、变形缝背水面以及楼板变形缝上表面应采用聚硫密封胶嵌填密实。

① 嵌缝前，应按照设计要求的嵌缝深度除掉变形缝内一定深度的衬垫板，并将缝内混凝土面用钢丝刷和高压空气清理干净，确保缝内混凝土表面干净、干燥、坚实，无油污、灰尘、起皮、砂粒等杂物。变形缝衬垫板表面不得有堆积杂物。

② 变形缝衬垫板的表面应设置隔离膜，隔离膜可采用0.2～0.3mm厚的PE膜，隔离膜应定位准确，避免覆盖接缝两侧混凝土的基面。

③ 灌注密封胶应连续、饱满、均匀、密实，并应与接缝两侧的混凝土面粘结牢固。

④ 密封胶表面应平整，不得高出接缝混凝土表面。

⑤ 嵌缝完毕后，密封胶未固化前，应做好保护工作。

⑥ 顶板迎水面嵌填密封胶必须与侧墙外贴式止水带粘结牢固，封闭严密。

4. 节点防水构造处理

1）变形缝

（1）底板变形缝防水构造应符合图 8.21-15 的要求。

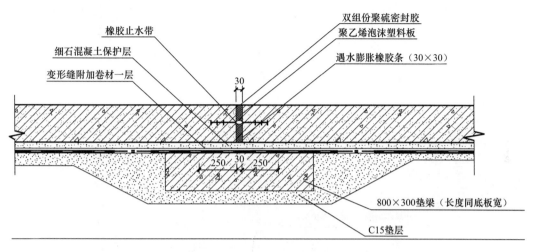

图 8.21-15　底板变形缝防水构造

（2）侧墙变形缝防水构造应符合图 8.21-16 的要求。

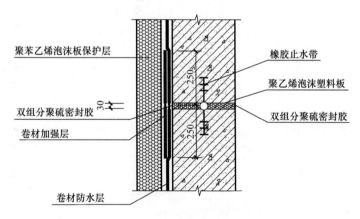

图 8.21-16　侧墙变形缝防水构造

（3）顶板变形缝防水构造应符合图 8.21-17 的要求。

2）顶板转角部位防水构造应符合图 8.21-18 的要求。

3）穿墙套管

穿墙套管采用金属套管，其防水构造应符合图 8.21-19 的要求。

4）施工缝

（1）侧墙水平施工缝应留在高出底板顶面 500mm 的位置。

（2）施工缝中心应安装钢板止水带，为防止在振捣混凝土时止水钢板发生位移，应用短钢筋与墙体主筋焊接固定，其间距为 500mm，且高低交替布置，以防钢板止水带向一侧倾斜，保证钢板止水带高度上下各一半（图 8.21-20）。

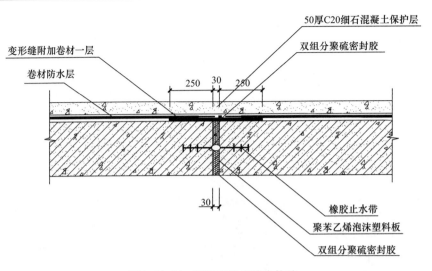

图 8.21-17 顶板变形缝防水构造

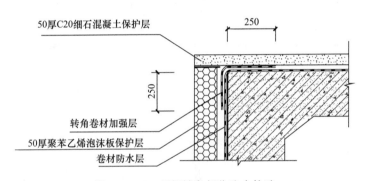

图 8.21-18 顶板转角部位防水构造

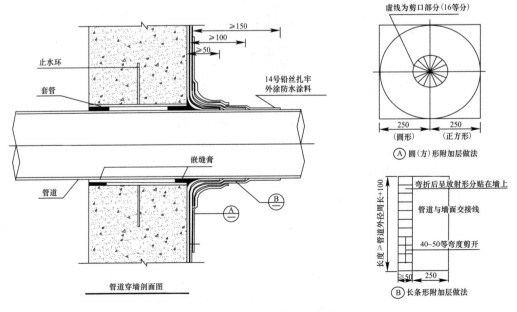

图 8.21-19 穿墙套管防水构造

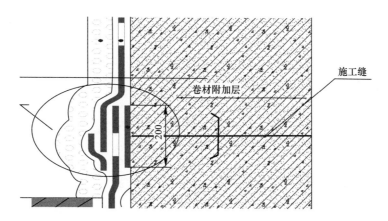

图 8.21-20　施工缝防水构造

（3）钢板止水带宽 300mm，厚 3mm。

5. 应注意的质量问题

1）卷材搭接不良：卷材长边、短边的搭接宽度不足，粘结不密实，接槎损坏、空鼓；施工操作中应按程序弹基准线，使与卷材规格相符，操作中对线铺贴，使卷材长、短边的搭接宽度均不应小于 100mm。

2）空鼓：铺贴卷材的基层潮湿，不平整、不洁净、产生基层与卷材间窝气、空鼓；铺设时排气不彻底，也可使卷材防水层发生空鼓；施工时基层应充分干燥，卷材铺设应均匀压实。

3）管根处防水层粘贴不良：基层清理不洁净、裁剪卷材与根部形状不符、压边不实等造成粘贴不良；施工时清理应彻底干净，注意操作，将卷材压实，不得有张嘴、翘边、折皱等现象。

4）渗漏：转角、管根、变形缝处施工操作不精心而导致发生渗漏。施工时附加层应仔细操作；保护好接槎卷材，搭接应满足宽度要求，保证特殊部位的施工质量。

8.21.5　结语

在此项目施工过程中，该公司实行标准化施工及标准化队伍的配置，在施工工法及工艺方面更是努力克服各种困难，应用传统的材料，创新的施工工艺，现场管理制度严格，最终较好地完成了该项目的施工。该管廊防水工程通过正确选材与精心施工，确保了防水工程质量，达到了预期的目标要求、防水效果良好。

8.22　JX 喷涂速凝橡胶沥青涂料地下工程防水施工技术

8.22.1　工程概况

熙汇广场是由浙江世纪阳光控股集团在天津开发的大型城市商业综合体，项目位于天津市南开区西部黄河道和密云快速道交叉路口，处于南开区西部交通路网的中心枢纽。地下总防水面积约为 4.5 万 m²，设计选用喷涂速凝橡胶沥青防水涂料，并于 2014 年 9 月开始施工。

8.22.2 材料简介

JX喷涂速凝橡胶沥青防水涂料是一种环保多功能多用途防水材料。该喷涂材料由橡胶沥青乳液和破乳剂双组分组成，采用先进的冷制冷喷技术将橡胶沥青涂料喷涂成膜。

1. 材料特点

1) 施工简便：采用先进的冷制冷喷工艺，省时省力，施工效率高，方便快捷；单机双枪（3人组）8h连续喷涂（膜厚2mm）面积在1500m²以上，且不受基面结构复杂程度影响。

2) 成型迅速：喷涂后3～5s即可凝聚成膜，无需特殊养护；能有效地减少施工现场产品表面异物粘结和被破坏，同时，避免如普通涂料易流淌的弊病。

3) 适用于任何建筑结构：对异型、特型物体的涂覆简便，解决了缝隙和接缝及接缝技术与材料需相容等问题。

4) 整体成型：整体成型工艺使涂膜形成无接缝的整体，杜绝因缝隙、孔眼和接缝不严密等问题而造成的渗漏现象。

5) 渗透力和对基层的粘结力强：基面与涂膜之间不窜水、不透气、不剥离。

6) 环保无毒：无任何有机溶剂，水性涂料，无任何刺激性。

7) 性能优异：具有优良的耐高温性能和抗低温性、抗酸、碱、盐，耐老化性能好，延伸性能优异，并具有抗撞击、抗拉力、抗静水压力等优良性能。

8) 卓越的附着性，可以粘附在混凝土、钢铁、木材、金属等多种材料表面，不剥离，不脱落，对基层起到良好的保护作用。

9) 材料性价比高，与国外同类产品相比，性能指标基本一致，但价格仅是国外同类产品的1/2～1/3。

2. 性能指标

JX喷涂速凝橡胶沥青防水涂料执行标准：《喷涂速凝橡沥青防水涂料》Q/SDKS 052—2016，性能指标应符合表8.22-1的要求。

8.22.3 防水设计与构造

熙汇广场项目设计地下室防水等级为一级，材料要求为喷涂速凝橡胶沥青防水涂料，使用喷涂法施工。根据不同的施工部位，喷涂厚度也不一样，要求在1.5～2.7mm之间，细部节点要求进行增强处理。用于地下工程防水构造见表8.22-2。

JX喷涂速凝橡胶沥青涂料性能指标　　　　表8.22-1

序号	项目		指标		
			Ⅰ型	Ⅱ型	Ⅲ型
1	固体含量（%）		≥55		
2	耐热性		(120±2)℃，无流淌、滑动、滴落		
3	不透水性		0.3MPa，30min无渗水		
4	凝胶时间（s）		≤10		
5	粘结强度（MPa）	干燥基面	≥0.4		
		潮湿基面			

续表

序号	项目		指标		
			Ⅰ型	Ⅱ型	Ⅲ型
6	实干时间（h）		≤24		
7	抗穿孔性（300mm高落锤，500mm水柱）		无渗水		
8	吸水率（24h）（%）		≤2		
9	低温柔度	标准条件	−15℃无裂纹	−20℃无裂纹	−30℃无裂纹
		碱处理	−10℃无裂纹	−15℃无裂纹	−20℃无裂纹
		酸处理			
		盐处理			
		热处理			
		紫外线处理			
10	断裂伸长率（%）	标准条件	≥1000		
		碱处理	≥800		
		酸处理			
		盐处理			
		热处理			
		紫外线处理			
11	拉伸强度（MPa）	标准条件	≥0.5	≥0.7	≥1.0
		碱处理	≥0.45	≥0.63	≥0.9
		酸处理			
		盐处理			
		热处理			
		紫外线处理			

JX喷涂速凝橡胶沥青涂料用于地下工程防水构造 表8.22-2

防水部位	构造简图	做法说明
地下工程底板		1. 现浇防水钢筋混凝土底板 2. 保护层 3. 防水层：JX喷涂速凝橡胶沥青防水涂料 4. 混凝土垫层 5. 地基土
地下工程侧墙		1. 结构层：现浇防水钢筋混凝土 2. 防水层：JX喷涂速凝橡胶沥青防水涂料 3. 找平层 4. 围护结构

8.22.4 施工技术

1. 施工准备

1）机具准备

（1）清理基层的施工工具：扫帚、手锤、钢凿、抹布等。

（2）喷涂设备：专用喷涂机（图 8.22-1）、喷枪（图 8.22-2）、毛刷、滚筒、料桶。

图 8.22-1　专用喷涂机　　　　　　图 8.22-2　专用喷枪

2）材料准备

JX 喷涂速凝橡胶沥青涂料必须具有出厂合格证及相关资料说明，材料施工前应进行见证抽样复验，复验不合格的材料不得在工程中使用。

3）人工准备

为确保质量，喷涂设备操作人员需培训合格后方可操作。

2. 工艺流程

基面清理→基层处理→细部加强层施工→机具调试→试喷→大面积喷涂→质量检查→质量验收→保护层。

3. 施工方法

1）基层处理

（1）基面须坚固、平整，基面如有破损、疏松或凹凸不平，应用 1∶2.5 水泥砂浆抹平。

（2）基面应清洁，无浮灰、油污或杂物。

（3）用水性非固化涂料底涂一遍作基层处理。

2）节点增强

施工缝、阴阳角、穿透防水层的管道、预埋件等处须设置防水加强层，采用手工涂刷方法施工。

3）机具调试

JX 喷涂速凝橡胶沥青防水涂料须用专用的双管高压喷涂设备，施工前应将设备进行调试，调整至适合的压力、扇面范围、角度等；并分别将 A、B 组分搅拌均匀，必要时可使用 40 目筛网进行过滤，确保其中无析出的絮状固态物。将 A、B 组分的进料管以及回流管分别插入料桶中，将回流阀处于打开状态，打开设备电源开关和喷枪开关，缓缓调节 A、B 组分的回流阀，使喷出的双组分液体扇面可以充分重叠混合，即可在处理干净的基面上进行喷涂施工。为避免造成涂料的浪费，此调试过程可先采用洗涤水替代，将扇面调至合适的大小和角度后，将管内剩余清水喷尽，再换成涂料，即可进行喷涂施工。

4）喷涂施工

喷涂要横平竖直交叉进行，均匀有序，涂膜厚度为1.5mm时一般连续交叉喷涂3～4次即可。喷涂过程中需注意涂料使用情况，储料桶内的涂料（A组分）或破乳剂（B组分）即将用尽时及时补充。采用JX喷涂机械进行喷涂施工时，喷枪枪口与喷涂面距离300～500mm，喷枪应与基面垂直，喷涂速度应保持稳定、一致，上下两遍涂膜喷涂时相互垂直，节点部位应加强处理（图8.22-3、图8.22-4），喷涂施工完毕后，用专用的清洗剂清洗软管和喷枪（图8.22-5）。

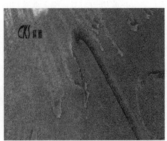

| 图 8.22-3　喷涂施工 | 图 8.22-4　快速成膜 | 图 8.22-5　清洗软管和喷枪 |

4. 施工注意事项与质量要求

喷涂完成后，将A、B组分的进料管分别放入专用清洗剂中，关闭回流阀，打开喷枪，开始洗枪，洗至喷出清水为止。

洗枪完毕后，关闭电源。若短期内暂时不用，可拆卸出料管和喷枪，妥善保存，向A、B组分的出料口分别滴入机油，盖上防尘布即可。

设备的压力出厂时已调节好，操作人员无需再进行调节，如需调节，请联系设备厂家技术人员。设备使用前需确保进料管和出料管的清洁，使用后设备管道必须完全清洗干净，否则再喷涂时极易造成喷枪的堵塞。

一般24h后，防水涂膜实干即可进入下道工序施工。

施工环境温度宜为5～35℃，雨雪天、5级风及其以上天气不得施工。

JX喷涂速凝橡胶沥青防水涂料施工质量应符合设计要求和相关规范的规定。

8.22.5　应用效果

涂料通过高压雾状喷出，可在涂料喷附到作业面的同时，将作业面的浮灰清理掉。而涂料的雾状微粒可直接包裹混凝土表面的微凹凸面及填充混凝土缝隙，从而达到真正意义上的满粘。常规涂刮法施工，涂料以自流平性与混凝土表面的微凹凸面不能完全粘附，且会将作业面的灰尘覆盖，而使涂层与基面不能完全达到满粘要求。

立面无流挂：施工中基坑立面无流挂，成膜迅速。平面成膜后与基层初步粘结，人可以在上面行走而不影响涂膜质量。采用这种施工工艺，劳动强度降低，施工速度快，工人半小时施工面积达200m²，特别适用于复杂基面的施工。

该防水工程完成至今，防水效果良好，具有推广应用前景。

8.23　PENETRON（澎内传）水泥基渗透结晶型防水剂施工技术

8.23.1　工程概况

西安市土门街心花园地下人防工程，位于西安市西二环和丰镐东路十字环岛。项目南北宽 70m，东西长 400m，占地约 42 亩，由中国建筑西北设计研究院有限公司设计，中铁建设集团有限公司西安分公司承建，地下三层，基坑开挖标高 −22.110m。平战结合，其中负三层为人员掩蔽所，负二层、负一层为常规商业。负二层、负三层层高各 7m，负一层 5m。覆土层厚度 2m，地面以上为绿地公园，总建筑面积 89000m²，是西北地区最大的人防工程。原防水设计为混凝土自防水加卷材防水，防水等级一级。

结构外墙 −19.3m 以下厚度为 950mm，−14.040～−19.3m 厚度为 700mm，−7.040～−14.040m 厚度为 600mm，−2.00～−7.040m 厚度为 400mm，−2.00m 以上厚度为 300mm。建筑物外墙距基坑支护壁，理论距离 300mm，实际 100～300mm 不等，混凝土强度等级 C30，抗渗等级 P10。

基础设计抗浮桩，桩径 600mm、桩长 26m 锚入底板 1.3m。

后浇带设计间距 30～50m，宽度 1.2～1.5m。

原设计施工缝、后浇带、后封洞口采用钢板止水措施。

本项目开工前存在的实际问题：

（1）建筑物外放尺寸严重不足，外防外贴防水层施工没有作业空间。

（2）外防内贴防水做法需要做永久性保护墙，成本高、工期长、稳固性无法保证。

（3）工期短，基坑安全性有效期不多。

现场实际情况不能满足原防水设计为混凝土自防水加卷材防水的施工条件。经专题论证，防水设计调整为防水钢筋混凝土＋水泥基渗透结晶型防水剂。

8.23.2　防水方案

为解决上述难题，该项目建设单位组织召开了"土门街心花园地下人防工程防水工程专家论证会"。通过专家组的认真审阅和仔细分析，项目各方一致认为：在防水工程中，首先应选用的是结构自防水，澎内传产品的特性对混凝土中微裂缝的修复能力，在本工程中是绝对可用的。规范中刚柔结合指的是穿墙管、变形缝等细部采用柔性处理，而非强制贴卷材，并且多个地方标准明确"掺水泥基渗透结晶型掺合剂的防水混凝土可用于迎水面无法做柔性卷材的地下工程"，所以澎内传材料在本项目中的使用是完全符合规范的。澎内传产品在该项目实施过程中，技术上可行，经济上合理，针对施工工期短，场地狭小的情况下，调整防水设计为防水钢筋混凝土＋水泥基渗透结晶型防水剂 PNC803 是必要的。

依据《澎内传防水系统构造》14CJ54 图集，具体防水方案如下：

1. 地下室主体防水做法

底板、外墙、顶板防水钢筋混凝土中添加澎内传水泥基渗透结晶型防水剂（PNC803），掺量为单方混凝土中水泥重量的 0.8%～1.5%，具体掺量与工程防水等级、地下水位、结构尺寸、混凝土强度、地质情况等有关（图 8.23-1）。

2. 施工缝防水做法

施工缝采用PNC101止水条与PNC803防水混凝土配合使用。浇筑前需用凿子、钢丝刷等清除浮浆、杂物等，并保持干燥（图8.23-2）。

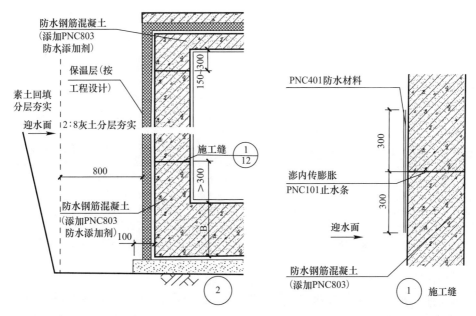

图 8.23-1　地下室防水节点大样图　　　　图 8.23-2　施工缝防水大样图

3. 外墙螺栓孔部位防水做法

地下室外墙用于固定模板采用了工具式螺栓，拆模后应将留下的凹槽用水泥砂浆封堵密实、抹平（图8.23-3）。

4. 穿墙管防水做法

预埋穿墙管应环绕遇水膨胀止水圈，若采购的穿墙管无配套的遇水膨胀止水圈，建议使用PNC101遇水膨胀止水条居中缠绕。迎水面的凹槽用澎内传防水砂浆抹平（图8.23-4）。

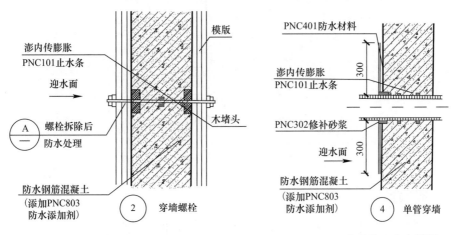

图 8.23-3　外墙螺栓孔防水大样图　　　　图 8.23-4　穿墙管防水大样图

5. 后浇带防水做法

后浇带防水做法采用 PNC101 止水条与 PNC803 防水混凝土配合使用。浇筑前需用凿子、钢丝刷等清除浮浆、杂物等，并保持干燥（图 8.23-5、图 8.23-6）。

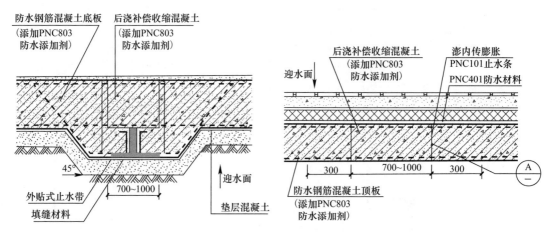

图 8.23-5　底板后浇带防水大样图　　　　图 8.23-6　外墙、顶板后浇带防水大样图

6. 桩头做法

将桩顶剔凿至混凝土密实处，清洗干净。涂刷 PNC401 水泥基渗透结晶型防水涂料，向外延伸 250mm。浇筑混凝土前在桩头外露钢筋底部缠绕一圈 PNC101 止水条（图 8.23-7）。

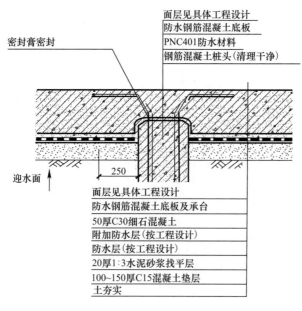

图 8.23-7　桩头防水做法

8.23.3　材料介绍

1. PENETRON（澎内传）水泥基渗透结晶型防水剂防水原理

该产品为第三代水泥基渗透结晶型产品。由硅酸盐水泥和多种专有技术的活性化学物

质配制而成的粉状材料，在混凝土搅拌过程中加入，与混凝土中的氧化铝、$Ca(OH)_2$ 以及其他金属氧化物和盐类等反应生成不溶于水的结晶体，填充、封堵毛细管和收缩裂缝，使水或其他液体从任何方向都无法进入从而达到防水的目的，防水施工和混凝土浇筑同步完成，并成为一个不可分割的整体。无水时，PNC803 中的活性成分处于休眠状态，当结构出现新的裂缝，再次与水接触时就会重新被激活，产生新的结晶体，自动修复细微裂缝，从而为混凝土提供长久有效的防水功能。添加 PNC803 后能够降低混凝土渗透率，提高混凝土的抗压强度、抗冻性和耐腐蚀性，即使在恶劣环境下也可延长混凝土结构的使用寿命 60 年以上，全面地提高混凝土结构的耐久性。PNC803 属于无机材料，不含任何挥发性有机化合物，无毒无味，可应用于饮用水和食品加工工程，作为绿色认证产品，澎内传符合国际绿色环保建筑标准要求。

2. PNC803 技术参数

PNC803 的性能指标符合国家标准《水泥基渗透结晶型防水材料》GB 18445—2012 的要求，见表 8.23-1、表 8.23-2。

澎内传 PNC 803 性能指标（1）　　　　　　　　　　　　　　　表 8.23-1

序号	试验项目		标准性能指标	澎内传实测值	判定
1	外观		均匀、无结块	均匀、无结块	合格
2	含水率（%）		≤1.5	0.8	合格
3	细度，0.63mm 筛余（%）		≤5	1.0	合格
4	氯离子含量（%）		≤0.10	0.02	合格
5	减水率（%）		<8	3.4	合格
6	含气量（%）		≤3.0	2.6	合格
7	抗压强度比（%）	7d	≥100	105	合格
		28d	≥100	101	合格
8	收缩率比（%），28d		≤125	114	合格
9	混凝土抗渗性能	抗渗压力比（%），28d	≥200	210	合格
		第二次抗渗压力比（%），56d	≥150	167	合格

澎内传 PNC 803 性能指标（2）　　　　　　　　　　　　　　　表 8.23-2

序号	检测项目	检验标准	检验结果
1	水分渗透性	CRDC-48-73	≤5.35×10cm/s，56d
2	抗压强度	ASTMC-39	≥6%，28d
3	水分渗透性（静水头压下）	CRDC-48-73	可承受≥1.54Mpa 的水压（相当于 154m 静水头压）而无渗漏
4	抗冻融循环性测试	ASTMC-672-76	50 次冻融循环后，较之未处理样本，侵蚀明显降低
5	抗化学性	ASTMC-267-77	在 PH3-11 的范围内长期接触无腐蚀
6	抗辐射性	ASTMN69-1967	对≥5.76×10Rads 的伽马射线无任何反应
		ISO7031	对 50mRads 的伽马射线无任何反应
7	氯化物含量	AASHTO-T260	防水层产品带有微量氯化物，防水效果不受氯化物影响
8	无毒性	BS6920：Section 2.5	合格
		16 CFR 1500	
9	饮用水使用认可	美国 EPA 纽约州 DOH	核准使用
10	耐久性	四川大学耐久性实验研究报告	提高混凝土结构的使用寿命，掺入 PNC803 的混凝土结构寿命增加 3～5 倍

PNC803 还具有以下性能：

永久性：无机材料，耐老化性能好，给混凝土提供持续有效的防水功能；

增强性：提高混凝土中水胶体与骨料的粘结力，可一定程度上提高混凝土的抗压抗拉强度；

自修复：可自动修复不大于 0.4mm 的微裂缝；

透气性：容许混凝土透气（呼吸），不让水蒸气积聚，使混凝土保持完全干燥。

3. PENETRON（澎内传）防水系统的组成

PENETRON（澎内传）防水系统由混凝土主体、混凝土细部构造和混凝土缺陷治理三个子系统构成，为混凝土提供全面的防水构造，每个子系统均有相对应的专用材料。

1) 主体防水用产品

PNC803-澎内传混凝土防水添加剂（PENETRON ADMIX）

PNC401-澎内传防水涂料（PENETRON）

2) 细部构造用产品

PNC101-澎内传缓膨胀止水条（PENEBAR SW-55）

PNC102-澎内传速膨胀止水条（PENEBAR SW-45）

PNC103-澎内传止水条胶粘剂（PENEBAR PRIMER）

3) 缺陷治理用产品

PNC302-澎内传修补砂浆（PENECRETE MORTAR）

PNC602-澎内传快速堵漏剂（WATERPLUG）

PNC901-澎内传水泥基注浆料（PENETRON INJECT）

8.23.4　施工技术

1. PNC803 的使用方法（现场添加法）

当混凝土搅拌运输车到达工地现场后，确定混凝土工作性满足浇筑要求时，由澎内传专业工人进行添加并由监理、总包现场见证，具体操作步骤：

1) 查看商品混凝土小票确认混凝土方量；

2) 称料：按 PNC803 添加量准确称料（图 8.23-8）；

3) 配制浆料：把 PNC803 按粉料∶水＝1∶1.25（质量比）的比例配合，搅拌均匀（图 8.23-9）；

4) 添加：把浆料添加到搅拌运输车中（图 8.23-10）；

图 8.23-8　准确称料　　　　图 8.23-9　配制浆料　　　　图 8.23-10　现场添加

5）搅拌：商品混凝土车高速搅拌 5min（图 8.23-11）；

6）记录：全过程采取双人复核、记录的措施，避免漏加、错加、少加，在添加记录单上记录商品混凝土车号、混凝土方量、PNC803 添加量、添加时间（图 8.23-12）。

图 8.23-11　充分搅拌　　　　　　　　　　图 8.23-12　填写记录

2. PNC101 的使用方法

由澎内传专业工人先涂刷 PNC103 止水条胶粘剂（图 8.23-13），再粘贴 PNC101 止水条（图 8.23-14、图 8.23-15），施工缝粘贴完止水条后应及时浇筑混凝土，后浇带不宜过早粘贴 PNC101 止水条，施工缝、后浇带浇筑前应清除表面浮浆、钢拦截网。如有钢筋影响止水条粘贴，应将钢筋折弯。使 PNC101 止水条居中设置，要求紧贴先浇筑混凝土基面，搭接长度不应小于 50mm。对于贯穿结构的管道，也可缠绕 PNC101 止水条（图 8.23-16）以起到阻水的效果。

图 8.23-13　涂刷 PNC103 胶粘剂　　　　　图 8.23-14　粘贴 PNC101 止水条

图 8.23-15　粘贴完成　　　　　　　　　　图 8.23-16　缠绕管道

8.23.5 澎内传（PENETRON）防水系统质量控制

PENETRON（澎内传）国际有限公司有一套完整的质量保障体系，为客户提供优质的产品服务。西安华骏实业有限公司作为澎内传在陕西省唯一代理，经过多年的研究和总结，在质量控制方面形成全过程的质量控制流程（图8.23-17），我公司现场负责人将在施工期间全程跟踪防水部位的施工质量。

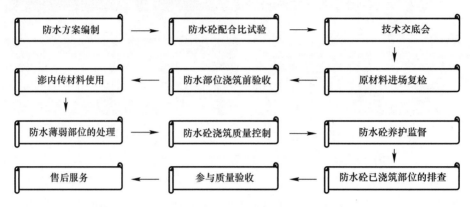

图 8.23-17 质量控制流程

澎内传不只是简单地提供世界一流的产品。根据客户需要，结合每个工程的特点，根据施工现场条件和澎内传系列产品的特性及其在混凝土科技方面的专业知识与施工经验，为用户设计出一套最佳解决方案，推荐使用性价比最高的产品。

施工前我公司将协助总包方和商品混凝土搅拌站进行混凝土配合比试验，保证达到工程需要的性能指标并满足当地标准要求；添加环节由我们经过培训考核的专业工人进行免费添加，两名工人为一操作小组，计量校核防止出现漏加、少加、错加；现场管理环节由具有多年现场经验的土木工程科班出身质管员协助建设、监理、施工等单位的管理人员，对防水混凝土的质量进行全程监控，确保验收达到设计防水等级要求；我们的售后团队将对项目进行定期和不定期回访。项目投入使用后，我公司每个月进行回访，若遇降雨，我公司会在雨后第一时间前往现场查看工程防水质量。如有渗漏，我公司将迅速制定维修方案，进行专业、及时的维修处理，确保工程完好使用，为客户的混凝土工程终身保驾护航。

8.23.6 应用效果与结论

1. 应用效果

1）本项目为分段施工，施工周期较长，在此期间个别墙体出现了干缩裂缝并有渗水现象，经澎内传现场负责人实测，裂缝宽度大部分小于0.4mm，这些裂缝在长期有水养护的环境下产生了大量的结晶体，封堵、填充了这些裂缝，在没有采取任何处理的情况下使裂缝自愈合，并且不再有渗水出现，PNC803的性能得到了各方的认可，以下为本项目的结晶过程（图8.23-18）。

2）本工程采用澎内传防水系统取代原设计防水卷材及取消卷材相关找平层和保护层，在防水工程最终的质量方面都达到了不渗不漏的要求。

3）因取消了找平层和保护层，故而底板标高可抬升50～70mm，直接减少土方开挖（搬运）约1400n³，为本项目极大限度的节省了工期约90d。

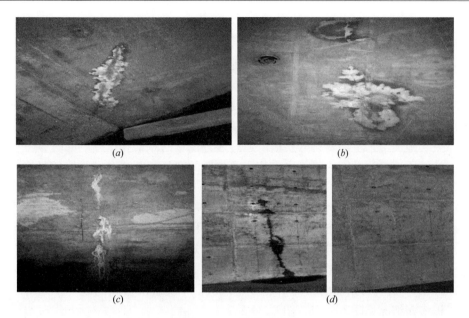

(a)　　　　　　　　　　(b)

(c)　　　　　　　　　　(d)

图 8.23-18　结晶过程图

4）外墙采用单侧支模直接浇筑 PNC803 防水混凝土，无需铺贴卷材的施工面，为本项目增加土地使用面积约 2300m²。

5）在地下防水工程中采用澎内传防水系统能做到保证质量、技术先进、安全适用、经济合理。

2. 结论

随着我国城市建设的发展，建筑密集度越来越高，这就要求最大限度地提高建设用地的利用率，而建筑地下结构外墙紧贴护坡单侧支模的工艺，因其具有支撑牢固、增加面积、缩短工期等特点，在施工场地受限的工程中被大量采用。

地下室外墙单侧支模意味着没有施做外贴防水卷材和防水涂膜的操作空间，所以常规的外防外贴（涂）防水做法对这类工程无能为力。经过大量的工程验证，针对这一类型工程现阶段最为成熟有效的防水措施有"外防内贴防水"和"水泥基渗透结晶自防水"两种。外防内贴是指将带有自粘胶膜的防水卷材预先临时固定在永久保护墙上，自粘胶膜与后浇筑的混凝土外墙外侧实现满粘结，达到外防水的目的。水泥基渗透结晶自防水是指通过在抗渗混凝土中掺入水泥基渗透结晶型防水剂，修复混凝土的温度裂缝、干缩裂缝、应力微裂缝，大大提高混凝土的密实性和防水性，从而达到设计的防水要求。相比"外防内贴"的卷材防水做法，"水泥基渗透结晶自防水"不需要预先砌筑保护墙，节约成本和工期，施工更为便捷，而且防水效果良好。

8.24　赛柏斯（XYPEX）背水面根治渗漏施工技术

8.24.1　工程概况

中国某重大科学项目，是新世纪国家级重点科技项目之一。该项目总投资约 22 亿元，是我国"十一五"期间重点建设的十二大科学装置之首,是国际前沿的高科技多学科应用的大型研究平台。项目地址位于广东省南部,珠江三角洲的核心地区,该地区雨季时间长,雨量大且经常伴有台风、洪涝等灾害,地下水位极高。该项目的核心设备全部安装于地下,地下室共三层,防水等级为一级。

在项目建设过程中,由于早期部分外设卷材防水层失效,出现了比较严重的渗漏现象。该项目的地下室需要安装精密的科研设备,一旦运行将很难进行二次维修。因此项目部提出"一次施工,永不渗漏"的要求。通过多方慎重的考察和比较,同时参考了国外类似项目上的使用经验,最终项目部决定使用赛柏斯的产品和工艺进行维修,以达到一次性根治渗漏的目的。

在本项目中,具备外防水施工条件的区域,使用赛柏斯进行外防水施工。某些区域由于室外已经回填,不具备外防水施工条件,因此使用赛柏斯进行内防水的维修。

背水面治理渗漏历来是防水界的难题,同时也是渗漏治理时最常采用的方案。传统的注浆等方法极易造成二次渗漏的发生,很难从根本上解决渗漏问题。本文主要介绍使用赛柏斯(XYPEX)进行背水面的渗漏治理,可以从根本上解决渗漏问题,杜绝继续渗漏的隐患。工程渗漏情况见图 8.24-1、图 8.24-2。

图 8.24-1 地下室渗漏情况(一)   图 8.24-2 地下室渗漏情况(二)

8.24.2 施工基本程序

该项目地下室最深区域-15.23m,通过现场仔细的勘察与分析,发现渗漏现象主要出现在钢筋头、施工缝以及部分混凝土的微裂缝中,这些部位统称为"薄弱部位"。因此赛柏斯的维修方案为先处理薄弱部位,然后再整体涂刷赛柏斯浓缩剂,利用赛柏斯浓缩剂的渗透结晶功能,实现施工区域的全面防水,以杜绝未来的渗漏隐患。

1)现场勘察,标定重点处理部位;

2)采用赛柏斯工艺处理重点部位;

3)对所维修区域整体涂刷赛柏斯涂层;

4)养护并观察,处理局部忽略或遗漏的渗点;

5)验收交付。

8.24.3 施工技术

1. 钢筋头部位施工方法

1)以钢筋头为中间点,切割出边长为 100mm、深度为 20~30mm 的正方形凹槽

（图 8.24-3～图 8.24-6）；

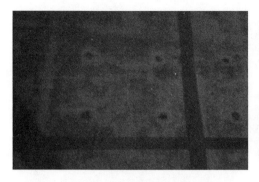
图 8.24-3 标注钢筋头的开槽部位

图 8.24-4 开槽施工（一）

图 8.24-5 开槽施工（二）

图 8.24-6 开好槽的钢筋头部位

2）将多余的螺杆头或钢筋头切掉，用高压水枪冲洗、清除所有松散物，确保槽内无杂物并充分润湿；

3）在方槽底面涂刷赛柏斯浓缩剂，材料用量宜为 0.8kg/m² （涂刷一遍）；

4）使用赛柏斯堵漏剂将整个方槽填满并压实（图 8.24-7）；

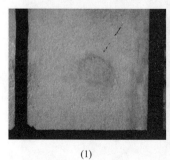
（1）

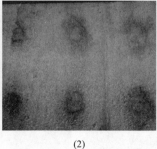
（2）

（3）

图 8.24-7 维修完成后的钢筋头部位

5）待堵漏剂冷却后（通常需要至少 1h），立刻在表面涂刷赛柏斯浓缩剂，涂刷范围为槽口四面各延伸 100mm；

6）对所维修部位应喷雾状水养护 72h，使其始终保持潮湿状态；经 72h 养护后，再进行自然养护 18d。

2. 施工缝、裂缝维修施工方法

施工缝和裂缝的维修方式和钢筋头类似，具体步骤如下：

1）确认裂缝位置，然后用打磨机将表层混凝土或附着物打掉，打磨宽度为裂缝两边各延伸 100mm；

2）用开槽机沿着施工缝或裂缝进行切割，凿出宽度为 25mm 左右，深度为 30mm 左右的 U 形槽（图 8.24-8）；

3）用电锤凿除槽内的混凝土并清除所有杂物，用高压水枪冲洗、清除所有松散物，确保槽内无杂物并充分润湿；

4）清除所有明水，然后使用一寸小棕刷，在 U 形槽内涂刷赛柏斯浓缩剂，材料用量宜为 0.8kg/m²（涂刷一遍）；

5）涂刷完浓缩剂后，用浓缩剂半干料团填充 U 形槽底部并压实（图 8.24-9）；

图 8.24-8　开完槽后的施工缝　　　　图 8.24-9　工人进行施工缝维修

6）浓缩剂半干料团夯实后，使用堵漏剂填满 U 形槽并压实；

7）待堵漏剂冷却后（通常需要至少 1h），立刻在表面涂刷浓缩剂，材料用量宜为 0.8kg/m²（涂刷一遍）；涂刷范围为 U 形槽两侧各延伸 100mm（图 8.24-10、图 8.24-11）；

图 8.24-10　维修完成后的施工缝（一）　　图 8.24-11　维修完成后的施工缝（二）

8）对所维修部位喷雾状水养护 72h，使其始终保持潮湿状态；然后的涂层再自然养护 18d。

3. 整体涂刷赛柏斯浓缩剂

薄弱部位处理完成后，对施工区域整体涂刷 2～3 遍浓缩剂（图 8.24-12、图 8.24-13），涂层厚度不小于 1.0mm，浓缩剂用量不少于 1.5kg/m²，涂层终凝后，再喷雾状水养护3d，以杜绝未来的渗漏隐患。

图 8.24-12 涂刷赛柏斯浓缩剂　　　　　图 8.24-13 维修完成之后的现场

8.24.4 项目总结

粗略统计，整个内防水维修部分，共维修钢筋头约 4500 个，施工缝约 400 延米，浓缩剂涂刷面积约 1500m²，施工周期约 20d。

通过严格的施工管理，该地下室的内防水维修取得了完满的成功，自完工至今已经过三年的考验。通过项目回访证明，赛柏斯维修的部位效果良好，没有渗漏现象，完全满足设计要求，确保了设备的安装进度，得到了项目甲方、总包和监理的高度评价。

背水面维修历来是防水界的难题，传统的注浆等方法极易造成二次渗漏的发生，如何根治渗漏，实现"一次施工，永不渗漏"，通过此案例，再次证明了赛柏斯作为全球渗透结晶材料的领导品牌，其在内防水工艺中的优异性能和表现，为广受渗漏问题困扰且无法进行外防水维修的项目提供了可靠的选择。

8.25 高分子益胶泥在湛江喜来登酒店室内防水粘贴施工技术

8.25.1 工程概况

喜来登酒店位于湛江海滨五路 128 号，酒店为两幢 25 层建筑，占地面积 32000m²，建筑面积 170000m²，工程总造价 3 亿多元。酒店室内游泳池、厕浴间防水层采用华鸿高分子益胶泥防水材料，防水面积 15000m²。喜来登酒店如图 8.25-1。

8.25.2 材料介绍

本工程室内防水，采用华鸿高分子益胶泥（PA-A 型）防水材料和华鸿聚合物水泥防水浆料（HK11）。

1. 聚合物水泥防水浆料（HK11）

高分子聚合物水泥防水浆料（柔性体）属聚合物改性水泥材料，双组分，由适量以硅酸盐水泥为主的粉料和高聚物乳液配制而成，与

图 8.25-1 湛江喜来登酒店

基层结合力强，耐水、耐老化、耐冻融、涂层薄、用量省，是理想的家装防水材料。该产品具有以下特点：

1）能在潮湿基面上刷涂、刮涂、滚涂，用量少、工程造价低，施工简便；

2）浆料中的胶凝材料成分能渗入基层内部，加强界面处的粘结力；

3）有效填充基层的砂眼和微裂缝，形成良好的防水层；

4）具有较高强度，耐压、抗折，耐穿刺性能好，不易在后续施工中遭到破坏；

5）耐冻、耐高低温、耐老化，使用寿命长；

6）柔韧性好，具有一定弹力，对一般基层沉降和收缩开裂变形的适应性较强。

适用范围：适用于工业与民用建筑的地下、外墙、室内等防水工程；尤其适用于厨房、厕浴间、水池等防水工程。

执行标准：JC/T 2090—2011 聚合物水泥防水浆料，物理力学性能应符合本书表 2.14-1 的要求。

2. 高分子益胶泥（PA-A 型）

高分子益胶泥属水泥基聚合物改性复合材料（polymer-modified cementitious mixtures），工厂化生产的单组分、干粉状产品，抗渗性好、粘结力强、保水性能好、耐热、耐冻融、初凝时间长、便于大面积操作、初凝至终凝时间短，可缩短工期，有较好的防水抗渗能力，能在潮湿基面施工；用于有防水要求的饰面砖、饰面石板材粘结时能达到防水、粘贴一道成活的工程质量效果。高分子益胶泥的主要物理力学性能应符合本书表 2.12-1 的要求。

8.25.3 防水构造

1. 游泳池地面
— 结构层
— 1.5mm 厚聚合物水泥防水浆料（HK11）
— 水泥砂浆保护层
— 陶粒填充层
— 30mm 厚 1∶2.5 水泥砂浆找平层
— 3mm 厚 PA-A 型高分子益胶泥防水层
— 2mm 厚益胶泥粘结层
— 马赛克饰面层

2. 游泳池墙面
— 结构层
— 1.5mm 厚聚合物水泥防水浆料（HK11）
— 水泥砂浆找平层
— 3mm 厚 PA-A 型高分子益胶泥防水层
— 2mm 厚益胶泥粘结层
— 马赛克饰面层

3. 厕浴间
— 结构层
— 找平层

— 3mm 厚 PA-A 型高分子益胶泥防水层

— 3mm 厚益胶泥粘结层

— 饰面层

8.25.4 施工技术

1. 游泳池

1）游泳池地面

（1）工艺流程：基面清理→管根等节点处理→涂刷聚合物水泥防水浆料（HK11）→陶粒填充层施工→砂浆保护层施工→刮涂高分子益胶泥（PA-A 型）防水层→益胶泥防水粘结饰面马赛克。

（2）施工操作方法

① 基面清理

将结构层基面的浮灰和污渍清理干净，基面应清洁、坚实、潮湿，但不得有明水。

② 管根等细部节点处理

管根周边设置 20mm 深、10mm 宽的凹槽，凹槽内清理干净后，用柔性密封胶填充密实。

③ 涂刷聚合物水泥防水浆料（HK11）

基面上用滚筒滚涂聚合物水泥防水浆料（图 8.25-2），厚度不应小于 1.5mm。

④ 填充层

聚合物水泥防水浆料（HK11）实干后，在涂层上铺设陶粒至设计规定厚度；在陶粒填充层表面铺抹 1：2.5 水泥砂浆找平层，厚度约 20～30mm。

⑤ 防水层与防水粘结层

在水泥砂浆找平层上分遍刮涂 PA-A 型高分子益胶泥（图 8.25-3），涂层总厚度不应小于 3mm；同时在饰面马赛克粘结面刮涂益胶泥防水粘结料，厚度 2mm 左右；将马赛克直接粘贴在防水层上。

图 8.25-2 聚合物水泥浆料施工现场 　　图 8.25-3 益胶泥防水层施工现场

2）游泳池墙面

（1）工艺流程：基面清理→刷涂聚合物水泥防水浆料（HK11）→水泥砂浆找平层施工→刮涂高分子益胶泥（PA-A 型）防水层→益胶泥防水粘贴饰面马赛克。

（2）施工操作方法

① 基面清理

将结构层基面的浮灰和污渍清理干净，基面应清洁、坚实。

② 刷涂聚合物水泥防水浆料（HK11）

基面上用滚筒滚涂聚合物水泥防水浆料（HK11），厚度不应小于 1.5mm。

③ 防水层与防水粘结层施工

聚合物水泥防水浆料（HK11）实干后，在其表面上刮涂 PA-A 型高分子益胶泥，涂层总厚度不应小于 3mm；同时在饰面马赛克粘结面刮涂 PA-A 型益胶泥粘结层，厚度 2mm，将马赛克粘贴在防水层上（图 8.25-4、图 8.25-5）。

图 8.25-4　墙面粘贴饰面马赛克　　　　图 8.25-5　顶板粘贴饰面马赛克

2. 厕浴间

1）工艺流程：基面清理→管根等节点处理→刮涂益胶泥（PA-A 型）防水层→益胶泥粘结饰面砖。

2）操作方法

（1）清理基层

将找平层基面上的浮灰和污渍清理干净，基面应坚实、湿润。

（2）管根等节点处理

管根、地漏的周边设置 20mm 深 10mm 宽的凹槽，并用柔性密封胶填充密实。

（3）防水层与粘结层施工

在找平层基面上刮涂益胶泥（PA-A 型）防水层（图 8.25-6），厚度 3mm；同时在饰面砖粘结面刮涂益胶泥（PA-A 型）粘结料，厚 3mm；将饰面砖粘贴在防水层上（图 8.25-7），并调整好横竖缝隙。

图 8.25-6　厕浴间防水层施工　　　　图 8.25-7　厕浴间粘贴饰面砖

8.25.5　施工注意事项

1）游泳池地面铺设陶粒填充层应在聚合物水泥防水浆料涂层实干后进行。

2）防水层的基层应坚实，砂浆找平层硬化后方可在其面上刮涂聚合物水泥浆料防水层。

3）高分子益胶泥防水层和粘贴饰面砖可同时进行，防水与粘结一道成活；也可先刮涂防水层，再粘贴饰面砖，分做两道成活。

4）应重视成品保护，防水涂层涂刮后24h以内不得有明水浸泡；益胶泥防水层完成后，若不能及时进行饰面层施工，则应对硬化的防水涂层洒水养护，以免强度降低、失水粉化。养护的基本方法：在益胶泥涂层表面开始发白呈现缺水状态时即进行养护，初期应采用喷雾状水养护；完全固化后，可采用洒水方法养护；防水层养护不应小于72h。

5）益胶泥防水层施工环境温度宜为5～35℃。

8.25.6　质量要求

1）益胶泥防水材料应符合设计要求，物理力学性能应符合相关标准规定，不得使用受潮、失效的益胶泥产品。

2）益胶泥涂层应涂刮均匀，覆盖完全，与基层粘结牢固，不得有漏涂、漏刮、空鼓、开裂和粉化等现象。

3）益胶泥防水涂层平均厚度应符合设计要求，最小厚度不得小于设计厚度的90%。

4）益胶泥防水涂层养护方法和养护时间应符合技术要求。

5）益胶泥防水涂层质量应符合国家相关技术规范要求，不得有渗漏水现象。

8.25.7　应用效果

湛江喜来登酒店室内防水工程，采用华鸿高分子益胶泥作防水层和饰面粘结层，工程于2015年施工完成，经过近4年使用检验，未发生渗漏现象，防水质量良好，粘结性能可靠，满足使用要求（图8.25-8）。

图8.25-8　喜来登酒店室内游泳池

8.26　厕浴间刚柔相济防水系统施工技术

8.26.1　工程概况

绵山墅项目位于山西省介休市西片区，紧紧追赶市政府打造国家园林城市的步伐，将兴建成一座生态之园、绿色之园。西至西外环，东临经一路，北靠馨园路，南接金融路，区位优势明显，交通网络四通八达，具有先天的交通优势，并有很大的发展潜力。项目总占地 365 亩，总建筑面积 40 余万平方米，项目分 5 期建设完成，总户数为 3333 户，共 64 栋楼，其中高层 25 栋，低层 39 栋，卫生间总共 3655 个，总面积约 20000m²，属于一个万人社区。大套户型设双卫生间，卫生间设计功能明确，浴厕、洗手、洗衣组合布置，充分利用自然通风采光，并配以独特的园林、绿化、水景，是目前介休市最大的综合性高端住宅项目（图 8.26-1）。

8.26.2 防水方案

1. 防水系统

绵山墅项目厕浴间防水采用万年牢刚柔相济防水系统，为聚合物水泥防水砂浆与柔性防水涂料复合防水构造，用速凝型聚合物水泥防水砂浆代替传统的找平层，增加强度的同时还能辅助防水，而且不会增加造价；选择防水性能优异、耐久的聚合物水泥（JS）防水涂料作柔性防水层。系统构造层次如图 8.26-2 所示。

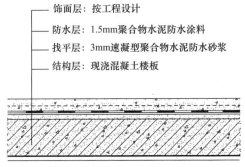

饰面层：按工程设计
防水层：1.5mm聚合物水泥防水涂料
找平层：3mm速凝型聚合物水泥防水砂浆
结构层：现浇混凝土楼板

图 8.26-1 绵山墅外貌　　　　图 8.26-2 卫生间防水构造

2. 系统优势

刚柔相济厕浴间防水系统既能弥补刚性防水的不足，又能为柔性防水提供坚实平整的基面。

1）刚性防水优势

传统用水泥砂浆找平，基面起砂现象较为严重，防水层与找平层之间粘结效果差，存在窜水现象，易导致渗漏。使用速凝型聚合物水泥防水砂浆做找平层，既不会起砂又能起到防水作用。

2）柔性防水优势

选材不当及偷工减料是卫生间渗漏的主要原因之一。我们选用防水性能优异、耐久的 JS 防水涂料，能适应基层的变形。保证细部构造防水密封效果；涂料施工过程中采取分区定量，保证涂料厚度，避免偷工减料。

8.26.3 主要防水材料介绍

1. DSTA 聚合物水泥防水涂料

DSTA 聚合物水泥防水涂料（简称 JS 防水涂料）是以丙烯酸酯、乙烯-酸酸乙烯酯等聚合物乳液和水泥为主要原料，加入填料及其他助剂配制而成，经水分挥发和水泥水化反应固化成膜的双组分水性防水涂料，其物理力学性能指标应符合本书表 2.9-1 的要求。

2. 速凝型聚合物水泥防水砂浆

速凝型聚合物水泥防水砂浆是由水泥、骨料、速凝剂和可以分散在水中的有机聚合物粉末搅拌而成的。具有粘结强度高、和易性好、施工方便、耐腐蚀、耐高低温、耐老化、抗震裂、无毒、无害、无味、不污染环境等特点，在潮湿基面可施工。其性能指标应符合表 8.26-1 的要求。

速凝型聚合物水泥防水砂浆物理力学性能指标 表 8.26-1

序号	项目			技术指标	
				Ⅰ型	Ⅱ型
1	凝结时间	初凝（min）≥		45	
		终凝（h）≤		18	
2	抗渗压力（MPa）	涂层试件≥	7d	0.4	0.5
		砂浆试件≥	7d	0.8	1.0
			28d	1.5	1.5
3	抗压强度（MPa）≥			18.0	24.0
4	抗折强度（MPa）≥			6.0	8.0
5	粘结强度（MPa）≥		7d	0.8	1.0
			28d	1.0	1.2
6	耐碱性			无开裂、剥落	
7	耐热性			无开裂、剥落	
8	抗冻性			无开裂、剥落	
9	收缩率（%）≤			0.30	0.15
10	吸水率（%）≤			6.0	4.0

8.26.4 施工技术

1. 施工准备

1）材料准备见表 8.26-2 要求。

防水材料 表 8.26-2

序号	名称	规格	单位	用途
1	DSTA 聚合物水泥防水涂料（以下简称 JS）	乳液 20kg/桶粉剂 20～30kg/袋	kg	防水主材
2	聚合物水泥防水砂浆（以下简称防水砂浆）	20kg/袋	kg	防水主材
3	聚酯纤维无纺布、聚丙烯纤维无纺布或耐碱玻璃纤维网格布（以下简称无纺布）	30～50g/m²	m²	胎体增强材料

2）机具准备见表 8.26-3 要求。

施工机具   表 8.26-3

序号	机具	用途
1	平铲	清理基层
2	笤帚	清理基层
3	钢丝刷	清理管根
4	滚刷	涂刷 JS
5	毛刷	涂刷 JS
6	刮板	涂刮防水砂浆
7	搅拌桶	搅拌 JS、防水砂浆
8	电动搅拌器	搅拌 JS、防水砂浆
9	裁纸刀	裁剪无纺布
10	喷雾器	基面润湿、防水砂浆养护

2. 施工工艺

1）基层要求

（1）基层应符合设计要求，并应通过验收。基层表面应坚实平整，无浮浆、起砂和裂缝等现象。

（2）与基层相连接的各类管道、地漏、预埋件、设备等应安装牢固；管根需拉毛处理，以便防水层更好地与管根粘结；阴阳角、管根、地漏使用水不漏进行处理。

（3）管根、地漏与基层的交接部位，应预留或剔成宽 10mm、深 10mm 的环形凹槽，槽内应嵌填密封材料。

（4）基层的阴、阳角部位宜抹成圆弧形。

（5）基层可潮湿但不得有明水。

（6）穿越楼板管道需要做防水的部位应进行打毛处理。

2）施工方法

（1）工艺流程

基面验收→基面清理→基面湿润→刮涂防水砂浆→防水砂浆养护→配制 JS 涂料→附加层施工→涂刷 JS 涂料防水层→蓄水试验→质量验收。

（2）施工步骤

① 基面验收

钢筋混凝土结构板基面应达到上述基面条件要求，若不符合基面条件要求，需将其进行修补处理，合格后再进行防水层施工。

② 基面清理

施工前应将基层表面清理干净。

③ 基面湿润

用喷雾器对基面进行充分湿润。

④ 刮涂防水砂浆

将防水砂浆按水灰比 0.3 比例与洁净水进行配合搅拌，搅拌后的砂浆应呈腻子状，无结块现象。然后用刮板一次性将防水砂浆刮涂至设计厚度，刮涂时要求表面平整，因砂浆层厚度较薄，请勿来回反复刮涂。

⑤ 防水砂浆养护

干燥后的防水砂浆基面用乳液兑水对其进行充分湿润养护，乳液兑水比例为1∶10。

⑥ JS涂料配制

JS防水涂料型号及配比见表8.26-4，液料搅拌均匀后按比例放入粉剂，用电动搅拌器边搅拌边缓缓加入粉剂，充分搅拌均匀，无结块，搅拌时间不应少于5min。

JS防水涂料型号及配比　　　　　　　　表 8.26-4

型号	配比
Ⅱ型	乳液∶粉料＝1∶1.5

⑦ 附加层施工

穿越楼板的管道及阴阳角等部位应增设附加层，附加层应夹铺胎体增强材料，无纺布搭接宽度不应小于50mm。施工时，应采用油漆刷将搅拌好的浆料均匀涂刷于这些节点部位，然后加贴无纺布，再在无纺布上涂刷一遍涂料，穿越楼板管道涂刷高度宜为100mm，平面涂刷宽度宜为150mm，阴阳角部位宜为各150mm。附加层应与基层粘贴紧密，且使涂料浸透胎体增强材料。

⑧ 涂刷防水涂料

a. 采用滚刷滚涂施工，涂刷时应遵循先立面后平面，先对穿越楼板管道等细部构造进行涂刷，然后再涂刷大面，涂刷应均匀，不得出现堆积、漏刷等现象。

b. 按照分层涂刷的方式进行施工，应待先涂的涂层实干后再涂布后一遍涂料。两遍涂层施工的间隔时间不宜过长，以免形成分层。

c. 涂层厚度第一层宜为0.3mm，第二层宜为0.6mm，第三层宜为0.6mm。如图8.26-3所示。

d. 涂刷时应注意以下事项：

a）若液料有沉淀应随时搅拌均匀。

b）涂刷应均匀，不得有局部堆积和漏涂现象；涂料与基层之间应粘结紧密，不得有气泡和空鼓现象。

c）水平面涂刷厚度不应小于1.5mm，垂直面涂刷厚度不应小于1.2mm，防水层的平均厚度应符合设计要求，最小厚度不应小于设计厚度的90%。

d）立面涂刷高度不应小于1800mm，管道涂刷高度不应小于100mm。

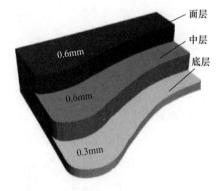

图 8.26-3　防水涂料分层涂刷示意图

e）楼、地面的防水层在门口处应水平延展，且向门外正面延展的宽度不应小于500mm，向两侧延展的宽度不应小于200mm。

f）卫生间施工前应进行测量，划定涂刷范围。

⑨ 细部节点

a. 地漏、管根

地漏、穿楼管根周边应预留宽、深均为10mm的环形凹槽，槽内应嵌填密封材料封严，四周250mm宽做圆环状附加层，附加层厚度不应小于1.5mm，中间应夹铺胎体增强材料（图8.26-4、图8.26-5）。

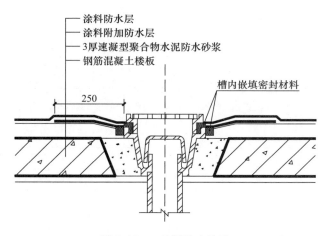

图 8.26-4 地漏防水构造

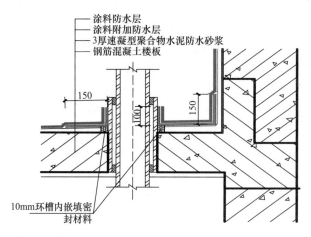

图 8.26-5 穿楼板管根防水构造

b. 墙面

防水层涂刷高度，根据不同部位采取相应高度，防水层施工前可粘贴胶带确定防水层施工范围；淋浴墙面防水层涂刷高度为地砖完成面以上 1800mm，非淋浴墙面涂刷高度为地砖完成面以上 250mm（图 8.26-6、图 8.26-7）。

图 8.26-6 淋浴区、非淋浴区墙面防水涂层高度

图 8.26-7 防水层施工效果

⑩ 蓄水试验

在最后一遍防水涂层实干 48h 后，应进行蓄水试验，楼、地面蓄水高度不应小于 20mm，蓄水时间不应少于 24h，每一自然间或每一独立水容器逐一检验，防水层不得有渗漏现象。

8.26.5 注意事项

1）防水涂料在大面积施工前，应先在阴阳角、管根、地漏等部位施做附加层，并应夹铺胎体增强材料，附加层的宽度和厚度应符合设计要求。

2）防水砂浆应用机械搅拌均匀，并应随拌随用；双组分涂料应按配比要求在现场配制，并应使用机械搅拌均匀，不得有颗粒悬浮物。

3）防水砂浆终凝后，应及时进行保湿养护。

4）防水涂料应薄涂、多遍施工，前后两遍的涂刷方向应相互垂直，并在前一遍涂层实干后，再涂刷下一遍涂料；施工时宜先涂刷立面，后涂刷平面；涂层厚度应均匀，不得有漏涂或堆积现象；夹铺胎体增强材料时，应使防水涂料充分浸透胎体，不得有折皱、翘边现象。

5）施工环境温度宜为 5～35℃。

8.26.6 工程质量要求

1）防水材料、配套材料的质量应符合设计要求，计量、配合比应准确。

2）在转角、地漏、伸出基层的管道等部位，防水层的细部构造应符合设计要求。

3）防水层的平均厚度应符合设计要求，最小厚度不应小于设计厚度的 90%。

4）防水层不得有渗漏现象。

5）涂膜防水层与基层应粘结牢固，表面平整，涂刷均匀，不得有流淌、皱折、鼓泡、露胎体和翘边等缺陷。

6）涂膜防水层的胎体增强材料应铺贴平整，每层的短边搭接缝应错开。

7）质量验收

（1）主控项目

① 防水材料、配套材料的质量应符合设计要求，计量、配合比应准确。检验方法：检查出厂合格证、计量措施、质量检验报告和现场抽样复验报告。检验数量：进场检验按

材料进场批次为一检验批；

②在转角、地漏、伸出基层的管道等部位，防水层的细部构造应符合设计要求。检验方法：观察检查和检查隐蔽工程验收记录。检验数量：全数检验。

③防水层的平均厚度应符合设计要求，最小厚度不应小于设计厚度的90％。检验方法：用涂层测厚仪量测或现场取20mm×20mm的样品，用卡尺测量。检验数量：在每一个自然间的楼、地面及墙面各取一处；在每一个独立水容器的水平面及立面各取一处。

④防水层不得有渗漏现象。检验方法：在防水层完成后进行蓄水试验，楼、地面蓄水高度不应小于20mm，蓄水时间不应少于24h；独立水容器应满池蓄水，蓄水时间不应少于24h。检验数量：每一自然间或每一独立水容器逐一检验。

（2）一般项目

①涂膜防水层与基层应粘结牢固，表面平整，涂刷均匀，不得有流淌、皱折、鼓泡、露胎体和翘边等缺陷。检验方法：观察检查。检验数量：全数检验。

②涂膜防水层的胎体增强材料应铺贴平整，胎体增强材料的短边搭接缝应错开。检验方法：观察检查和检查隐蔽工程验收记录。检验数量：全数检验。

8.26.7 应用效果

山西省介休市绵山墅项目厕浴间防水总面积约20000m²，采用聚合物水泥防水砂浆与JS防水涂料刚柔相济的复合防水技术，于2016年施工完成，经近3年使用，至今未出现渗漏现象，受到建设单位和用户的一致好评。

8.27 轻体外墙高分子益胶泥防水施工技术

8.27.1 工程概况

合肥市某大型水乐园防火外墙，长380多m，高27m，采用轻钢龙骨结构，内外墙面安装规格为2440mm（长）×1200mm（宽）×12mm（厚）防火松本威保板，板缝宽度10mm，内外墙板面空腔内安装防火保温岩棉块体材料。

2016年2月中旬，该防火外墙松本威保板在安装完成后，发现松本威保板有洇水和吸水现象（图8.27-1~图8.27-4），不能满足外墙防雨雪水、内墙防蒸汽水和防冷凝水的设计要求。

图8.27-1 轻钢龙骨轻体内外面安装松本威保板

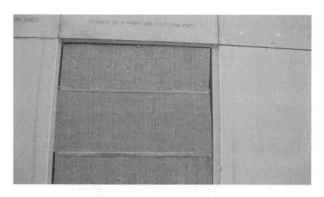

图 8.27-2　墙体内防火保温岩棉

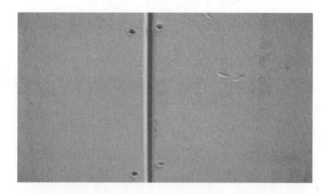

图 8.27-3　板缝

图 8.27-4　墙板遇水出现洇水和吸水现象

　　该墙板的洇水和吸水现象，影响了墙面的使用功能和装饰效果，同时也会降低岩棉材料的保温功能，如何解决墙体的防水防潮问题，建设单位有两种意见：一是拆除现有墙体，按常规砌筑承重墙；二是在现有墙体基础上作防水防潮处理，以满足设计要求。由于该项目即将竣工开业，采取拆除重新砌筑方案成本高，工期长，条件不允许。经专家专题论证会确定，采用高渗透改性环氧防水涂料和华鸿高分子益胶泥作为墙面主要防水材料，使墙面防水与细部构造密封相结合解决该墙体防水防潮问题，其基本方案为：基层涂刷高渗透改性环氧防水涂料对墙板进行渗透补强，板面防水层采用高分子益胶泥涂料，装饰面层采用具备防水、装饰功能的外墙涂料，板缝内嵌填防火防水密封材料，板缝缝口粘贴 60mm 宽、2mm 厚无纺布覆面的自粘丁基胶带封盖，室外墙裙作不锈钢板内置防水透气膜处理。

8.27.2 材料要求

1）高渗透改性环氧涂料具有粘度低渗透性好，能渗入到松本威保板的空隙与裂缝内，对潮湿基层也具有良好的粘结力。其主要物理力学性能应符合本书表 2.11-1 的要求。

2）华鸿 PA-C 型高分子益胶泥

华鸿 PA-C 型高分子益胶泥为水泥基聚合物改性复合材料，单组分、干粉状、环保型产品，抗渗性强、粘接强度高、耐水性能好，耐热、耐冻融、耐老化，为刚、柔相济的网络结构，施工适应性好，可在干燥或潮湿的基面上作业，是集防水、粘结功能于一体、无毒、无味、节能、环保的新型防水、粘结材料，材料主要特点：

（1）耐水、耐老化性能好，抗渗性强；

（2）能在干燥或潮湿基面施工，与基面粘结牢固，面层不开裂、不起壳、不脱落；

（3）环保型，密闭空间施工对人体无害，投入使用后对环境友好；

（4）便于施工，施工周期短。

高分子益胶泥防水材料性能指标应符合《高分子益胶泥》T44/SZWA 1—2017 团体标准，主要物理力学性能应符合本书表 2.12-1 的要求。

8.27.3 施工技术

1. 施工基本程序

基层涂刷高渗透改性环氧涂料→板缝嵌填防火防水密封材料与粘贴丁基胶带封口→板面刮涂高分子益胶泥防水涂层→面层涂刷具备防水、装饰功能的外墙涂料→室外墙裙作不锈钢板内置防水透气膜。

2. 施工要点

1）墙面板加固与基层处理

对已安装的墙面板进行检查，安装不牢的部位应进行加固处理，并把板面的灰尘清理干净。

2）板缝处理

（1）板缝内两侧及底层的轻钢龙骨面满涂高渗透改性环氧涂料（KH-2）；

（2）缝内填充背衬材料；

（3）嵌填防火密封胶；

（4）缝口粘贴 60mm×2mm 无纺布面覆的自粘丁基胶带。

3）墙面涂刷高渗透改性环氧涂料

将双组分高渗透改性环氧涂料（KH-2）按材料说明书要求配制、搅拌均匀，分 2～3 遍涂刷于墙面，材料总用量 0.3～0.5kg/m² 。

4）涂刮高分子益胶泥防水涂料

（1）益胶泥开始施工时间：板缝防水、密封处理完成；高渗透改性环氧涂料最后一遍涂刷完成、涂层未完全固化、指触粘手时。

（2）配制高分子益胶泥防水涂料

益胶泥与水按 1∶0.35 的比例混合，将粉料徐徐倒入备好水量的料桶内，用电动搅拌器搅拌约 5min，静置 5～10min 待用。

（3）刮涂益胶泥防水涂料

在高渗透改性环氧涂层上分两遍涂刮 2～3mm 厚华鸿 PA-C 型高分子益胶泥防水涂料，材料总用量 3～4kg/m²。

涂刮第一遍涂料：将搅拌均匀的益胶泥混合料用刮板涂刮在最后一道高渗透环氧涂层尚未完全固化成膜的基面上，涂刮应均匀，厚度宜为 1～1.5mm；在涂刮过程中，应不断检查涂刮质量，检查涂层覆盖率，如有缺陷，应进行修复；涂刮完毕后在常温下养护。

涂刮第二遍涂层：第二遍益胶泥防水涂料应涂刮在第一遍涂层表面初凝以后、终凝之前进行。第二遍涂料涂刮方向应与第一遍涂层的涂刮方向垂直。涂层厚度宜为 1～1.5mm；涂层应密实、平整，覆盖完全，不得有明显接槎；涂层总厚度应符合设计要求。

5）养护

在第二遍涂层表干、面层开始发白呈现缺水状态时应及时进行养护，初期应采用背负式喷雾器喷雾状水养护，不得用水管直接冲洒养护，以免破坏防水层；待防水涂层终凝、完全固化后，可采用洒水、淋水等方法养护；防水层养护 72h 以后方可进行下道工序施工，若下道工序不能及时跟进时，则应对裸露的防水层继续进行养护，养护时间不应少于 7d。

6）室外墙裙部位粘贴防水透气膜，高度由地面向上不应小于 600mm。

7）安装不锈钢板墙裙。

8）墙面益胶泥涂层完全固化后，应及时涂刷具有防水、装饰功能的硅丙或丙烯酸外墙涂料。

8.27.4 注意事项

1）严格按施工程序和施工工艺要求操作，益胶泥防水层施工特别要严格掌握好每道工序、每遍涂层的交叉与间隔时间；

2）益胶泥防水层施工环境温度宜为 5～35℃，雨天及四级风以上天气不得进行露天作业。

8.27.5 质量要求

1）工程所用的防水、密封材料应符合设计要求，性能指标应符合相关标准规定。

2）高渗透改性环氧涂层、益胶泥防水涂层应涂刷（刮）应均匀，覆盖完全，与基层粘结牢固，不得有漏涂、漏刷（刮）现象；益胶泥防水涂层不得有空鼓、开裂、粉化现象。

3）益胶泥防水涂层厚度要求均匀，平均厚度应符合设计要求，最小厚度不应小于设计厚度的 90%（厚度检查：针测法或割取 20mm×20mm 实样用卡尺测量），材料用量应符合设计要求。

4）应重视成品保护，益胶泥防水涂层涂刮后 24h 以内不得有明水浸泡，失水过快时应及时喷雾状水养护，益胶泥防水层养护方法和养护时间应符合设计要求。

5）益胶泥防水层不得有渗漏水现象。

8.27.6 应用效果

该水乐园轻体防火外墙防水防潮施工于 2016 年 6 月完成，经三个雨季检验，未发现渗漏问题。2016 年 8 月 31 日笔者到工程现场回访，除发现个别板缝略有拱起（板缝因采用了适应变形的丁基胶带封口，防水层的整体性保持完好）外，未发现其他明显缺陷，室内外墙面装修效果好，水乐园已投入正常运行（图 8.27-5～图 8.27-7）。

 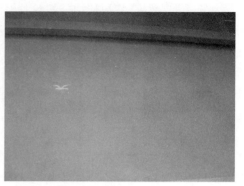

图 8.27-5　水乐园防火墙的外墙面　　　　　图 8.27-6　水乐园防火墙的内墙面

图 8.27-7　运营中的水乐园

主要参考文献

[1] GB 50345—2012，屋面工程技术规范［S］，北京：中国建筑工业出版社，2012
[2] GB 50207—2012，屋面工程质量验收规范［S］，北京：中国建筑工业出版社，2012
[3] GB 50108—2008，地下工程防水技术规范［S］，北京：中国建筑工业出版社，2009
[4] GB 50208—2012，地下防水工程质量验收规范［S］，北京：中国建筑工业出版社，2012
[5] JGJ/T 212—2010，地下工程渗漏治理技术规程［S］，北京：中国建筑工业出版社，2010
[6] JGJ/T 53—2011，房屋渗漏修缮技术规程［S］，北京：中国建筑工业出版社，2011
[7] JGJ 155—2013，种植屋面工程技术规程［S］，北京：中国建筑工业出版社，2013
[8] JGJ 298—2013，住宅室内防水工程技术规范［S］，北京：中国建筑工业出版社，2013
[9] GB 50404—2017，硬泡聚氨酯保温防水工程技术规范［S］，北京：中国计划出版社，2017
[10] JGJ 230—2010，倒置式屋面工程技术规程［S］，北京：中国建筑工业出版社，2010
[11] JGJ/T 235—2011，建筑外墙防水工程技术规程［S］，北京：中国建筑工业出版社，2011
[12] 项桦太主编，防水工程概论［M］，北京：中国建筑工业出版社，2010
[13] 张道真主编，防水工程设计［M］，北京：中国建筑工业出版社，2010
[14] 吴明主编，防水工程材料［M］，北京：中国建筑工业出版社，2010
[15] 杨扬主编，防水工程施工［M］，北京：中国建筑工业出版社，2010
[16] 叶林标主编，建筑工程渗漏治理技术手册［M］，北京：中国建筑工业出版社，2015
[17] 杨嗣信主编，高层建筑施工手册［M］，北京：中国建筑工业出版社，2017
[18] 瞿培华主编，建筑外墙防水与渗漏治理技术［M］，北京：中国建筑工业出版社，2017
[19] 杨永起主编，建筑防水施工技术［M］，北京：中国建材工业出版社，2015
[20] 叶林标，方展和主编，北京市建筑防水专业施工人员岗位资格培训统一教材［M］，北京：中国市场出版社，2013
[21] 王天编著，建筑防水［M］，北京：机械工业出版社，2006

VTF集成防水保温（隔热）系统

——中国防水保温行业无机材料集成系统开创者和引领者

VTF集成防水保温（隔热）系统特点：

VTF集成防水保温（隔热）系统是沃森独创、具有自主知识产权的专利技术，其含义是：通过添加VTF防水材料，赋予建筑功能层以防水性，实现多功能化；再将具有防水性能的功能层有机组合、相互补充、相互作用，构成大于各单项功能层之和的、刚柔并济的整体防水体系。其特点是：

1、整体构造层层防水，没有空白层；
2、体系以无机材料为主体，抗老化、抗腐蚀、抗冻融、耐久；
3、防水层与基层之间、防水层与防水层之间通过VTF基层处理剂和VTF专用粘结胶的粘结作用，构成的防水体系，不窜水、不漏水；
4、保温（找坡）材料是集保温、防水、防火、防潮于一体的复合功能层；
5、适应性好，易于各种复杂异形、潮湿基面施工；
6、施工工艺简单，效率高，具有综合造价低的优势；
7、材料及施工绿色环保，无污染。

千论不如一用，超长期质保，不仅是态度，更是自信和能力：

1、地下室、坡屋面防水与建筑物同寿命，除建筑自身结构问题导致渗漏外，终身免费保修。
2、平屋面防水，除建筑自身结构问题导致渗漏外，免费保修30年。

辽宁沃森防水保温工程有限公司
微信公众号：沃森防水保温
地址：辽宁省沈阳市保工北街18-6号
电话：024-85633322 18604046246
传真：024-85633322

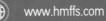

400-870-9666

权威认证

- 为保证产品质量，邦辉产品均由具有CMA或CNAS检验资格的第三方检测机构进行检验，检测方法严格按照国标或企业标准进行。

- 材料通过行业主管部门全国建设行业科技成果评估。

关于邦辉

　　邦辉致力于水性环保建筑防水材料的研发、生产及销售。公司拥有占地面积26000平方米的研发、生产基地，通过安全生产标准化、ISO9001质量体系、ISO14001环境体系等认证，并与南京工业大学合作成立了企业研究生工作站。

　　公司以高科技建筑防水涂料产品开发为核心，先后推出水性喷涂持粘高分子防水涂料、单组分速干高分子防水涂料、节点防水密封膏等新型防水产品，同时开发了一系列新型防水系统、施工工艺，并相继申报国家专利。

应用领域

公路及铁路隧道

地铁隧道及车站

城市地下综合管廊

民建屋面及地下空间

以上信息由江苏邦辉化工科技实业发展有限公司提供

江苏邦辉化工科技实业发展有限公司

JIANGSU BANGHUI CHEMICAL TECHNOLOGY CO.,LTD.

地址：南京市玄武区长江后街6号东南大学科技园4号楼103室

400-870-9666

www.banghuichina.com 网址

立可喷™

水性喷涂持粘
高分子防水涂料

    水性喷涂持粘高分子防水涂料产品是A、B双组分涂料。A组分由高固含量阴离子乳化沥青、高分子改性材料、增韧剂和助剂等组成；B组分为固化剂（破乳剂）。

    产品经专用喷涂设备施工后，快速形成持粘防水涂层，解决了现有防水材料应用中出现的开裂、脱层、空铺等造成的窜水现象，并适应基层的变化；有效减少施工中因人为因素而造成的渗漏；与其它防水材料复合使用可提高防水工程质量及防水工程等级。

环保   安全   耐久   高效

性能优势

☑ 成形后持续保持粘性,并可自行修复轻微破损。

☑ 可于潮湿基面施工。

☑ 低温柔性及耐热性优异:低温-30℃不断裂,高温160℃不流淌。

以上信息由江苏邦辉化工科技实业发展有限公司提供

江苏邦辉化工科技实业发展有限公司
JIANGSU BANGHUI CHEMICAL TECHNOLOGY CO.,LTD.

地址：南京市玄武区长江后街6号东南大学科技园4号楼103室